零基础实战
AI大模型
原理、构建与优化

袁重桥　编著

化学工业出版社
·北京·

内容简介

本书系统讲解了大模型的技术体系与应用实践。全书在深入解析 Transformer 和 GPT 系列模型的核心原理的基础上，介绍了中国优秀大模型 DeepSeek 的基本情况，重点讲解 Llama 开源模型的训练调优及行业应用开发，并对文生图、文生视频乃至多模态等前沿技术进行了探讨。本书注重理论与实践相结合，通过精选开源项目案例，引导读者在代码实践中理解技术本质。

本书适合人工智能相关专业学生参考，也可供对大模型开发感兴趣的技术人员及爱好者阅读学习。

图书在版编目（CIP）数据

零基础实战 AI 大模型 ：原理、构建与优化 / 袁重桥编著． -- 北京 ： 化学工业出版社，2025.8. -- ISBN 978-7-122-48193-1

Ⅰ．TP18

中国国家版本馆 CIP 数据核字第 2025MY5409 号

责任编辑：于成成
文字编辑：李亚楠　温潇潇
责任校对：李　爽
装帧设计：王晓宇

出版发行：化学工业出版社
　　　　　（北京市东城区青年湖南街 13 号　邮政编码 100011）
印　　装：河北延风印务有限公司
710mm×1000mm　1/16　印张 16¹/₂　字数 301 千字
2025 年 9 月北京第 1 版第 1 次印刷

购书咨询：010-64518888　　　　　售后服务：010-64518899
网　　址：http://www.cip.com.cn
凡购买本书，如有缺损质量问题，本社销售中心负责调换。

定　　价：99.00 元　　　　　　　　　版权所有　违者必究

前言

OpenAI 发布的 ChatGPT 轰动世界，来自中国的 DeepSeek 优化了大模型并开源，很多人把 ChatGPT 和 DeepSeek 出现的意义类比为人类有了电。自从有了电，工业革命进入第二次浪潮，电灯、洗衣机、冰箱、电脑等发明相继问世，彻底改变了人类生活方式。如今以 ChatGPT 为代表的大语言模型（Large Language Model，LLM）技术，正在开启智能时代的新篇章。可以预见，未来将涌现大量基于 LLM 的创新应用，LLM 也将像电力一样成为社会发展的基础性资源。对于普通人来说，学习大语言模型的意义在于多个方面。

① 提升技术趋势认知：LLM 代表了人工智能领域的最新发展。通过学习 LLM，可以深入了解当前的技术趋势和未来发展，为个人职业规划或业务创新提供重要参考。

② 拓宽职业发展空间：随着 LLM 技术的快速发展和行业渗透，掌握相关技能将成为职场竞争力的重要组成部分。学习 LLM 技术不仅能为从业者创造新兴职业机会（如自然语言处理工程师、AI 产品经理等），还能增强在传统行业数字化转型中的就业优势。

③ 提升个人技能：LLM 技术可以帮助人们更高效地处理文本信息，提高写作、编辑、翻译等工作的效率和质量。这有助于提升个人技能，使人们在工作和生活中更加得心应手。

④ 培养创新思维：LLM技术具有广泛的应用前景，学习LLM可以激发创新思维，帮助人们发现新的应用场景和解决方案，推动技术进步和社会发展。

当然，从头学习人工智能需要投入大量的时间和精力，并且对数学和编程能力有一定的要求。这对于那些希望在工作中快速应用人工智能技术的人来说，可能是一个挑战。因此，借助开源项目进行实践，直接上手操作，是一个快速入门的有效途径。

本书意在通过介绍开源领域优秀的大模型和大模型应用，引导读者上手实际的应用场景和代码实现，从而帮助读者更快地理解大模型技术原理及实际应用。这种方式类似于开汽车而不需要深入了解发动机原理，即学习者可以先掌握操作技巧，满足工作中的需要，然后再逐步深入了解背后的原理和技术细节。

然而，需要强调的是，虽然通过开源项目实践可以快速上手，但要想在人工智能领域取得长远的发展，仍然需要系统地学习相关知识和技能。只有深入理解人工智能的原理和方法，才能更好地应对复杂的问题和挑战，实现技术的创新和突破。

本书主要内容安排如下。

第一、二章详细介绍了 Transformer 的结构和 GPT 的结构，由于 Transformer 是经典的模型，建议读者深入阅读源代码。GPT-1 和 GPT-2 是开源的项目，需要反复查看相关论文和源代码。

第三、四章介绍了 Llama，这是目前比较流行的开源大模型，已经有很多行业基于 Llama 训练了行业大模型和垂类大模型。Llama 的训练和微调方法大同小异，建议读者亲自做一遍，理解原理和掌握训练方法。

第五章介绍了大模型的应用，目前来看大模型的应用遍地开花，未来绝大多数的开发人员需要应用大模型的集成和交互。希望读者能够借鉴开源项目，培养产品思维，思考如何使用大模型，如何将自己的行业领域和大模型结合起来。

第六~八章介绍了文生图和文生视频以及多模态技术，由于注意力机制，大模型能很好地理解人类语言，这就让文生图、文生视频乃至多模态融合有了可能。这方面技术还不成熟，尤其是文生视频，但这恰恰也是目前最有机会的领域。一旦实现技术突破，就可能会再现 OpenAI 的奇迹。

第九章介绍了 DeepSeek 的技术创新和一些基于 DeepSeek 的开源项目。

本书的期望读者是有一定计算机科学基础但没有大模型基础，需要快速入门大模型的群体，希望本书成为一本实用的工具书。本书所述的开源项目都可以在开源社区获取，读者朋友可自行搜索和下载。

由于编者水平有限，如有疏漏，希望读者海涵。

编著者

目录
CONTENTS

第一章

大语言模型基础知识

001 ~ 037

第一节	LLM 基础	003
	一、LLM 概述	003
	二、大模型存在的问题	010
	三、检索增强生成（RAG）	012
	四、大模型的改进方法	014
第二节	GPT 模型介绍	016
	一、GPT 模型的发展历程	018
	二、GPT 模型的关键论文	024
	三、GPT 模型的结构可视化	028
第三节	开源、工具和实战	034

第二章

大语言模型的技术细节

038 ~ 103

第一节	大语言模型的全局视图	040
第二节	注意力机制	049
	一、自注意力机制	050
	二、多头注意力机制	053
第三节	编码、嵌入和神经网络	057
	一、位置编码	057
	二、旋转位置编码	059
	三、字段编码	062
	四、前馈网络	064
	五、层归一化	066
第四节	权重、参数和训练策略	068
	一、权重	068
	二、Transformer 的训练策略和优化方法	070

三、Transformer 模型的正则化技术 072

四、注意力机制的变种和改进 073

五、Transformer 模型微调的常见策略 074

第五节　更多原理剖析 075

一、零样本提示 075

二、少量样本提示 076

三、Transformer 模型中的残差连接 077

四、文本生成源码解读 078

第六节　大模型的能与不能 082

一、人工智能的大工业时代 083

二、ChatGPT 不等于人工智能 084

第七节　图示 Transformer 和实战 GPT-2 085

一、图示 Transformer 085

二、实战 GPT-2 096

第八节　实战：手动部署大模型 101

第三章

开源大模型和 Llama 实战　　第一节　Llama 的结构 106

104 ~ 123　　第二节　运行 Llama3 110

第三节　Llama 微调 112

一、微调的步骤 112

二、微调的方法 114

三、微调所需的基础知识 119

第四节　实战：大语言模型 (LLM) 微调框架 121

第四章

中文 Llama 模型　　第一节　中文数据准备 128

124 ~ 167　　一、中文数据处理的技术 130

二、中文数据处理的过程 138

三、中文数据处理的工具 140

第二节　基于中文数据的模型训练 143

一、指令数据搜集和处理 143

二、AdaLoRA 算法剖析 146

三、大模型指令微调之量化 147

四、大模型压缩技术 149

五、大模型蒸馏技术 150

第三节 模型评测 151

第四节 人类反馈的集成 156

第五节 实战：中文应用开发 159

一、基于 Llama 的医学大模型的开源项目 159

二、基于 Llama 的法律大模型的开源项目 161

三、基于 Llama 的金融大模型的开源项目 163

四、基于 Llama 的科技论文大模型的

开源项目 166

第五章

实战大语言模型应用

168 ~ 192

第一节 大模型的基础设施创新 169

一、数据库创新开源项目 169

二、将自然语言问题转换为 SQL 查询 171

三、将大模型数据查询 SQL 化 173

第二节 基于大模型的应用创新 174

一、基于 LLM 的开源代码编写助手 174

二、开源数据交互工具 176

三、领先的文档 GPT 开源项目 178

第三节 大模型的优化和发展创新 180

一、开源的大模型用户分析平台 180

二、低代码方式搭建大模型 181

三、开源搜索增强 RAG 项目 184

第四节 Agent 技术 185

一、微软开源的强大 Agent——AutoGen 186

二、让 Agent 去完成 RPA 189

三、让 Agent 去标注数据——Adala 190

第六章

开源文生图

193 ~ 220

第一节 文生图技术概述 194

一、生成对抗网络（GANs）介绍 195

二、GANs 在图片生成方面的应用 196

三、GANs 图片应用的说明和原理　198

第二节　开源文生图模型介绍　202
一、Stable Diffusion 介绍　203
二、LDMs 介绍　208
三、DALL-E 和 Stable Diffusion　209

第三节　开源文生图模型技术要点　213
一、LDMs 的源代码导读　213
二、用一个案例说明 Stable Diffusion　214
三、实战：部署开源项目 stable-diffusion-webui　218

第四节　实战：打造基于开源的文生图应用　220

第七章

开源文生视频

221 ~ 228

第一节　开源文生视频介绍　222
第二节　文生视频技术难点和路线　224
一、文生视频技术难点　224
二、开源文生视频路线　226
第三节　开源文生视频应用　227

第八章

开源多模态

229 ~ 240

第一节　多模态介绍　231
第二节　多模态的技术细节　232
一、GPT-4o 的多模态介绍　234
二、视觉指令调整　235
第三节　开源多模态案例　235
一、LLaVA 实现 GPT-4V 级别的开源多模态　235
二、开源 LLaVA-1.5 介绍　237
三、MGM：一个强大的多模态大模型　238

第九章

DeepSeek 实战

241 ~ 253

第一节　DeepSeek 核心技术介绍　242
　　一、混合专家架构　242
　　二、多头潜在注意力机制　244
　　三、混合精度训练　245
第二节　DeepSeek-R1 模型复现　245
第三节　DeepSeek-V3 本地化源码级部署　246
　　一、使用 DeepSeek-Infer 进行推理演示　247
　　二、基于华为硬件的 DeepSeek 部署　248
第四节　基于 DeepSeek 的开源应用　249
　　一、基于 DeepSeek 的 PPT 生成系统　249
　　二、DeepSeek 支持的可视化 BI 解决
　　　　方案　250
　　三、DeepSeek 支持的健康分析平台　251
　　四、DeepSeek 支持的智能测试用例
　　　　生成平台　251
　　五、可本地化部署的企业级 DeepSeek
　　　　知识管理平台　252
　　六、基于 DeepSeek 的智能体 RPA　252

第一章

大语言模型基础知识

第一节　LLM 基础

第二节　GPT 模型介绍

第三节　开源、工具和实战

　　大语言模型，尤其是如 GPT 这类自然语言处理模型的出现，引领了一场深刻的技术革命，其影响之深远和广泛，已经渗透到了社会的各个角落。这类模型不仅推动了人工智能技术的进步，更在多个领域引发了颠覆性的变革。

　　在知识获取与传播方面，大模型的出现改变了我们获取信息的方式。传统的搜索引擎和信息检索工具正在被这种能够理解和生成自然语言文本的模型所补充甚至部分替代。用户可以直接通过自然语言提问，模型则能够提供精准、个性化的回答，大大降低了信息获取的门槛。

　　在内容创作领域，大模型的应用同样显著。它们能够生成高质量的文本内容，包括新闻报道、科技论文、小说故事等，极大地丰富了文化产品的种类和数量。这不仅提升了内容创作的效率，也为创作者提供了更多的灵感和可能性。

　　此外，在教育领域，大模型也展现出了巨大的潜力。它们可以根据学生的学习进度和理解能力，提供个性化的辅导和学习资源。这种智能教育的方式，有望改变传统教育的模式，让每个学生都能得到最适合自己的教育。

　　同时，大模型还在推动各行各业的数字化转型。无论是金融、医疗、法律还是其他行业，大模型都能提供智能化的解决方案，帮助企业提高效率、降低成本。

　　总的来说，大模型自出现以来正迅速影响着我们生活的方方面面，塑造着一个更加智能、高效、便捷的未来。

　　大模型的出现还标志着人工智能领域的技术革命性突破，其突出表现在以下几个方面。

　　首先，大模型技术显著提升了人工智能处理复杂任务的能力。借助更强大的计算能力和庞大的参数体系，大模型能够轻松应对自然语言理解、生成以及逻辑推理和数学计算等复杂任务。这种技术的突破极大地拓宽了人工智能的应用领域，使得机器能够在更多领域发挥作用，为人类提供更为便捷和高效的服务。

　　其次，大模型技术的应用实现了更自然的人机交互。借助大模型，机器能够更好地理解人类的语言，实现更加流畅和自然的交流。这种交互方式的变革不仅提升了用户体验，降低了使用门槛，更使得人工智能系统更加贴近人类的生活和工作，成为我们不可或缺的伙伴。

　　进一步来说，大模型技术的普及化推动了 AI 技术的广泛应用。在过去，由于计算资源和数据的限制，只有少数大型公司和研究机构能够训练和部署大型的 AI 模型。然而，随着云计算和开源技术的不断发展，如今越来越多的个人和小型组织也能够利用大模型进行创新和应用。这种技术的普及化不仅促进了 AI 技术的快速发展，更为创新创业提供了广阔的舞台。

　　此外，大模型技术的出现还推动了相关行业的进步。在教育领域，大模型技术可以用于开发更智能的教学助手和评估工具，提高教育质量和效率；在医疗领域，大模型技术能够分析海量的医疗数据，为疾病的诊断和治疗提供更为精准和高效的方案；在娱乐领域，大模型技术则可以用于生成更真实、更吸引人的虚拟角色和内容，丰富人们的娱乐生活。

然而，大模型技术的出现也带来了许多新的挑战和问题。如何有效地训练和优化大模型？如何确保大模型的鲁棒性和安全性？如何理解和解释大模型的决策过程？这些问题不仅需要计算机科学家和工程师的努力，更需要跨学科的合作和交流。只有通过不断地探索和研究，我们才能够充分发挥大模型技术的潜力，为人类社会的发展创造更多的价值。

第一节　LLM 基础

一、LLM 概述

大语言模型（Large Language Model，LLM）是一种基于深度学习技术的强大的自然语言处理工具。它是使用大量文本数据训练的深度学习模型，能够生成自然语言文本或理解语言文本的含义。这种模型的核心是自然语言处理领域的神经网络模型，特别是深度神经网络，它可以从输入的上下文中提取丰富的语义信息，如词义、语法关系和上下文语境等。

LLM 可以处理多种自然语言任务，如文本分类、问答、对话、文本摘要、语言翻译等，是通向人工智能的一条重要途径。在规模上，LLM 的参数量已从最初的十几亿跃升到如今的万亿级，这使得模型能够更加精细地捕捉人类语言的微妙之处，更深入地理解人类语言的复杂性。

当谈到大语言模型（LLM）时，GPT 系列无疑是其中的佼佼者，但确实还有许多其他优秀的大语言模型同样值得关注。这些模型在自然语言处理领域取得了显著的进展，并在各自的应用中展现出强大的能力。

BERT（Bidirectional Encoder Representations from Transformers）是谷歌在 2018 年推出的一个里程碑式的大语言模型。与 GPT 采用的自回归方式不同，BERT 采用的是基于 Transformer 的双向编码表示，这意味着它在处理文本时可以同时考虑前后文的信息。这种双向性使得 BERT 在诸多自然语言处理任务上取得了优异的表现，如文本分类、实体识别、问答等。BERT 的出现极大地推动了预训练模型在自然语言处理领域的应用和发展。

T5（Text-to-Text Transfer Transformer）是谷歌继 BERT 之后推出的另一个大语言模型。T5 的创新之处在于它将所有自然语言处理任务都转化为文本生成任务，即输入是文本，输出也是文本。这种统一的框架使得 T5 可以更加灵活地适应不同的任务，并且通过简单的微调就能在多个任务上取得优异的表现。T5 的出现进一步简化了自然语言处理的流程，并推动了模型在多任务学习方面的发展。

ERNIE（Enhanced Representation through kNowledge IntEgration）是百度推出的一个大语言模型系列，旨在通过引入外部知识来增强模型的表示能力。ERNIE 模型通过预训练阶段引入了大量的实体、概念等外部知识，并在训练过程中采用了多种任务来捕捉文本的语义信息。这使得 ERNIE 在诸多自然语言处理任务上取得了领先的性能，特别是在需要深入理解文本语义的场景中表现出色。

除了上述几个代表性的大语言模型外，还有许多其他优秀的模型同样值得关注，如 RoBERTa、ALBERT、ELECTRA 等。这些模型在结构、训练方法或应用场景上都有所创新，为自然语言处理领域的发展做出了积极的贡献。

总的来说，大语言模型的发展推动了自然语言处理技术的进步，并在诸多应用场景中展现出强大的实用价值。未来随着技术的不断发展和数据的不断积累，我们期待看到更多优秀的大语言模型出现，为人类的语言理解和生成提供更加智能和高效的支持。

研发大语言模型（LLM）是一个复杂且耗时的过程，涉及多个关键步骤，如预训练、数据处理、微调和对齐。

预训练是指利用大规模的文本数据对模型进行初步的训练，这个过程旨在使模型能够捕捉到语言的基本结构和语义信息。通过预训练，模型可以学习到丰富的语言特征，为后续的特定任务奠定基础。

数据处理则是对原始文本数据进行清洗、转换和标注等操作，以便模型能够更好地学习和理解。这一过程对于提高模型的性能和准确性至关重要，因为优质的数据是训练出优秀模型的基础。

微调是在预训练模型的基础上，使用特定任务的有标签数据进行有监督的训练。通过微调，模型可以更好地适应特定任务的特征和需求，从而提升在该任务上的表现。例如，在机器翻译任务中，可以使用双语数据进行微调，使模型更准确地翻译文本。

对齐则是指调整模型的输出以符合人类的价值观和期望。在大语言模型的开发过程中，对齐是一个重要的环节，它确保模型的行为符合道德和伦理标准，避免产生有害或误导性的输出。对齐可以通过多种方式实现，如使用人类反馈进行强化学习、引入价值观引导等。

综上所述，预训练、数据处理、微调和对齐是大语言模型研发过程中的关键环节。这些步骤相互关联、相互影响，共同构成了大语言模型研发的整体流程。通过精心设计和执行这些步骤，可以开发出性能优异、符合人类价值观的大语言模型。

以下是研发 LLM 的基本过程：

1. 数据收集与预处理

• 收集大量文本数据，这些数据可能来自新闻、图书、文章、博客等多种来源。

• 对数据进行清洗和预处理，去除噪声、无关信息，并进行分词、编码等处理，以便模型能够更好地理解和处理。

2. 模型架构设计

• 选择合适的神经网络架构作为模型的基础，如 Transformer 架构。

• 设计模型的具体参数和结构，包括层数、隐藏单元数量、注意力机制等，以满足特定的任务需求。

3. 预训练

• 使用无监督学习方法对模型进行预训练。这通常涉及使用大量文本数据来训练模型，使其能够学习到语言的内在规律和结构。

• 预训练阶段的目标是使模型能够生成和理解自然、流畅的文本。

4. 微调与特定任务训练

• 根据具体的 NLP 任务（如文本分类、问答、摘要生成等），对预训练后的模型进行微调。

• 使用有标签的数据集对模型进行有监督训练，以优化模型在特定任务上的性能。

5. 评估与优化

• 使用合适的评估指标对模型性能进行量化评估，如准确率、召回率、F1 值等。

• 根据评估结果对模型进行优化，包括调整模型参数、改进模型结构或采用更先进的训练方法。

6. 部署与应用

• 将训练好的 LLM 模型部署到实际应用中，如搜索引擎、智能客服、写作助手等。

• 监控模型在实际运行中的性能，并根据反馈进行迭代和优化。

需要注意的是，研发 LLM 需要大量的计算资源和时间。随着模型规模的扩大，所需的计算成本也会显著增加。因此，在实际研发过程中，需要权衡模型的性能与计算成本之间的关系。

大模型的训练是需要一定硬件门槛的。本书在介绍实战项目时，特别挑选了一些能在普通计算机运行的案例，方便读者学习和掌握知识。

但是在前沿的大模型训练中，硬件是堪比"军费"的投入（OpenAI 创始人甚至希望获得 7 万亿美金的投资来训练下个模型），主要源于模型训练的复杂性和资源需求的庞大性。随着人工智能模型的不断演进，它们的规模和复杂度急剧增加，例如 GPT-4 等前沿模型的训练成本高达数千万甚至上亿美元。这样的高成本主要来自对高性能计算资源、大容量存储设备以及高效网络通信的依赖。

首先，大模型训练需要强大的计算能力，因此必须借助高性能的 CPU 和 GPU 来执行复杂的数学运算。这些高端硬件不仅价格昂贵，而且需要大规模部署才能满足训练要求。微软、OpenAI、Meta 和谷歌等科技巨头在近年来采购 GPU 的数量确实惊人。这些公司为了满足其在人工智能领域的需求，尤其是在大模型训练、推理和数据处理方面的巨大计算需求，纷纷大量采购 GPU。

其次，训练大模型涉及海量的数据，这就需要大容量的存储设备来保存和处理这些数据。高速、高容量的存储设备同样价格不菲，但它们对于确保训练过程的流畅进行至关重要。

再者，分布式训练已经成为大模型训练的标配，而这就需要稳定、高速的网络连接来支持多个计算节点之间的数据传输和同步。网络设备的投入和维护也是一笔不小的开支。

随着模型规模的进一步扩大和训练需求的增加，这种投入只会进一步上升。

大模型训练的基础设施和资源需求可以归纳为以下几个方面：

1. 高性能计算资源

• 需要具备高性能的多核心 CPU 以处理复杂的计算任务和数据管理。

• 高性能的 GPU 对于加速深度学习模型的训练至关重要，特别是在处理大规模的数据集和复杂的模型结构时。

2. 充足的存储资源

• 大模型训练涉及大量的数据和模型参数，因此需要大容量、高速的存储设备来存储这些数据，如 SSD 或高性能的 HDD。

• 考虑到数据读写速度和数据处理的效率，高性能的存储解决方案是必不可少的。

3. 分布式训练框架

• 为了利用多台机器的计算能力并加速训练过程，需要使用分布式训练框架，如 TensorFlow、PyTorch 的 Distributed Training 功能等。

• 这些框架能够将训练任务分配给多个计算节点，实现高效的并行计算。

4. 网络连接

• 在分布式训练环境中，稳定且高速的网络连接是至关重要的，以确保数据在各个节点之间高效传输。

5. 硬件选型与配置

• GPU 的选型要综合考虑显存容量、显存带宽以及与 CPU 的通信速度。例如，H100 和 H800 等高端 GPU 提供较大的显存容量（80GB），适合存储大规模模型和数据集。

• 同时，显存带宽也是影响训练速度的关键，高端 GPU 如 H100 提供的显存带宽可达 3.35TB/s，显著加速数据读写。

6. 数据需求

• 大模型的训练需要大量的数据，而且数据的质量对模型性能至关重要。

• 随着高质量语言数据和视觉数据的逐渐耗尽，合成数据将在未来模型训练中扮演越来越重要的角色。

7. 容错与弹性计算

• 在分布式计算环境中，集群容错技术能够确保当某些节点发生故障时，系统仍能正常运行，这对保持训练的稳定性和连续性至关重要。

• 弹性计算则允许根据需求动态调整计算资源，以应对训练过程中的峰值负载。

综上所述，大模型训练需要高性能的计算资源、充足的存储资源、分布式训练框架、稳定的网络连接、合适的硬件选型与配置、大量的训练数据以及集群容错和弹性计算能力。这些要素共同构成了大模型训练的基础设施和资源需求。

对于一个有计算机基础但没有大模型基础的程序员来说，以下是一些必须了解的大语言模型（LLM）的基本概念：

◇ 语言模型（language model）：

语言模型是机器学习中的一个关键概念，用于预测一段文本的后续内容。在大模型中，语言模型通常基于深度学习技术，特别是 Transformer 架构。

◇ Transformer 架构：

Transformer 是一种深度学习模型架构，它使用自注意力机制来处理输入数据，对于序列数据（如文本）特别有效。大模型如 GPT 系列就是基于 Transformer 架构构建的。

◇ 自注意力机制（self-attention）：

自注意力机制允许模型在处理文本时关注到不同位置的信息，从而捕捉文本中的上下文依赖关系。这是 Transformer 架构中的核心组件之一。

✧ 预训练（pre-training）与微调（fine-tuning）：

大模型通常首先在大量无标签文本数据上进行预训练，学习语言的通用表示。然后，它们可以在特定任务的数据上进行微调，以适应这些特定任务的需求。

✧ 嵌入（embedding）：

嵌入是将文本中的单词或符号转换为固定大小的向量表示，这些向量捕捉了单词的语义信息，使得语义上相似的单词在向量空间中彼此接近。

✧ 上下文窗口（context window）：

在大模型中，上下文窗口指的是模型在处理文本时能够考虑到的前后文范围。较大的上下文窗口允许模型捕捉更长的依赖关系，但也会增加计算复杂性。

✧ 生成式模型（generative models）：

与判别式模型不同，生成式模型能够生成新的、合理的文本数据。GPT 等模型就是生成式模型的例子，它们可以生成连贯的文本段落。

✧ 计算效率与模型规模：

大模型通常拥有数十亿甚至千亿级别的参数，需要强大的计算资源来训练和运行。了解模型的计算效率和规模对实际应用至关重要。

✧ 模型评估指标：

了解如何评估大模型的性能也很重要，常见的评估指标包括困惑度（perplexity）、BLEU 分数、ROUGE 分数等，用于衡量模型生成文本的质量。

掌握这些基本概念将有助于更好地理解大模型的工作原理，以及学会如何在实际项目中应用它们。

了解大语言模型的大致结构是快速理解 LLM 的关键。大语言模型（LLM）是自然语言处理领域的重要技术，其结构变化多端。大语言模型（LLM）作为自然语言处理的核心技术，其结构之所以变化多端，主要是因为语言本身的复杂性和多样性，以及不断提升模型性能的需求。语言包含丰富的语法、语义和上下文关系，为了更准确地理解和生成自然语言，LLM 需要灵活多变的结构来应对这些挑战。同时，随着技术的不断进步和语料库的不断扩大，研究人员发现通过调整和优化模型结构，可以显著提高 LLM 在各项 NLP 任务中的性能。这些结构上的变化和创新，旨在使 LLM 更好地捕捉语言的深层特征，从而更精确地模拟人类的语言理解和生成过程。

具体来说，不同的结构可能针对特定的语言现象或任务进行优化，例如，某些结构可能更擅长处理长距离依赖关系，而另一些则可能在文本生成方面表现出色。此外，随着计算能力的提升和数据集的增大，更复杂的模型结构得以实现，进一步推动了 LLM 结构的发展。

如图 1.1.1 所示，从接收并处理原始文本数据的输入层开始，数据会经过预处理如分词、向量化等步骤以适应模型需求。随后，在嵌入层，这些离散文本被转换为连续的向量表示，以便于捕捉词汇间的语义联系。模型的核心网络结构可能采用循环神经网络（RNN）、长短时记忆网络（LSTM）或流行的 Transformer 模型，后者通过其自注意力机制能高效处理文本中的长距离依赖关系。同时，注意力机制

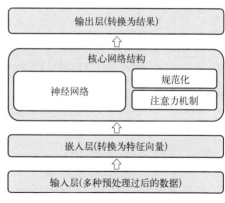

图 1.1.1 大模型简要图

使模型能选择性地聚焦于输入序列的重要位置，增强了上下文关联的捕捉能力。最终，在输出层，模型根据任务需求生成文本，如预测下一个单词的概率分布。此外，大语言模型的训练依赖庞大的文本语料库，并包括预训练和微调两个重要阶段，以确保模型既能学习语言的通用规则，又能适应特定任务需求。

大语言模型的结构主要涉及以下几个关键组件：

① **输入层**：这一层负责接收待处理的文本数据。这些数据通常需要进行预处理和向量化，以便能够被模型接受。预处理可能包括文本分词、词向量表示、数据清洗等步骤。

② **嵌入层**：在嵌入层，输入的离散化文本数据被转换为连续的稠密向量表示。这有助于捕捉词汇之间的语义关系，将不同的词语映射到向量空间中的不同点。

③ **核心网络结构**：大语言模型的核心网络结构可能包括 RNN、LSTM 或 Transformer 模型等。其中，Transformer 模型近年来在大语言模型中尤为流行，它依赖于多层堆栈的自注意力机制，使模型在处理每个单词时能够权衡句子中不同单词的重要性，有效捕获文本中的远程依赖关系。

④ **注意力机制**：注意力机制是大语言模型中的一个重要组件，它允许模型在处理文本时选择性地关注输入序列中的不同位置信息。这有助于模型更好地捕捉上下文之间的关联，提高文本建模和生成的准确性。

⑤ **输出层**：输出层是模型生成文本的部分。根据任务类型的不同，输出层可能采用不同的方法。例如，在语言模型任务中，输出层通常是一个全连接层，用于根据当前隐藏状态预测下一个单词的概率分布。

此外，大语言模型的训练通常需要大规模的文本语料库作为输入，并经历预训练和微调两个阶段。预训练阶段使模型从海量数据中学习语言的普遍规律，而微调阶段则根据特定任务对模型进行进一步优化。

总的来说，大语言模型的结构复杂且多样，但上述组件构成了其基础框架。

随着技术的不断发展，大语言模型的结构和性能也将继续提升。

二、大模型存在的问题

大语言模型，如 ChatGPT，已经在自然语言处理和对话生成方面取得了显著的进步，它们能够提供流畅自然的对话体验，这在人机交互领域是一个重要的里程碑。然而，即使是最先进的大语言模型，也存在一些明显的不足和局限性。

最饱受批评的就是大模型的"幻觉问题"。大语言模型库的幻觉是指模型在处理和生成文本时出现的与实际情况不符或逻辑错误的现象。这种幻觉可能表现为多种形式，包括但不限于输入冲突幻觉、上下文冲突幻觉和事实冲突幻觉。

具体来说，输入冲突幻觉是指模型生成的内容与用户提供的原始输入不一致。例如，当用户要求模型生成特定主题的文本时，模型可能产生与该主题无关的内容。上下文冲突幻觉则发生在模型生成的文本与之前的信息相矛盾，如在长篇或多轮对话中，模型可能会提供与前文不一致的信息，导致对话内容不连贯或自相矛盾。而事实冲突幻觉则是模型生成的内容与已知的世界知识或事实相悖，如提供错误的历史事件日期或人物信息。

这些幻觉现象的出现可能源于模型对现实世界的理解不足、训练数据的偏差，或者算法本身的局限性。为了解决这些问题，研究人员正在不断探索和改进模型的训练方法、数据预处理方式以及模型结构等方面，以提高模型的准确性和可靠性。

举例来说，如果用户向一个大语言模型提问关于某个历史事件的细节，而模型给出的答案与该事件的实际历史记录不符，那么这就是一个事实冲突幻觉的实例。同样地，在对话中，如果模型先前提到一个人物是医生，随后又说该人物是律师，这就构成了上下文冲突幻觉。

总的来说，大语言模型库的幻觉是一个复杂且多样的问题，它涉及模型的输入、上下文和事实准确性等多个方面。为了解决这些问题，需要综合运用多种技术和方法，包括改进模型架构、优化训练过程、提高数据质量等。

以下是对这些不足的详细描述：

1. 无法查询最新信息

• 由于大模型通常是在大量的历史数据上进行训练的，它们往往无法获取到最新的信息。例如，新发布的科学研究、最近的新闻事件或新兴的技术趋势等，可能都不会被模型所知。

2. 专业知识的局限性

• 尽管大模型能够处理广泛的主题，但在某些专业领域，如法律、医学、金融等，它们可能无法提供准确和深入的信息。这是因为这些领域的知识需要长时间的专业学习和大量的实践经验。

3. 易受人类诱导产生错误答案

• 大模型在处理问题时，往往依赖于它们从训练数据中学习到的模式和统计关系。因此，如果用户以某种方式诱导模型（例如通过精心构造的问题或提示），模型可能会给出不准确或误导性的答案。

4. 模型幻觉

• 在某些情况下，大模型可能会"虚构"信息或对事实进行错误的解释，这被称为"模型幻觉"。这通常发生在模型试图填补其知识库中的空白或解决训练数据中未明确涵盖的情况时。

5. 理解和推理能力的局限

• 尽管大模型能够生成语法正确且看似合理的文本，但它们在理解和推理复杂概念、逻辑关系或隐含意义方面可能仍然有限。这可能导致模型在某些需要深入理解和分析的问题上表现不佳。

6. 文化和语境的敏感性

• 大模型可能无法充分理解和适应不同的文化和语境。这可能导致在跨文化或特定语境的交流中出现误解或不适当的回答。

7. 缺乏情感理解和共情能力

• 尽管大模型可以模拟人类的语言风格，但它们往往无法真正理解人类的情感和感受。这可能导致在某些需要情感共鸣和支持的对话场景中，模型的回应显得冷漠或不切题。

8. 安全性和隐私问题

• 大模型的训练数据通常来自互联网上的大量文本，这可能包含敏感信息和个人隐私数据。如果不进行适当的预处理和匿名化，这些信息可能会被泄露或被恶意利用。

9. 可解释性不足

• 大模型往往非常复杂，其内部工作机制可能难以解释。这在某些需要透明度和可解释性的应用场景中可能是一个问题，如法律、医疗和金融等领域。

尽管大语言模型在人机交互方面取得了显著的进步，但仍存在许多不足和局限性需要解决。随着技术的不断发展，我们期待未来能看到更加智能、高效和可靠的大语言模型出现。

除了上述大模型自身的不足之外，还有更大的外部性的影响。这些看似无所不能的模型，在实际应用中同样面临着一系列局限性和挑战。

首先，大模型的训练和推理过程对计算资源的需求极高。这不仅包括高性能的 GPU 或 TPU，还需要庞大的内存和存储空间。以 GPT-3 为例，其训练过程就动用了数千个 GPU 和大量的数据，使得训练成本极其高昂。这种高昂的成本使得只有少数拥有强大计算能力的机构和企业能够承担得起，从而限制了模型的普及和应用范围。

其次，大模型的训练过程耗能巨大，对环境造成了不小的负担。据统计，训练某些大语言模型所需的电力相当于一个普通家庭数年的用电量。随着全球对碳排放和环保意识的提升，这种巨大的能耗问题愈发凸显。如何在保证模型性能的同时降低能耗，成为了一个亟待解决的问题。

再者，大模型对数据的需求也是一大挑战。为了有效地训练模型并避免过拟合，需要访问大量高质量的标注数据。然而，在某些领域，这样的数据可能难以获得或者标注成本过高。此外，如果训练数据中存在偏见，模型可能会放大这些偏见，导致不公平的决策。因此，如何获取高质量、无偏见的数据，成为了大模型训练过程中需要重点关注的问题。

此外，大模型的泛化能力也面临着挑战。尽管在训练数据上表现良好，但大模型在处理未见过的数据时，往往表现不尽如人意。这是因为模型可能过于拟合训练数据，导致泛化到新情境的能力受限。为了提高模型的泛化能力，研究者们需要不断探索新的训练方法和优化策略。

最后，将大模型部署到实际应用程序中也面临着诸多挑战。这包括技术和成本障碍，以及模型维护和更新的需求。随着时间的推移，模型可能需要持续的维护和更新以保持其准确性和相关性，这需要进一步的资源投入。因此，在将大模型应用于实际场景时，需要充分考虑这些挑战，并制定相应的解决方案。

综上所述，大模型虽然具有强大的自然语言处理能力，但在实际应用中仍面临诸多局限性和挑战。这些局限性不仅涉及计算资源、能耗、数据需求、泛化能力等方面，还涉及模型的部署和维护。因此，在未来的研究和应用中，我们需要充分考虑这些局限性，并积极探索相应的解决方案，以推动人工智能技术的持续发展和应用。

三、检索增强生成（RAG）

RAG 技术，全称为 Retrieval-Augmented Generation（检索增强生成），是一种在自然语言处理领域广泛应用的技术。它结合了信息检索与深度学习生成模型的优点，旨在提高文本生成任务的准确性和上下文相关性。RAG 技术，在大语言模型中的应用极为广泛，它主要解决了传统生成模型在处理信息时可能出现的缺失或不准确的问题。RAG 技术通过集成检索阶段，使得生成的内容更加贴近实际信息，提高了生成模型的效率和准确性。这种技术能够从大量的信息中检索到与输入相关的文本片段，并基于这些片段生成更有针对性的文本，从而拓展了模型的知识范围，加强了模型对于特定问题的理解和回答能力。简而言之，RAG 技术通过结合检索与生成，增强了大语言模型在处理复杂任务时的准确性和信息量，为自然语言处理领域带来了新的突破。

以下是关于 RAG 技术的详细介绍:

（一）技术背景与目的

随着大语言模型（LLM）的快速发展，虽然它们取得了显著的成功，但仍面临一些挑战，特别是在处理特定领域或知识密集型任务，以及需要当前信息的查询时，LLM 可能会产生不准确的内容，即所谓的"幻觉"现象。为了克服这些问题，RAG 技术应运而生，它通过从外部知识库检索相关文档并进行语义相似度计算，来增强 LLM 的功能，降低生成错误内容的可能性。

（二）RAG 技术实现流程

RAG 技术的实现主要包括以下三个步骤:

步骤 1: Indexing（索引）。

- 将文档分割成较小的片段（chunk）。
- 对这些片段进行编码，转换成向量表示。
- 将这些向量存储在向量数据库中，便于快速检索。

步骤 2: Retrieval（检索）。

- 当给定一个输入查询（如问题）时，系统会使用编码器将其转换成高维向量表示。
- 利用高效的近似最近邻搜索算法（如 FAISS）在向量数据库中查找与输入向量最相似的前 k 个文档片段。

步骤 3: Generation（生成）。

- 将原始查询和检索到的相关文档片段一起输入到大语言模型（如 GPT 系列）中。
- 模型基于这些信息生成连贯、精准的回答或文本输出。

（三）技术优势与应用场景

优势: RAG 技术通过实时检索外部存储的信息，能够在生成文本时引用准确的事实，显著减少了由于模型自身知识库限制而产生的"幻觉"现象。它提高了生成内容的真实性和可靠性，特别适用于需要精确信息的任务。

应用场景： RAG 技术在问答系统、对话系统以及文本摘要等自然语言处理任务中具有广泛应用。此外，在垂直领域的大模型中，RAG 技术也展现出了其强大的应用潜力，能够高效地处理知识密集型的 NLP 任务。

RAG 技术作为一种创新的自然语言处理方法，通过结合信息检索和深度学习生成模型的优点，显著提升了文本生成的准确性和上下文相关性。随着技术的不断发展，RAG 有望在更多领域发挥其独特的优势，推动自然语言处理的进步。

四、大模型的改进方法

ChatGPT 的诞生无疑为全球范围内的大语言模型库注入了前所未有的活力。这一技术的横空出世，仿佛打开了新世界的大门，激发了人们对于人工智能语言模型无限的可能性与潜力的探索欲望。从那时起，各种大模型如同雨后春笋般迅速涌现，不仅在数量上呈现出爆炸性的增长，更在质量和功能上实现了质的飞跃。OpenAI 选择闭源后，来自中国的 DeepSeek 横空出世，扛起了开源大旗，在算法和模型上做出巨大改变，极大提高了模型效率。

特别值得一提的是，DeepSeek 开源大模型的出现为这一领域带来了更为深远的影响。这些开源模型以其开放、共享的特性，吸引了无数开发者和研究者的关注与参与。它们不仅各具特色，涵盖了众多领域，还极大地推动了大模型理论研究的深入发展。这种开放与共享的精神，使得大模型技术得以更加广泛地传播和应用。

随着大模型技术的不断进步和完善，它们在各行各业的应用也愈发广泛和深入。无论是在自然语言处理、智能客服、机器翻译，还是在数据分析、舆情监测等领域，大模型都展现出了惊人的实力和潜力。可以预见，未来大模型将在更多领域发挥重要作用，推动人工智能技术的持续创新与发展。无论是科技巨头还是科研院所，都积极投身于大模型的研究与优化中，试图解决这一领域面临的各种挑战。

为了弥补大模型的不足，各种创新方法层出不穷。其中，RAG（检索增强生成）技术通过结合外部知识库，提高了大模型的准确性和丰富性。微调方法则通过针对特定任务进行模型调整，实现了更精准的输出。同时，各行业也在积极探索训练和数据的对齐方式，以确保模型能够更好地适应不同领域的需求。

除此之外，更通用的泛化方法旨在提升模型的适应能力，使其能够在更多场景下发挥作用。而多模态的进展则让大模型能够理解和处理更多类型的数据，包括文本、图像、声音等，从而拓宽了其应用范围。

这些创新方法的涌现，不仅推动了大模型技术的飞速发展，也为各行各业带来了前所未有的机遇和挑战。可以预见的是，随着技术的不断进步和完善，大模型将在未来发挥更加重要的作用，引领人工智能领域迈向新的高度。

大语言模型库存在的问题确实多种多样，针对这些问题的解决方法可以从多个方面入手。以下是一些建议的解决方法：

1. 数据质量与多样性提升

• 针对数据集中的污染、重复和个人身份信息等问题，可以通过数据清洗、去重和匿名化处理来提升数据质量。

• 同时，增加数据集的多样性也很重要，这有助于模型更好地泛化到不同领域和场景。

2. 模型架构与算法优化

• 改进模型架构，如使用 Transformer 等先进结构，可以增强模型的表达能力和泛化性能。

• 优化训练算法，如采用更大的 batch size（批量大小）、更先进的优化器等，可以加速训练过程并提高模型性能。

3. 持续学习与更新

• 对于无法查询最新信息的问题，可以通过持续学习（continual learning）或增量学习（incremental learning）的方法，使模型能够不断学习新数据并保持对旧知识的记忆。

• 定期更新模型，以反映最新的知识和趋势。

4. 领域适应与迁移学习

• 针对模型在特定领域知识不足的问题，可以采用迁移学习（transfer learning）的方法，利用预训练模型在大量通用数据上学到的知识，迁移到特定领域的任务上。

• 也可以通过领域适应（domain adaptation）技术，使模型更好地适应不同领域的数据分布。

5. 引入外部知识库

• 将外部知识库（如 Wikipedia、专业数据库等）与模型相结合，可以提供更准确和专业的信息。

• 通过知识蒸馏（knowledge distillation）等技术，将外部知识库的精华提炼到模型中，提升模型的专业性。

6. 人机协同与交互式学习

• 采用人机协同的方式，让人类专家与模型共同完成任务，利用人类的判断力和模型的处理能力相互补充。

• 通过交互式学习（interactive learning），让模型在与用户的互动中不断学习和改进。

7. 增强可解释性与透明度

• 开发更先进的可视化工具和解释技术，帮助用户理解模型的决策过程和输出结果。

• 提供更详细的模型性能和预测结果的统计数据，增加用户对模型的信任度。

8. 隐私保护与安全性增强

• 采用差分隐私（differential privacy）等技术保护用户数据隐私，防止模型训练过程中的数据泄露。

• 加强对模型输入和输出的安全性检查，防止恶意输入导致的模型误导或信息泄露。

综上所述，解决大语言模型库存在的问题需要从数据质量、模型架构、算法优化、持续学习、领域适应、外部知识库引入、人机协同与交互式学习以及增强可解释性与透明度等多个方面入手。同时，还需要关注隐私保护和安全性问题，确保模型在实际应用中的可靠性和安全性。

第二节   GPT 模型介绍

ChatGPT 是基于 GPT 这种大语言模型（LLM）进行开发的，利用了 LLM 在自然语言处理领域的强大能力，为人们提供了一种全新的、智能化的聊天体验。GPT 模型是一种基于深度学习的自然语言处理模型，基于 Transformer 模型（谷歌员工最早提出），由 OpenAI 团队于 2018 年首次实现并开源。它旨在解决自然语言处理领域的一个关键问题：如何生成自然和逼真的文本。

Transformer 模型与传统的循环神经网络（RNN）不同，Transformer 模型使用了创新性的自注意力机制，可以更好地处理长序列和并行计算，因此具有更好的效率和性能。

通俗易懂地讲（实际要比这个例子更复杂），通过注意力机制，人工智能就能"抓住一句话的重点，好似能理解人类的语言"。比如画一幅穿着蓝衣服的戴墨镜的男人在钓鱼的画，通过注意力机制，人工智能很快计算出核心点：第一层"画男人"，第二层"男人在钓鱼"，第三层"穿着蓝衣服"。抓住重点后，剩余的细枝末节，人工智能可以随意"生成"。这就是注意力机制带来的革命：可以理解自然语言。这为后来的聊天、文生图、文生 SQL、文生视频、文生 UI 打下基础。

GPT 模型通过在大规模文本语料库上进行无监督的预训练来学习自然语言的语法、语义和语用等知识。预训练过程分为两个阶段：在第一个阶段，模型需要学习填充掩码语言模型（masked language model，MLM）任务，即在输入的句子中随机掩盖一些单词，然后让模型预测这些单词；在第二个阶段，模型需要学习连续文本预测（next sentence prediction，NSP）任务，即输入一对句子，模型需要判断它们是否是相邻的。

GPT 模型的工作机制主要是基于自回归模型，在文本生成这种应用中表现尤为出色。例如，给定一个文本前缀，GPT 可以自动生成连续的文本内容，使生成的文本既流畅又符合语法规范。GPT 模型的这一特点使其在自然语言生成、机器翻译、问答系统等领域得到了广泛应用。

随着技术的不断发展，GPT 模型也在不断进化。目前，训练最多的 GPT 模型——GPT-4，已经拥有超过 1 万亿个学习参数，其性能已经接近或超越了一些人类专业领域的表现。GPT 模型已经成为自然语言处理史上第一个可用于各种 NLP 任务的通用语言模型，其优势在于无需大量调整即可执行任务，只需很少的文本交互演示，其余工作均可由模型自动完成。

同时，DeepSeek 带来多项突破性创新。例如，其研发的模型采用了创新性的混合专家（MoE）架构和多头潜在注意力（MLA）技术，这些技术显著提升了模型的学习效率和灵活性。以 DeepSeek-V3 模型为例，该模型采用了动态偏置调整机制，实现了无辅助损失负载均衡策略，极大地降低了推理成本。同时，DeepSeek-R1 模型在强化学习推理方面进行了大胆创新，打破了传统监督微调路径，通过依赖强化学习实现了模型推理能力的飞跃式提升。这些技术创新不仅提升了模型的性能，还降低了 AI 技术的门槛，使得更多的企业和个人能够参与到 AI 研发中来，推动了 AI 技术的快速发展。

为了方便学习，本书介绍一个供学习的 GPT——NanoGPT，其参数很少，可以可视化了解 GPT 的运行过程。

NanoGPT 是一个基于 Transformer 架构的小型预训练模型，专为学习和调试 Transformer 模型而设计。它由前特斯拉 AI 总监 Andrej Karpathy 基于 OpenWebText 重现 GPT-2（124M）的项目而创建。NanoGPT 的主要特点是删繁就简，方便学习 LLM。相比于大型预训练模型，NanoGPT 占用更少的存储空间和计算资源，源码结构清晰，易于理解和修改。这使得 NanoGPT 成为学习和调试 Transformer 模型的理想选择。同时，NanoGPT 也提供了使用预训练模型或训练自己模型的功能，用户可以根据自己的需求进行灵活应用。虽然 NanoGPT 在规模和功能上可能无法与大型 GPT 模型相比，但其在资源有限或需要快速原型开发的情况下具有显著的优势。

　　需要注意的是，对于 NanoGPT 的具体使用和应用，建议参考官方文档和教程以获取更详细的信息和指导。由于技术不断更新和发展，建议在使用前查看最新的官方资源以确保准确性和时效性。

　　图 1.2.1 所示为最简单的 NanoGPT，由三个 Transformer 组成。

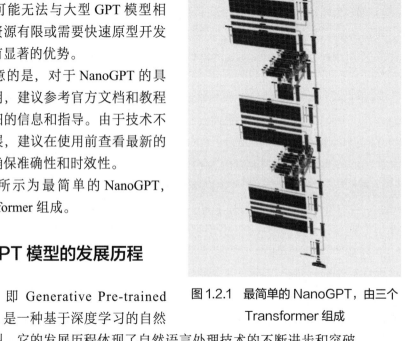

图 1.2.1　最简单的 NanoGPT，由三个 Transformer 组成

一、GPT 模型的发展历程

　　GPT，即 Generative Pre-trained Transformer，是一种基于深度学习的自然语言处理模型，它的发展历程体现了自然语言处理技术的不断进步和突破。

　　以下是 GPT 模型的主要发展历程：

（一）GPT-1：奠定基础

　　GPT-1 是 OpenAI 于 2018 年发布的首个大语言模型。它采用了 Transformer 架构中的解码器部分，并在大规模语料库上进行无监督预训练。GPT-1 在多项自然语言处理任务中展现出了强大的性能，尤其是在文本生成任务上取得了显著成果。这一模型的推出为后续的 GPT 系列模型奠定了坚实的基础。

　　GPT-1 的可视化结构如图 1.2.2 所示。（注意这只是一种可视化的表示，为了形象地说明 GPT 的结构，并不是科学的、严谨的，不是说 GPT 一定就长这样。）

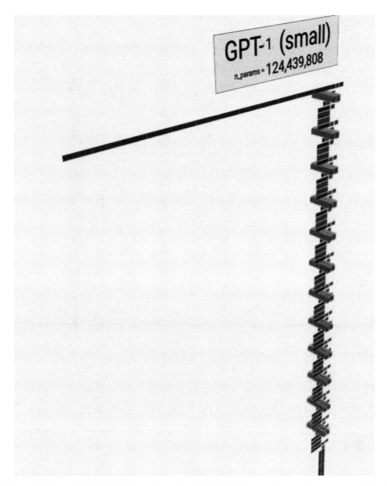

图 1.2.2　GPT-1 的可视化结构（每一块可以认为是一个 Transformer，总共 12 块）

（二）GPT-2：规模扩大与能力提升

在 GPT-1 的基础上，GPT-2 于 2019 年发布，其最大的特点在于模型规模的显著扩大。GPT-2 通过增加模型的参数数量和层数，进一步提升了模型的表示能力和生成质量。这使得 GPT-2 在更复杂的自然语言处理任务中取得了更好的效果，同时也为后续的 GPT-3 等更大规模的模型提供了经验和技术支持。

GPT-2 的可视化结构如图 1.2.3 所示。

（三）GPT-3：突破边界的巨型模型

GPT-3 是 GPT 系列中最具突破性的模型，于 2020 年发布。它的参数数量达到了惊人的 1750 亿个，使得 GPT-3 在自然语言处理领域的性能达到了前所未有

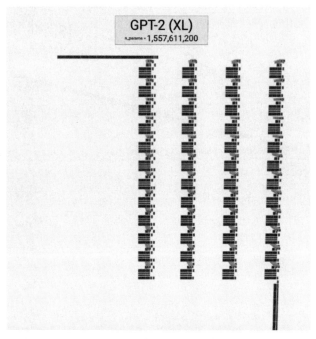

图 1.2.3　GPT-2 的可视化结构

的高度。GPT-3 不仅在文本生成任务上表现出色，而且在问答、翻译、摘要等多种任务中也取得了显著成果。此外，GPT-3 还显示出了强大的少样本学习甚至零样本学习能力，即使在未见过的任务上也能通过简单的提示（prompt）生成合理的回答。

　　GPT-3 的可视化结构如图 1.2.4 所示。

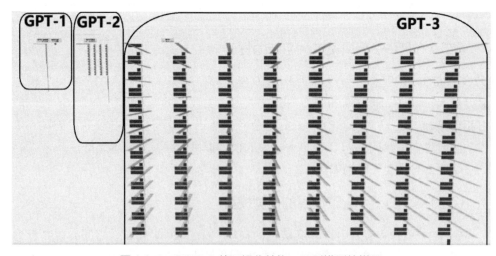

图 1.2.4　GPT-3 的可视化结构，巨型模型的样子

图 1.2.4 中，NanoGPT 已经看不见了。（实际上 GPT-1 方框里面的小点，就是 NanoGPT，比起 GPT-3，已经非常非常小。）

GPT-1 比起 GPT-3 来，已经非常小而简单，可见 GPT-3 的规模和 OpenAI 的创新发展速度。

随着人工智能技术的不断进步，GPT 系列模型以其出色的自然语言处理能力受到了广泛关注。从 GPT-1 到 GPT-3，模型的规模和复杂度不断增加，这一点从可视化的角度可以看得尤为清晰。

GPT-1：简洁的线性结构　如果将 GPT-1 的结构可视化为一条线，那么这条线代表了其相对简单和直接的处理流程。GPT-1 主要基于 Transformer 的解码器 (decoder) 部分构建，舍弃了编码器 (encoder) 和 decoder 之间的注意力层。其结构相对紧凑，由 12 个 Transformer 层组成，每层的注意力 (attention) 维度为 768，头数为 12。虽然参数数量达到了 1.5 亿，但在 GPT 系列中仍属于起步阶段。

GPT-2：扩展的复杂网络　相较于 GPT-1，GPT-2 的结构明显更加庞大和复杂。它不仅增加了输入层、编码器和解码器等组件，还在 Transformer 块的数量和参数规模上有了显著提升。GPT-2 有多个版本，参数规模从 117M 到 1.5B 不等，这反映了其结构的灵活性和可扩展性。从可视化的角度来看，GPT-2 更像是一个错综复杂的网络，每个节点和连接都承载着重要的计算任务。

GPT-3：巨型的智能体系　GPT-3 则是一个真正的巨型模型，其参数规模达到了惊人的 1750 亿。这个数字不仅代表了模型的巨大容量，也反映了其在自然语言处理任务中的强大能力。从可视化的角度来看，GPT-3 更像是一个庞大的智能体系，其中包含了无数个相互关联的节点和连接。这个体系的复杂性和深度使得 GPT-3 能够生成极其自然和逼真的语言，并在各种自然语言处理任务中表现出色。

注意，可视化只是一个直观的感受，并不能代表 GPT 的运行机制和真实情况，实际上，GPT 因为黑盒效应而广受诟病。因此，可视化工具确实可以为我们提供一种直观的方式来感受和理解 GPT 等复杂模型的结构和规模，但是，这种可视化并不能完全揭示 GPT 的内部运行机制和真实决策过程。这主要是因为 GPT，如同许多深度学习模型一样，具有所谓的"黑盒效应"。这一效应源于模型的复杂性和不透明性，使得人们难以理解模型是如何根据输入数据做出具体预测的。

GPT 等深度学习模型通常由数百万甚至数十亿的参数构成，这些参数在训练过程中通过优化算法自动调整以最小化预测误差。然而，这种自动调整过程往往导致模型内部形成复杂的非线性关系，使得人们难以直观地理解模型是如何从输入数据中提取特征并做出决策的。此外，深度学习模型的训练过程通常涉及大量的数据和计算资源，这也增加了模型的复杂性和不透明性。

因此，尽管 GPT 等模型在自然语言处理等任务上取得了显著的成果，但它们的"黑盒"特性也引发了广泛的关注和批评。这种不可解释性不仅限制了人们对模型决策过程的理解，也增加了模型在实际应用中的不确定性和风险。为了缓解这一问题，研究者们正在积极探索各种方法，如开发更透明的模型、引入可解释性约束、利用可视化工具等，以提高深度学习模型的可解释性和可信度。然而，这些努力仍然面临着诸多挑战和限制，需要进一步的深入研究和实践验证。

虽然目前 OpenAI 已经发布了多模态的 GPT-4o，但是早期的 GPT 演进对我们学习和研究 GPT 有很大的帮助。尤其是开源的 GPT-1 和 GPT-2。

从 GPT-1 到 GPT-3，我们可以看到模型结构在不断扩大和复杂化。这不仅体现在参数数量的增加上，还体现在模型组件的多样性和功能的丰富性上。GPT-1的简洁线性结构为后续的扩展提供了基础；GPT-2 则通过增加组件和扩大规模进一步提升了模型的性能；而 GPT-3 则以其巨型的结构和复杂的网络体系达到了前所未有的高度。这种发展趋势不仅展示了人工智能技术的飞速进步，也为我们揭示了未来的更多可能性。

从 GPT-1 到 GPT-3，模型的进化确实展现了一个不断扩大和复杂化的趋势。如果将这种进化用交通工具来类比，那么 Transformer 就像是手推车，它是基础且重要的工具，但不具备高速和高效的特点；而 GPT-1 则像是火车，它在 Transformer 的基础上进行了重要的改进和提升，使得自然语言处理能力得到了显著的提高；到了 GPT-3，它就像是高铁，不仅在速度上更快，而且在性能和效率上也达到了全新的高度。

1. 基础与起点：Transformer

• Transformer 是自然语言处理领域的一种重要模型，它采用了自注意力机制，能够有效地处理序列数据中的长距离依赖关系。这为后续的 GPT 模型提供了坚实的基础。

2. GPT-1：从手推车到火车的飞跃

• GPT-1 是基于 Transformer 的单向语言模型，它在大规模的互联网文本数据上进行预训练。这个模型能够根据给定的提示生成连贯且上下文相关的文本，这是自然语言处理领域的一大进步。然而，与后续版本相比，GPT-1 的数据集相对较小，处理复杂语言结构的能力也有限。

3. GPT-2：火车的提速与升级

• GPT-2 在更大的数据集上进行训练，并且拥有更大的模型规模和更高的预训练参数数量。这使得它能够生成更加流畅和连贯的语言，同时在语境理解、内容生成和多样化表达方面也有了显著提升。GPT-2 的影响广泛，从内容创建到客户服务，展示了人工智能在自动化和增强语言任务方面的实际应用。

4. GPT-3：迈入高铁时代

• GPT-3 跟 GPT-1、GPT-2 相比，是 GPT 系列中最大、最强的版本，具有 1750 亿个参数。它在更大的数据集上进行训练，并采用了更复杂的算法。GPT-3 表现出了理解上下文、生成类人文本，甚至执行编码任务的卓越能力。它的多功能性允许广泛应用，包括高级聊天机器人、创意写作、自动化内容创建等。GPT-3 的发布引发了关于人工智能在创意和专业领域的未来的讨论。

（四）后续发展与应用

GPT-4 相比 GPT-3 和 GPT-3.5 在多个方面取得了显著的进步。

首先，GPT-4 在规模和复杂度上有了巨大的提升，它是一个大型多模态模型，可以接受图像和文本输入，并发出文本输出。这种多模态能力使得 GPT-4 能够处理更广泛的任务和场景，为用户提供了更多的便利性和创新性。

其次，GPT-4 在准确性方面也有了显著的提高。例如，它在模拟律师考试中取得了令人瞩目的成绩，分数达到了考生的前 10%，远超过 GPT-3.5 的表现。这反映了 GPT-4 在理解和应用复杂知识方面的强大能力。

此外，GPT-4 还展示了更高的创造性和协作性。它可以生成歌词、创意文本，并实现风格变化，这使得它在文学创作、广告营销等领域具有广泛的应用前景。同时，GPT-4 也可以根据用户输入的文本和图像来生成相应的输出，这种交互式的能力进一步增强了其应用价值。

在技术架构方面，GPT-4 采用了 Transformer 架构，并通过多层的自注意力机制和跨层传播方式来实现对输入数据的深度处理。这种架构使得 GPT-4 能够更好地理解输入数据的上下文信息，并生成更准确的输出。

总的来说，GPT-4 在很多方面都取得了显著的进步，包括多模态能力、准确性、创造性和技术架构等。这些进步使得 GPT-4 在自然语言处理领域取得了重要的地位，并为未来的 AI 发展奠定了坚实的基础。同时，GPT-4 的进步也为我们提供了更多的可能性和机遇，让我们期待它在未来能够带来更多的创新和突破。

随着 GPT 系列模型的不断发展，越来越多的研究者开始探索其在实际应用中的潜力。GPT 模型被广泛应用于文本创作、对话系统、问答系统等领域，为人们提供了更加智能化和便捷的自然语言处理服务。同时，GPT 模型也在推动自然语言处理技术的不断创新和进步，为未来的智能应用提供了更多的可能性。

（五）GPT 带来的启示

从 GPT 系列的演进中，我们可以学习到许多宝贵的启示，不仅在技术层面，更在商业和创新的思维模式上。以下展开详细讨论。

1. 大胆创新

当 Transformer 模型首次出现时，其独特的自注意力机制和处理序列数据的能力让许多人认为这是一个技术上的巨大突破。然而，OpenAI 通过 GPT 系列展示了更大的视野，他们不仅仅满足于单个 Transformer 的应用，而是尝试将其进行大规模的组合和堆叠，从而实现了更为强大的自然语言处理能力。

这告诉我们，在技术上，我们不应满足于现状，而应不断探索和尝试新的组合、新的应用方式。要敢于挑战传统，打破常规，才能创造出真正有价值的新产品和服务。

2. 快速进化

GPT 系列的参数规模从 GPT-1 到 GPT-3 实现了巨大的飞跃，这不仅提升了模型的性能，也扩展了其应用场景。这种快速的进化和迭代能力，是 OpenAI 能够在 AI 领域保持领先地位的关键。

对于企业和个人来说，快速学习和适应新技术、新趋势是非常重要的。只有不断进化和提升，才能在激烈的市场竞争中脱颖而出。

3. 勇于实现与优秀的用户体验

ChatGPT 并不是第一个文本生成模型，但它在用户体验方面做得非常出色。这得益于其强大的自然语言生成能力和对用户需求的深入理解。ChatGPT 能够生成流畅、自然的文本回复，并且能够根据用户的输入进行智能化的调整和优化。

这告诉我们，一个好的产品或服务不仅要有先进的技术支撑，更要注重用户体验。只有深入了解用户的需求和痛点，才能设计出真正符合用户需求的产品或服务。

总的来说，GPT 系列的成功给我们带来了许多宝贵的启示。在技术创新、快速进化和用户体验方面，我们都应该向 OpenAI 学习，不断探索和突破自我，以创造出更多有价值的产品和服务。

二、GPT 模型的关键论文

Transformer 模型是在论文 "Attention is All You Need" 中提出的，这篇论文由谷歌的研究人员 Vaswani 等人于 2017 年发表。该模型摒弃了传统序列模型（如循环神经网络 RNN 和长短期记忆网络 LSTM）的局限性，采用自注意力机制和位置编码来处理序列数据，从而取得了显著的效果。

　　Transformer 模型的历史意义在于它推动了自然语言处理（NLP）领域的技术进步。传统的序列模型在处理长序列时存在一些问题，如难以捕捉长距离依赖关系和并行计算的困难。而 Transformer 模型通过自注意力机制，使得模型能够更有效地处理序列数据中的依赖关系，无论这些依赖关系是长距离还是短距离的，这大大提高了模型的表示能力和灵活性。

　　此外，Transformer 模型的出现也推动了深度学习在自然语言处理领域的应用和发展。由于其强大的性能和灵活性，Transformer 模型被广泛应用于各种 NLP 任务，如文本分类、情感分析、机器翻译等。同时，许多后续的模型也基于 Transformer 进行改进和扩展，如 BERT、GPT 等，进一步推动了 NLP 领域的技术创新和进步。

　　因此，可以说 Transformer 模型是自然语言处理领域的一个重要里程碑，它的提出不仅解决了传统序列模型的一些局限性，也为后续的研究和应用提供了强大的基础和支持。

　　GPT 模型在不断发展过程中，有多篇关键的论文对其产生了深远影响。这些论文不仅推动了 GPT 技术的进步，也为自然语言处理领域带来了重要的突破。以下是一些关键的论文及其主要贡献：

　　论文 **"Improving Language Understanding by Generative Pre-Training"** 是 GPT-1 模型的基石，介绍了预训练语言模型的概念，并展示了 GPT-1 在多种 NLP 任务上的出色表现。它提出了通过无监督的预训练来学习语言表示的方法，为后续的大语言模型的发展奠定了基础。

　　论文 **"Language Models are Unsupervised Multitask Learners"** 介绍了 GPT-2 模型，强调了模型规模的扩大对于性能提升的重要性。GPT-2 通过增加参数数量和层数，进一步提升了模型的生成能力和跨任务性能。这篇论文还展示了 GPT-2 在零样本学习和少样本学习方面的潜力。

　　论文 **"Language Models are Few-Shot Learners"** 介绍了 GPT-3 模型，一个具有 1750 亿个参数的巨型语言模型。GPT-3 展示了强大的少样本学习和零样本学习能力，能够在未见过的任务上通过简单的提示生成合理的回答。这篇论文进一步推动了大语言模型在 NLP 领域的应用和发展。

　　除了上述提到的论文外，还有一些其他研究也对 GPT 模型的发展产生了重要影响。这些研究涉及模型的优化技巧、训练策略、推理方法等方面，共同推动了 GPT 模型的不断进步和完善。

　　需要注意的是，随着技术的不断发展，新的研究论文和突破不断涌现，因此对于 GPT 模型的关键论文的列举可能并不完全。对于想要深入了解 GPT 模型发展历程的读者，建议查阅相关的学术论文和技术文章，以获取更全面和准确的信息。

下面对"Attention is All You Need"这篇重要论文进行详细解析。

（一）背景与动机

背景： 在 Transformer 提出之前，序列到序列（seq2seq）模型如 RNN 和 LSTM 在处理序列任务时，主要依赖于序列的顺序。然而，这种方法存在两个问题：一是处理长序列时的长期依赖问题；二是难以并行处理序列，因为每个时间步都依赖于前一个时间步。

动机： 为了解决上述问题，论文作者提出了 Transformer 模型，该模型完全基于注意力机制，旨在提高计算效率并捕捉输入序列中的全局依赖关系。

（二）模型架构

整体架构： Transformer 模型的整体架构可以分为编码器（encoder）和解码器（decoder）两部分。

主要组件： 包括注意力机制（特别是自注意力机制和多头自注意力机制）、位置编码、前馈神经网络、层归一化和残差连接等。

（三）关键技术与创新点

自注意力机制： 这是 Transformer 模型的核心组件，允许模型捕获输入序列中的全局依赖关系。通过"Scaled Dot-Product Attention"实现。

多头自注意力机制： 该机制可以看作是注意力机制的集成版本，不同的"头"学习不同的子空间语义，从而提高了模型的表达能力。

位置编码： 由于 Transformer 模型不依赖于序列的顺序，因此需要位置编码来提供序列中单词的位置信息。论文中使用了正弦和余弦函数进行位置编码。

并行计算： 由于 Transformer 模型不依赖于序列顺序，来自不同位置的信息可以同时被处理，从而实现了高效的并行计算。

（四）实验与结论

实验： 论文在机器翻译任务上进行了实验，结果表明 Transformer 模型在质量上优于其他模型，同时具有更高的计算效率。

结论： Transformer 模型通过引入注意力机制，特别是自注意力机制和多头自注意力机制，成功解决了 RNN 及衍生模型（如 LSTM 和 GRU）的难以并行问题和长期依赖问题。该模型在自然语言处理领域产生了深远的影响，并已广泛应用于机器翻译、文本摘要、问答系统等任务中。

综上所述，"Attention is All You Need"这篇论文提出了一个创新的

Transformer 模型架构，该架构完全基于注意力机制，具有高效的并行计算能力和捕捉全局依赖关系的能力。这一成果对自然语言处理领域产生了重大的影响并推动了相关技术的发展。

注意力机制的核心思想是模仿人类的视觉注意力，即在处理信息时，模型能够聚焦于当前任务最相关的部分。在机器翻译中，模型需要根据目标词来选择性地关注输入序列中的不同部分。注意力机制最大的能力就是"抓重点"，比如"小花旁边的小狗追了一路公交车"，通过大规模学习，注意力机制能够找到主语，通过计算知道是小狗追了一路而不是小花。我们人类学习语言也是一个长期的过程，要认识主谓宾，要学会抓重点。只不过人工智能学习更贵、更费劲而已。下面讲解 Transformer 模型中的注意力计算。

以机器翻译为例，假设我们有以下法语句子作为输入（Input）：

```
> "Le chat est sur le canapé."
```

以及对应的英语句子作为目标（Target）：

```
> "The cat is on the sofa."
```

在翻译过程中，模型需要为每个目标词找到输入序列中相关的词。

计算步骤如下。

步骤 1： 计算键和值的表示。

－首先，模型将输入序列中的每个词转换成键（key）和值（value）的表示。

步骤 2： 计算查询的表示。

－对于目标序列中的每个词，模型计算一个查询（query）的表示。

步骤 3： 计算注意力分数。

－模型使用查询和键来计算注意力分数（attention score），通常使用缩放点积函数（scaled dot-product function）。

$$\text{attention score} = \text{query} \times \text{key}^{\text{T}}$$

其中，×表示点积，T 表示转置，用于计算查询和每个键的匹配程度。

步骤 4： 应用缩放因子。

－由于点积可能会非常大，所以通过除以一个缩放因子（通常是键向量的维度的平方根）来缩放注意力分数。

步骤 5： 计算权重。

－将注意力分数通过 softmax 函数转换成权重（attention weights），确保对每个输入词的注意力总和为 1。

$$\text{attention weights} = \text{softmax}\,(\text{attention score})$$

步骤 6：计算加权和。

－ 最后，模型将每个输入词的值乘以相应的注意力权重，然后求和，得到最终的输出（output）表示。

$$output = \sum_i attention\ weights_i \times value_i$$

示例代码

以下是使用 Python 和 PyTorch 库实现简单注意力计算的示例代码：

```python
import torch
import torch.nn.functional as F
# 假设我们有一个3个单词的输入序列和一个2个单词的目标序列
input_sequence = torch.tensor([[1, 2, 3], [4, 5, 6], [7, 8, 9]])
target_sequence = torch.tensor([[10, 11], [12, 13]])
# 计算查询（Q）、键（K）和值（V）的表示
Q = torch.tensor([[1, 0], [0, 1]])   # 目标序列的查询表示
K = input_sequence   # 输入序列的键表示
V = input_sequence   # 输入序列的值表示


# 计算注意力分数
dot_scores = torch.matmul(Q, K.transpose(-2, -1))   # Q * K^T
dot_scores /= torch.sqrt(torch.tensor(K.size(-1)))   # 缩放因子


# 计算权重
attention_weights = F.softmax(dot_scores, dim=-1)


# 计算加权和
output = torch.matmul(attention_weights, V)


print(output)   # 这将输出目标词的表示
```

请注意，这个示例非常简单，实际的 Transformer 模型会更复杂，包括多头注意力（multi-head attention）等。然而，这个示例展示了注意力机制的基本思想和计算步骤。

三、GPT 模型的结构可视化

GPT 和 Transformer 之间的主要区别体现在它们的应用目标、模型结构和训

练方式上。

首先，从应用目标来看，Transformer 模型并没有明确定义的任务，它主要用于序列到序列的转换，是一种基于自注意力机制的神经网络架构，用于编码输入序列和解码输出序列。而 GPT 则是一个专为生成任务设计的模型，它利用 Transformer 的 Decoder 部分，通过无监督预训练学习语言规律，然后用于生成自然流畅的文本。

其次，从模型结构来看，GPT 采用的是单向的 Transformer，这意味着在生成文本时，GPT 只能利用当前位置之前的上下文信息，而不能利用未来的信息。这种设计使得 GPT 在生成文本时更符合自然语言的生成过程。而 Transformer 模型本身并不限定其方向性，它可以处理双向的上下文信息。

最后，从训练方式来看，Transformer 的训练是无监督的，通过最大化输入和输出序列的条件概率进行训练。而 GPT 则采用了预训练 - 微调的两阶段训练过程，预训练阶段通过预测下一个单词进行训练，学习语言的内在规律和模式，然后在特定任务上进行微调，以取得更好的性能。

总的来说，GPT 是 Transformer 模型的一个特定应用和优化版本，它继承了 Transformer 的许多优点，并针对生成任务进行了专门的优化和改进。两者在应用目标、模型结构和训练方式上都有所不同，但都在自然语言处理领域发挥了重要的作用。

在 LLM（大语言模型）中，Transformer 确实是核心组件，其结构允许模型高效地处理和理解文本数据。以下是 Transformer 主要组成部分的详细解释：

1. 层归一化（layer normalization）

• 层归一化在 Transformer 中起着稳定训练过程和提高模型性能的作用。它通常在每个子层的输出之后进行，以确保数据在进入下一个子层之前具有适当的尺度。

2. 多头自注意力（multi-head self-attention）

• 多头自注意力是 Transformer 中的关键机制，它允许模型在处理一个词时同时关注句子中的其他词。这种机制提高了模型捕捉文本上下文和语义关系的能力。

• "多头"意味着模型同时计算多个自注意力操作，每个操作都关注输入序列的不同部分，从而能够捕捉到更丰富的信息。

3. 前馈神经网络（feed-forward neural network）

• 在每个自注意力层之后，通常会有一个前馈神经网络。这个网络对自注意力的输出进行进一步的处理和转换，以增强模型的表达能力。

• 前馈神经网络通常由两个线性层组成，中间有一个激活函数（如 ReLU）。

综上所述，Transformer 通过结合层归一化、多头自注意力和前馈神经网络等组件，实现了对文本数据的高效处理和理解。这些组件共同工作，使模型能够捕捉到文本中的长期依赖关系和复杂语境，从而进行准确的文本生成和理解任务。

请注意，虽然上述内容详细描述了 Transformer 的主要组成部分，但 Transformer 的完整实现还包括其他细节和优化，如残差连接、dropout（随机失活）等，这些都有助于提高模型的性能和泛化能力。

本书提供的大模型可视化最简单的 NanoGPT 结构由三层 Transformer 组成。GPT 结构里面的 Transformer，如图 1.2.5 所示。

NanoGPT 有 85584 个参数，适合可视化理解 GPT 的结构。GPT-1 已经有上亿参数，可视化的可能性已经没有了。

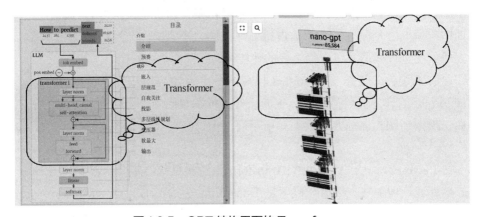

图 1.2.5　GPT 结构里面的 Transformer

NanoGPT 是一个小型版本的 Transformer 架构的预训练模型，其设计初衷是在资源有限的环境中实现高质量的语言生成。它的结构相对简化，但保留了 Transformer 的核心功能。以下是关于 NanoGPT 参数数量和结构的详细介绍：

NanoGPT 采用了简化的 Transformer 架构，通常由三层 Transformer 组成，如图 1.2.6 所示。在参数数量方面，NanoGPT 采用了较小的隐藏层尺寸，如 64 或 128，并且使用了较少的注意力头，通常为 1 个。这种设置显著减少了模型的参数数量，使其更加轻量级。具体的参数数量会根据隐藏层尺寸和注意力头的数量而有所变化，但总体来说，NanoGPT 的参数数量要远小于标准的 GPT 模型。

在结构方面，NanoGPT 保留了 Transformer 的基本组件，包括多头自注意力机制、前馈神经网络和层归一化等。每个 Transformer 层都由这些组件构成，以实现对输入序列的高效处理。尽管结构有所简化，但 NanoGPT 仍然能够在较少量的数据上进行训练，并保持良好的性能。

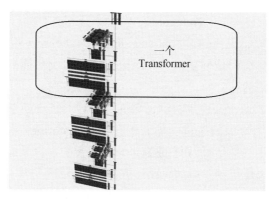

图 1.2.6　NanoGPT 由三个 Transformer 组成

此外，NanoGPT 是基于 PyTorch 实现的，代码简洁易懂，非常适合用于教学和快速原型开发。其开源性和简洁性使得研究者和开发者能够轻松地理解和修改模型，以适应不同的应用场景和需求。

总的来说，NanoGPT 以其简化的结构和较少的参数数量，在资源有限的环境中提供了高效的语言生成能力。

GPT 对 Transformer 模型进行了多方面的改进，这些改进使得 GPT 在自然语言处理任务中取得了显著的性能提升。以下是 GPT 对 Transformer 模型的主要改进点：

① **预训练机制**：GPT 采用了预训练 - 微调（pre-training and fine-tuning）的两阶段训练过程。在预训练阶段，GPT 在大量无标注文本数据上学习语言表示，通过捕捉语言的内在规律和模式，使得模型具备强大的语言生成和理解能力。这种预训练机制使得 GPT 能够充分利用大规模语料库中的信息，提高模型的泛化能力。

② **单向性**：与 BERT 等双向模型不同，GPT 采用了单向 Transformer 模型。这意味着在生成文本时，GPT 只能利用当前位置之前的上下文信息，而不能利用未来的信息。这种设计使得 GPT 在生成文本时更符合自然语言的生成过程，避免了信息泄露的问题。

③ **扩展模型规模**：GPT 通过增加模型的参数数量和层数来扩展模型规模，从而提高了模型的表示能力和性能。大规模的模型能够捕捉更多的语言细节和模式，使得生成的文本更加准确和流畅。

④ **优化训练策略**：GPT 在训练过程中采用了一些优化策略，如使用更大的批次大小、更长的训练序列等，以提高模型的训练效率和性能。此外，GPT 还采用了多种正则化技术来防止过拟合，使得模型在保持强大性能的同时具有更好的泛化能力。

⑤ **引入位置编码**：由于 Transformer 模型本身不具有处理序列位置信息的能力，GPT 引入了位置编码（positional encoding）来弥补这一缺陷。位置编码将序列中每个位置的信息编码成向量，并与对应的输入向量相加，从而使得模型能够感知到序列中的位置信息。

综上所述，GPT 通过预训练机制、单向性设计、扩展模型规模、优化训练策略和引入位置编码等方面的改进，显著提升了 Transformer 模型在自然语言处理任务中的性能。这些改进使得 GPT 成为了一种强大的语言生成模型，为自然语言处理领域的研究和应用提供了新的思路和方向。

OpenAI 团队开发在基于 Transformer 架构的 GPT 时，到底有哪些创新呢？GPT 的核心创新在于其预训练策略和模型规模，具体体现在以下几个方面：

① **大规模预训练**：GPT 通过在海量的文本数据上进行预训练，学习到了丰富的语言表示，这使得它在多种自然语言理解和生成任务上表现出色。

② **单向语言模型**：与 Bidirectional（双向）Transformer 模型不同，GPT 是一个单向的语言模型，它只能从左到右或从右到左捕获信息，这使得模型更简单，但需要特殊的技术来处理单向信息的局限性。

③ **深度自我注意力机制**：GPT 利用深度 Transformer 结构，通过堆叠多个注意力层来捕获文本中的长距离依赖关系。

④ **无监督预训练**：GPT 采用了无监督学习的预训练方法，通过预测下一个单词的方式来训练模型，这允许模型学习到语言的内在结构和语义信息。

⑤ **微调灵活性**：预训练完成的 GPT 模型可以在特定任务上进行微调，这种灵活性使得 GPT 可以适应多种不同的下游任务。

⑥ **生成能力**：GPT 特别擅长文本生成任务，包括文章撰写、对话系统、文本续写等，这得益于其强大的语言表示能力。

⑦ **模型规模**：GPT 模型的规模从最初的几百兆参数发展到后来的数十亿参数，大规模的参数数量使得模型能够捕捉到更多的语言细节。

⑧ **连续的模型迭代**：从 GPT-1 到 GPT-3，OpenAI 团队不断迭代模型，每一代模型都在规模和性能上有所提升。

GPT 的这些创新使其成为自然语言处理领域的一个重要里程碑，推动了语言模型的发展，并为后续的研究工作提供了新的方向。

以下以 GPT-1 为例，大概说明 GPT 的结构。

GPT-1（生成式预训练转换器）的结构是自然语言处理领域的一个重要里程碑，它基于 Transformer 模型的解码器部分进行了扩展和改进。以下是 GPT-1 结构的详细描述：

① **基于 Transformer 的解码器**：GPT-1 使用了 Transformer 模型的解码器部分，

这包括自注意力机制和前馈神经网络。由于 GPT-1 是单向的语言模型，它只使用了解码器部分，而没有使用编码器部分。

② **自注意力机制**：GPT-1 的自注意力机制允许模型在处理序列时，考虑到序列中所有位置的信息。这使得模型能够捕捉到文本中的长距离依赖关系。

③ **多头注意力**：GPT-1 采用了多头自注意力机制，这意味着模型同时在不同的表示子空间中关注输入的不同部分，增强了模型捕获信息的能力。

④ **位置编码**：由于 Transformer 模型本身不具备捕捉序列顺序的能力，GPT-1 引入了位置编码，以确保模型能够理解单词在句子中的顺序。

⑤ **层叠结构**：GPT-1 通过堆叠多个相同的自注意力层来构建深度模型，每一层都包括自注意力机制和点前馈网络。这种层叠结构使得模型能够学习到更复杂的语言模式。

⑥ **残差连接和层归一化**：在每个子层（自注意力和点前馈网络）之后，GPT-1 使用残差连接和层归一化技术，这有助于避免在深层网络中出现的梯度消失问题。

⑦ **预训练任务**：GPT-1 的预训练任务是语言建模，即预测给定文本序列中下一个单词的概率分布。这是通过最大化序列中所有单词的联合概率来实现的。

⑧ **无监督学习**：GPT-1 的预训练是无监督的，这意味着它不需要标注数据，而是直接从大量文本中学习语言的统计特性。

⑨ **大规模参数**：GPT-1 拥有大量的参数，这使得它能够捕捉到丰富的语言特征和模式。

⑩ **微调能力**：尽管 GPT-1 是为生成任务预训练的，但它也可以在特定的下游任务上进行微调，以提高任务性能。

GPT-1 的这些结构特点使其在自然语言生成任务上表现出色，包括文本摘要、问答、文本续写等。此外，GPT-1 的成功也为后续更大型、更强大的 GPT 模型，如 GPT-2 和 GPT-3，奠定了基础。

以上我们重点介绍了 GPT 模型，需要注意的是，除了 GPT 系列，还有许多其他优秀的大语言模型（LLM）。以下是一些备受关注的模型。

① **BERT 系列**：由谷歌开发，包括 BERT、RoBERTa 等。BERT 是一种双向 Transformer 模型，通过预训练 [使用掩码语言模型（masked language model,MLM）任务] 来学习语言的表示和理解。RoBERTa 是 BERT 的一个改进版，进一步提升了性能。

② **Transformer 系列**：Transformer 是一种基础架构，包括编码器和解码器两部分，每部分都有多个层。许多其他基于 Transformer 的大语言模型都是在这个架构的基础上开发的。

③ **ELMo 系列**：由 Allen Institute for AI 开发，包括 ELMo、DistilBERT 等。这些模型旨在通过结合不同层次的上下文信息来提供更丰富的词嵌入表示。

④ **T5 系列**：由谷歌开发，基于 Transformer 架构。T5 模型在多个 NLP 任务上表现出色，并且具备很强的泛化能力。

这些模型各有特点，都在不断推动自然语言处理领域的发展。选择哪个模型取决于具体的应用场景和需求。需要注意的是，这些大语言模型通常需要大量的计算资源和数据进行训练和推理，因此在实际应用中需要考虑到性能和成本的平衡。

第三节　开源、工具和实战

在当今这个数据驱动的时代，大模型已经成为了人工智能领域的核心。对于想要深入这一领域的学习者和开发者来说，如何快速掌握大模型的相关知识与技能显得尤为重要。而在这个过程中，"开源""工具""实战"无疑是三个关键词。

开源文化和技术为学习大模型提供了宝贵的资源。开源的大模型项目，如 GPT、BERT 等，为学习者提供了深入了解模型结构和原理的机会。通过研究这些项目的源代码，学习者可以了解到模型是如何构建的，数据是如何处理的，以及模型是如何训练的。此外，开源社区中的讨论和分享也为学习者提供了解决问题的思路和方法。

在掌握大模型的过程中，选择合适的工具可以大大提高学习效率。例如，利用 TensorFlow、PyTorch 等深度学习框架，学习者可以更加便捷地构建和训练模型。同时，还有各种辅助工具如模型可视化工具、调试工具等，它们可以帮助学习者更好地理解和优化模型。此外，还有一些专门为特定大模型设计的工具，如 Hugging Face 的 Transformers 库，为使用者提供了丰富的预训练模型和方便的 API 接口，大大降低了大模型的应用门槛。

理论学习固然重要，但真正掌握大模型还需要通过实战来锻炼。学习者可以通过参与实际的开源项目，如文本分类、机器翻译、情感分析等，来应用所学的大模型知识。在实战中，学习者会遇到各种问题，如数据预处理、模型调优、过拟合等，通过解决这些问题，学习者可以更加深入地理解大模型的运作机制，并积累宝贵的实战经验。

开源社区在 GPT 模型的发展过程中起到了至关重要的作用。首先，Transformer 模型的源代码是开源的，这意味着任何研究者或开发者都可以访问、修改和使用这个模型。这种开放性促进了知识的共享和技术的快速迭代。

其次，开源社区为 GPT 模型提供了丰富的训练数据和计算资源。例如，大语言模型需要海量的文本来进行预训练，而开源社区中的众多项目和平台提供了这些数据。同时，开源社区中的志愿者贡献了大量的计算资源来训练和优化这些模型。

此外，开源社区还推动了 GPT 模型的应用和部署。通过开源项目，GPT 模型被广泛应用于自然语言处理、语音识别、图像生成等多个领域。这些应用不仅验证了 GPT 模型的有效性，还进一步推动了模型的发展和改进。

因此，可以说没有开源社区就没有 GPT 模型的快速发展。开源社区的开放性、协作性和创新性为 GPT 模型的发展提供了强大的动力和支持。同时，GPT 模型的成功也验证了开源模式在人工智能领域的巨大潜力。

开源社区为大模型的学习和开发提供了丰富的工具集，这些工具极大地简化了从大模型的理解、可视化到部署和调优的过程。以下是这些工具如何帮助我们的具体方面：

1. LLM 的可视化工具

• 可视化工具允许我们直观地了解 LLM 的内部结构和行为。通过可视化注意力权重、层激活或嵌入空间等，我们可以更深入地理解模型是如何处理输入并生成输出的。

• 这些工具对于调试模型、理解模型的决策过程以及识别潜在的问题区域非常有价值。它们还可以帮助研究者比较不同模型或不同训练阶段的性能差异。

2. 低代码的 LLM 部署工具

• 部署大模型通常是一个复杂的过程，涉及多个步骤和配置。低代码的部署工具简化了这个过程，使开发者能够通过图形界面或预定义的模板快速部署模型。

• 这些工具通常提供了一键式部署选项，自动处理资源分配、模型打包、API 创建和性能优化等任务，从而降低了部署的复杂性和技术门槛。

3. LLM 的调优工具

• 调优工具对确保大模型在实际应用中的最佳性能至关重要。这些工具可以帮助开发者调整模型的超参数（如学习率、批次大小等），优化模型的推理速度，或进行模型剪枝和量化以减少计算资源需求。

• 通过使用这些工具，开发者可以在不牺牲太多性能的情况下，使模型更加高效，并能适应特定的应用场景。这对于资源受限的环境或需要实时响应的系统尤为重要。

4. 学习和发展

• 这些开源工具不仅提供了功能强大的实用程序，还常常伴随着丰富的文档和社区支持。这意味着学习者可以在使用过程中快速查找答案、解决问题，并从社区中的其他成员那里获得帮助和灵感。

• 通过积极参与开源社区，学习者还可以贡献自己的代码、修复错误或提出改进建议，从而进一步加深对大模型技术的理解和应用能力。

总之，利用开源社区提供的这些工具，我们可以更加高效地学习、理解、微调和开发大模型应用。这不仅加速了模型的开发周期，还提高了模型的质量和适应性，使大模型技术更加易于访问和广泛应用。

例如在学习大模型过程中，我们可以利用大模型的可视化工具作为辅助，如图 1.3.1 所示。

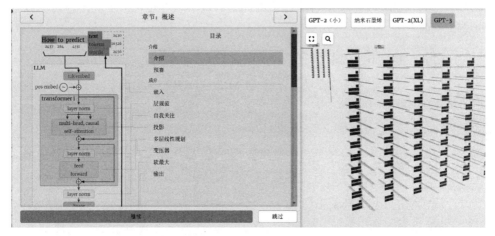

图 1.3.1　GPT-3 可视化

为了让初学者更好地了解大语言模型的工作原理和内部机制，开源项目 llm-viz 提供了一个很好的解决方案：通过可视化工具来直观地展示大模型的结构和运作。这样的工具对教学、研究和理解模型内部机制非常有帮助。

以下是一些关于如何使用 llm-viz 或类似工具来帮助零基础初学者了解大语言模型的信息：

1. 安装和设置

• 首先，确保你已经安装了必要的开发环境，如 Node.js 和 NPM（node package manager）。

• 从开源社区克隆或下载 llm-viz 项目。

• 根据项目的 README 文件进行安装和配置。

2. 了解基本概念

• 在开始使用可视化工具之前，先了解大语言模型的基本概念，如神经网络、层（layers）、神经元、权重、偏差等。

• 理解模型是如何通过训练数据来学习并生成文本的。

3. 探索可视化界面

• 打开可视化工具，并熟悉其界面和功能。

• 通常，这样的工具会展示模型的结构图，包括输入层、隐藏层和输出层。

• 你可以通过点击和拖动来放大、缩小或移动视图。

4. 交互式学习

• 利用工具的交互性来深入了解模型的不同部分。例如，点击某个层或神经元以查看其详细信息。

• 观察权重和偏差如何影响模型的输出。

• 如果可能的话，尝试修改一些参数（如权重），并观察模型输出的变化。

5. 实践应用

• 使用可视化工具来辅助学习不同的自然语言处理任务，如文本生成、摘要、翻译等。

• 通过实际操作来理解模型如何处理不同类型的输入，并生成相应的输出。

6. 社区和资源

• 参与开源社区的讨论，向其他开发者和学习者寻求帮助和建议。

• 利用在线资源和教程来深入了解大语言模型和可视化工具的使用。

通过这样的步骤，初学者可以逐步理解和掌握大语言模型。而 llm-viz 或类似的可视化工具则为此过程提供了宝贵的辅助和支持。

第二章

大语言模型的技术细节

第一节　大语言模型的全局视图

第二节　注意力机制

第三节　编码、嵌入和神经网络

第四节　权重、参数和训练策略

第五节　更多原理剖析

第六节　大模型的能与不能

第七节　图示 Transformer 和实战 GPT-2

第八节　实战：手动部署大模型

自然语言处理（NLP）是一门集语言学、计算机科学、数学于一体的科学，旨在让计算机理解和处理人类语言。NLP 的研究主要集中在自然语言理解（NLU）和自然语言生成（NLG）两个核心子集上。前者旨在将人类语言转换为机器可读的格式以进行人工智能分析和应用，例如自动问答、信息检索、机器翻译等；后者则将机器生成的语言转换为人类可读的格式，例如智能客服、语音合成等。而 LLM 是 NLP 领域中的一种重要技术，它利用深度学习技术，通过大规模语料库的训练，学习语言的统计规律，从而生成和理解自然语言文本。LLM 的出现极大地推动了 NLP 的发展，使得机器可以更加准确地理解和生成自然语言文本，进而提高了 NLP 应用的性能和效果。

具体来说，LLM 可以用于文本生成、文本分类、情感分析、摘要生成、对话系统等多种 NLP 任务。例如，在对话系统中，LLM 可以根据用户输入的文本进行智能化的回应，从而实现与用户的自然语言交互。这种交互方式更加自然、便捷，能够极大地提升用户体验。

因此，LLM 和自然语言处理是相辅相成的，LLM 的发展推动了 NLP 技术的进步，而 NLP 技术的不断发展完善也为 LLM 提供了更好的应用环境和更广阔的发展空间。

GPT 的核心框架是建立在 Transformer 结构上的深度学习模型，专为自然语言处理任务设计。它充分利用了 Transformer 的自注意力机制来捕捉文本中的上下文信息，实现了对长文本序列的高效处理。GPT 通过大规模的无监督预训练，学习语言的统计规律和模式，使得模型能够在多种自然语言处理任务中表现出色。在预训练过程中，GPT 采用了自回归模型，通过最大化给定输入序列的下一个单词出现的概率来训练模型，提高了模型的语言生成和理解能力。此外，GPT 还具有微调（fine-tuning）的能力，可以根据具体任务的需求对预训练模型进行微调，以适应不同的文本生成、问答等任务。总的来说，GPT 的核心框架是一个强大且灵活的自然语言处理模型，通过 Transformer 结构和无监督预训练技术的结合，实现了对自然语言文本的深入理解和生成。

ChatGPT 的核心框架可以归纳为以下几点：

① **基于 GPT 的自然语言处理模型**：ChatGPT 是基于 GPT 的自然语言处理模型。这是一个多模态的聊天机器人，其基础是 RNN、LSTM、Attention、Transformer 等模型，并通过自监督学习、监督学习以及强化学习进行训练和优化。

② **Transformer 结构**：ChatGPT 采用了 Transformer 结构，这是一种基于自注意力机制的神经网络结构。Transformer 结构使得模型能够在处理长文本时表现出色，能够捕捉到文本中的长期依赖关系。它通过将输入序列中的每个词向量进行关联，得到每个词向量的重要性分数，从而更好地捕捉到句子中不同部分之间的关系。

③ **无监督学习**：ChatGPT 利用无监督学习进行预训练，使得模型能够在大规模文本语料库中学习语言的统计规律和模式。这种方法帮助模型自动发现语言中的规律和模式，从而更好地理解和生成自然语言文本。

④ **多层次、多粒度的语言模型**：ChatGPT 还采用了多层次、多粒度的语言模型。这种模型能够逐渐深入理解和生成更加复杂的自然语言文本，通过逐步增加层次和粒度，生成更加细致和复杂的文本，从而提高模型生成文本的质量和准确性。

⑤ **自监督学习与监督学习的结合**：ChatGPT 先基于自监督学习自动预训练模型，再利用监督学习对预训练后的模型进行优化调整（fine-tuning）。这种结合使得模型既能够学习到大规模语料库中的统计规律，又能够根据特定任务进行有针对性的优化。

总的来说，ChatGPT 的核心框架是基于 GPT 的自然语言处理模型，采用 Transformer 结构以捕捉文本中的长期依赖关系，并通过无监督学习和多层次、多粒度的语言模型来提高对自然语言的理解和生成能力。此外，它还结合了自监督学习与监督学习来优化模型的性能。这些技术共同构成了 ChatGPT 强大而灵活的核心框架，使其在自然语言处理领域取得了显著的成果。

第一节　大语言模型的全局视图

GPT 模型中包含了大量的 Transformer 结构，这些 Transformer 在模型中发挥着核心作用。Transformer 的数量根据 GPT 模型的不同版本和规模而有所变化，但总体来说，它们都是模型中不可或缺的组件。

Transformer 的主要作用是处理和理解文本数据。在 GPT 模型中，每个 Transformer 都负责接收前一层的输出作为输入，并通过自注意力机制和多头注意力等关键技术，捕捉文本中的上下文信息和语义关系。这种机制使得模型能够根据之前的文本内容来预测下一个可能的词语或句子，从而实现自然语言生成和理解的功能。

通过不断地从 Transformer 输入输出信息，GPT 模型能够逐步提炼和整合文本中的关键特征，最终生成准确且连贯的文本输出。每个 Transformer 层都对输入数据进行深层次的加工和处理，使得模型能够更好地理解文本的深层含义和上下文关系。这种逐层传递和处理的方式，使得 GPT 模型在处理长文本和复杂语义关系时表现出色。

总的来说，GPT 模型中的 Transformer 数量众多，它们通过协同工作，实现了对文本数据的深入理解和高效处理，为自然语言处理领域带来了革命性的突破。

利用可视化开源软件 llm-viz，以 NanoGPT 为例，我们可以清晰看到大模型的结构，如图 2.1.1 所示。

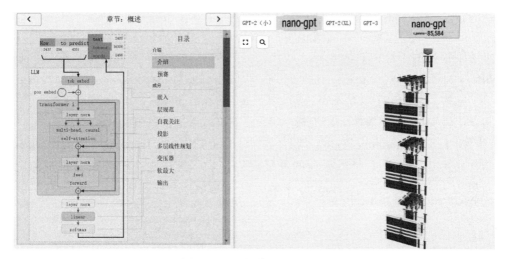

图 2.1.1　可视化 NanoGPT

GPT 类的 LLM（大语言模型）的结构涉及多个关键组件。以下是对其结构的详细解释：

1. 词嵌入或标记嵌入（token embedding）

• 在 LLM 中，文本数据首先被分割成更小的单元，如词或子词，并被转换成数字形式，这被称为"词嵌入"或"标记嵌入"（token embedding）。这一步是模型能够处理文本数据的基础。

2. Transformer 结构

• LLM 的核心是基于 Transformer 模型，这是一种专为处理序列数据（如文本）设计的神经网络。

• Transformer 架构的关键特性包括自注意力机制，它使模型能够在处理一个词时同时考虑句子中的其他词，这是理解上下文和语言流的关键。

3. 层归一化（layer normalization）

• 在 Transformer 模型中，层归一化是一个重要步骤，它有助于模型在训练过程中更快地收敛，并保持数据的稳定性。

• 层归一化是在每一层的激活之后进行的，可以确保数据在传递到下一层之前具有适当的尺度。

4. softmax 层

· 在生成任务中，模型通常使用 softmax 层来生成下一个最可能的词或词组。

· softmax 函数将模型的输出转换成概率分布，使得所有输出词的概率之和为 1。这样，模型就可以根据这些概率来选择下一个要生成的词。

注意，虽然上述步骤描述了 GPT 类 LLM 的一般结构，但具体的实现细节可能因模型的不同而有所差异。此外，这些模型通常具有庞大的参数数量，如 GPT-3 拥有 1750 亿个参数，这些参数在训练期间通过大量的文本数据进行调整。

总的来说，GPT 类的 LLM 通过结合 token embedding、Transformer 结构、层归一化和 softmax 层等组件和步骤，实现了对文本数据的高效处理和理解。

GPT 是由 Transformer 进化、创新、组合而成，其核心是 Transformer。Transformer 结构（图 2.1.2）是一个革命性的神经网络架构，其核心在于注意力机制的全面应用。如图所示，Transformer 由两大部分构成——左侧的 encoder 和右侧的

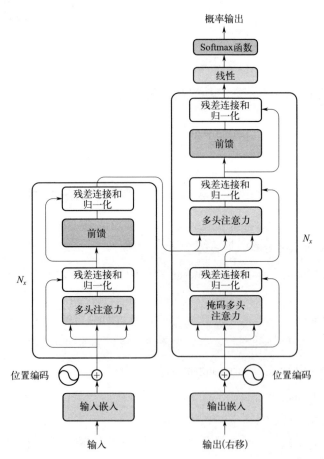

图 2.1.2　论文"Attention is All You Need"中 Transformer 的结构图

decoder，它们各自包含 6 个相同的层堆叠而成。

　　首先，从整体视角来看，输入序列先经过 encoder 部分的处理，然后通过 decoder 部分产生输出序列。值得注意的是，encoder 和 decoder 之间通过一个交叉注意力机制相连接，这使得 decoder 在生成输出时能够参考 encoder 的输出。

　　深入到每一层内部，我们会发现每一层 encoder 都包含两个主要子层：一个是多头自注意力机制层（multi-head attention），另一个是全连接的前馈神经网络（feed-forward neural network）。同样，decoder 也包含两个类似的子层，但在两个子层之间还额外插入了一个交叉注意力子层，用于关注 encoder 的输出。

　　每一层的输出都会经过一个残差连接和层归一化（add&norm）处理，以确保信息的稳定流动和模型的快速收敛。此外，为了防止模型在处理不同长度的序列时出现位置信息的丢失，Transformer 还引入了位置编码（positional encoding）来为每个位置上的词嵌入提供独特的位置信息。

　　在 decoder 部分，除了与 encoder 相似的结构外，还有一个重要的掩码（mask）机制，用于确保模型在预测下一个词时不会"偷看"到未来的信息，从而保证模型的合理性和准确性。

　　总的来说，Transformer 的结构图展示了一个高度模块化和可扩展的神经网络架构，通过巧妙地运用注意力机制、残差连接、层归一化等技术手段，实现了对序列数据的高效处理。这一结构不仅在当时引起了轰动，也为后来的自然语言处理领域的研究和应用奠定了坚实的基础。

　　通过大模型可视化软件，看到的 Transformer 如图 2.1.3 所示。

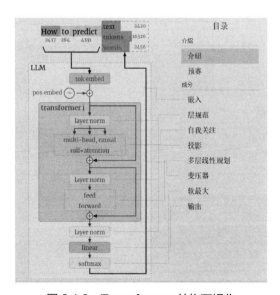

图 2.1.3　Transformer 结构可视化

在大模型中还有几个重要概念，如 token、BPE tokenizer 以及编码器（encoder）和解码器（decoder）等，下面进行详细介绍。

在大模型中，token 充当了模型理解和生成文本的基本单元。token 可以被视为文本中的一个词、一个词组或者一个标点符号，是模型在处理自然语言时所使用的最小单位。通过特定的分词技术，连续的文本被切分成这些独立的 token，从而转化为模型可以理解和操作的格式。这种分词过程有助于模型更好地捕捉文本中的语义和句法信息，进而实现更加准确和流畅的语言生成与理解。简而言之，token 是大语言模型进行文本处理和分析的基础元素，对模型的性能和效果起着决定性的影响。

以下是对 LLM 中 token 的详细介绍：

1. token 的定义

• token 在 LLM 中是指模型理解和生成的最小意义单位。它是将自然语言文本转换成机器可理解格式的关键步骤。

• token 可以是单词、子词、字符或其他形式的文本片段，具体取决于所使用的标记化方案。

2. token 的种类

• 词级 token：将文本分割成单词作为 token，用于处理语义和句法结构。

• 子词级 token：将文本分割成更小的部分，如字符级别的分割，用于处理词汇的变体和形态差异。

• 字符级 token：将文本分割成单个字符作为 token，适用于没有明显分隔符的语言。

• 特殊 token：如起始 token、结束 token、填充 token 等，用于辅助模型的训练和推理。

3. token 的作用

• 桥梁作用：token 作为原始文本数据与 LLM 可以使用的数字表示之间的桥梁，确保文本的连贯性和一致性。

• 语言理解：使模型能够理解和学习文本的语义、句法结构和语境信息。

• 文本生成：模型可以根据输入的 token 序列生成相应的文本输出。

4. token 的长度与限制

• 在英文中，一般的经验法则是一个 token 大约等于四个字符，但这并不是固定规则。

• LLM 通常有输入输出 token 数量的限制，如 2K、4K 或最多 32K token，这是因为模型的计算复杂度和空间复杂度随序列长度的增长而呈二次方增长。

5. token 的重要性

• token 化过程是将自然语言文本分解成模型可以处理的格式的关键步骤，对于模型执行各种自然语言处理任务（如文本分类、命名实体识别、情感分析等）至关重要。

总的来说，在大语言模型中，token 是连接人类语言和计算机理解的纽带，它使模型能够执行各种自然语言处理任务。通过适当的标记化方案，LLM 可以更有效地处理和生成文本，降低计算复杂度和内存需求，同时提高模型的灵活性和泛化能力。

在大语言模型中，如 GPT，token 的处理过程可以分为几个关键步骤：

步骤 1：文本预处理。

- 在开始生成 token 之前，需要对输入的文本进行预处理。这包括去除特殊符号、分词等操作，以便将原始文本转化为模型可以处理的输入形式。

步骤 2：tokenization。

- tokenization 是将文本分割成 token 的过程。在 GPT 中，token 可以是单词、字符或子词。这个过程对于模型理解文本的结构和语义至关重要。例如，一段文本"我爱自然语言处理"可能会被拆分成"我""爱""自然语言处理"等独立的 token。

步骤 3：输入编码。

- 生成 token 之后，需要将它们编码成数字形式，以便模型进行计算。这通常通过词嵌入（word embedding）等技术实现，将每个 token 转化为一个向量表示。这些向量捕捉了 token 的语义信息，使得相似的 token 在向量空间中距离相近。

步骤 4：模型处理。

- 编码后的 token 被输入到 GPT 模型中进行计算。模型会根据输入文本的上下文和学习到的语义规律来预测下一个 token。这个过程是通过一系列的 transformer 层来完成的，这些层能够捕获文本中的长距离依赖关系并生成高质量的文本表示。

步骤 5：生成与解码。

- 模型生成下一个 token 的预测结果后，需要将其解码成可读的文本形式。这通常涉及将向量表示转换回相应的单词、字符或子词。然后，这个新生成的 token 会被添加到之前的文本中，作为新的上下文输入到模型中，以生成下一个 token。

步骤 6：后处理与输出结果。

- 在生成一系列 token 之后，可能需要进行一些后处理操作，如去除重复的词语、调整句子结构等，以使生成的文本更加流畅和自然。最终，经过解码和后处理的文本将作为模型的输出结果。

这个过程在 GPT 等 LLM 中反复进行，使得模型能够生成连贯、有意义的文本序列。

在 LLM 中，特别是在 GPT 里，token 处理的重要性不言而喻。它作为自然语言处理的最小意义单位，是连接原始文本数据和模型可理解的数字表示的桥梁。其处理过程直接影响到模型的输入质量和后续的语言生成与理解能力。

首先，通过精细的分词（tokenization），即将文本分解成一个个的 token，模型能够更准确地捕捉文本的语义和句法结构。这不仅有助于模型理解文本的意图，还能提高其生成合理语言表达的能力。例如，在 GPT 中，每个 token 都被赋予一个数值或标识符，这些数值在模型内部被用作计算的基础，从而确保文本的连贯性和一致性。

其次，token 处理对于控制模型的输入输出长度也至关重要。由于大语言模型通常有输入输出 token 数量的限制，合理的 token 划分能让模型在有限的计算资源下处理更长的文本，进而提升模型的效率和性能。

此外，token 处理还影响到模型对词汇变体和形态差异的处理能力。通过将文本分割成更小的 token，如子词或字符级别，模型可以更好地应对词汇的变化，提高其对不同语言和文本风格的适应性。

综上所述，token 处理在 LLM 中，特别是在 GPT 里，扮演着举足轻重的角色。它不仅关系到模型对文本的理解深度，还直接影响到模型生成文本的质量和效率。因此，在构建和优化大语言模型时，对 token 处理的细致考量是不可或缺的环节。

Transformer 中的 BPE (byte pair encoding) tokenizer 是一种重要的分词工具，它特别适用于处理自然语言处理任务中的文本数据。

以下是对 BPE tokenizer 的详细介绍：

1. BPE 的基本原理

• 子词切分：BPE 最初是一种数据压缩算法，后来被应用于自然语言处理中的标记化。其基本原理是将文本切分成更小的子词单元，这些子词单元可以更好地处理不在词汇表中的未知词（OOV 词）。

• 合并高频子词：在训练过程中，BPE 算法会识别并合并出现频率最高的相邻子词对，逐步构建一个更有效的词汇表。

2. BPE tokenizer 的工作流程

• 准备训练语料：收集并准备用于训练 tokenizer 的大量文本数据。

• 初始化词汇表：开始时，词汇表通常包含所有单个字符以及一些特殊标记（如句子开始、句子结束等）。

• 统计词频：遍历训练语料，统计相邻字符对的出现频率。

• 合并高频对：选择出现频率最高的字符对进行合并，形成一个新的子词，并将其添加到词汇表中。

• 迭代过程：重复上述统计和合并步骤，直到达到预定的词汇表大小或满足其他停止条件。

• 应用 tokenizer：训练完成后，tokenizer 可以用于将新文本切分成由词汇表中的子词组成的序列。

3. BPE tokenizer 的优势

• 处理未知词：通过切分子词，BPE tokenizer 能够更有效地处理未在训练词汇表中出现的未知词。

• 灵活性：BPE 可以灵活地处理不同长度的词汇，适用于多种语言和任务。

• 数据压缩：由于 BPE 最初是一种压缩算法，因此它可以通过合并高频子词来减小词汇表，从而降低模型的存储需求。

4. 应用实例

• BPE tokenizer 被广泛应用于多种 Transformer 模型中，如 GPT-1、GPT-2、RoBERTa 等，以提高模型的文本处理能力。

总的来说，BPE tokenizer 通过子词切分和合并高频子词的方法，有效地解决了自然语言处理中的未知词问题，并提高了模型的灵活性和效率。

Transformer 的编码器和解码器介绍如下：

1. 编码器（encoder）

① 结构：Transformer 的编码器由多个相同的层叠加而成，每一层都包含两个主要的子层——多头自注意力机制和前馈神经网络。

② 多头自注意力机制：在每个编码器层中，多头自注意力机制允许模型同时关注输入序列的不同部分，从而捕捉输入序列中的长距离依赖关系。这通过计算每个位置与其他位置的相关性来实现，为输入序列中的每个位置分配不同的注意力权重。

③ 前馈神经网络：在自注意力子层之后是一个全连接的前馈神经网络。这个网络由两个线性层和一个激活函数组成，用于对每个位置的特征进行非线性变换和映射，进一步提高模型的表达能力。

④ 位置编码：由于 Transformer 编码器不具备显式的循环结构，因此需要使

用位置编码来表示输入序列中不同位置的顺序信息。位置编码被添加到输入序列中，使得模型能够感知到序列中不同位置的顺序关系。

2. 解码器（decoder）

① **结构**：Transformer 的解码器也是由多个相同的层叠加而成，每个解码器层包含三个子层——多头自注意力机制、编码器 - 解码器注意力机制和前馈神经网络。

② **多头自注意力机制**：与编码器类似，解码器中的多头自注意力机制允许模型关注输入序列中的不同部分。然而，与编码器不同的是，解码器中的自注意力是掩蔽的（masked），以确保预测仅依赖于已生成的输出词元，从而保持自回归属性。

③ **编码器 - 解码器注意力机制**：除了自注意力子层外，解码器还包含一个编码器 - 解码器注意力子层。这个子层允许解码器关注编码器输出的整个序列，从而将编码器的上下文信息融入解码过程中。

④ **前馈神经网络**：与编码器类似，解码器中也包含一个前馈神经网络子层，用于对每个位置的特征进行非线性变换和映射。

总的来说，Transformer 的编码器和解码器通过叠加多个相同的层来构建深度模型，每个层都包含特定的子层来处理输入序列并生成输出序列。这种结构使得Transformer 能够并行处理输入序列，提高模型的性能和训练效率。

3. 编码器和解码器的不同

Transformer 编码器和解码器的不同主要体现在它们的功能、结构和处理方式上。以下是它们之间的主要区别：

（1）功能不同

• **编码器**：其主要任务是将输入序列转换为上下文向量表示。它捕捉输入序列中的信息，并将其编码成一个固定长度的向量，这个向量捕捉了输入序列的全局信息。

• **解码器**：其主要任务是将编码器产生的上下文向量转换为目标序列。它利用编码器输出的上下文向量来生成输出序列，如翻译后的文本或预测的结果。

（2）结构差异

• **编码器**：由多个相同的层叠加而成，每个层主要包含两个子层——多头自注意力机制和前馈神经网络。编码器通过这两个子层来提取输入序列的特征，并输出上下文向量。

• **解码器**：也是由多个相同的层叠加而成，但除了包含多头自注意力机制和前馈神经网络外，还插入了一个额外的编码器 - 解码器注意力层。这个额外的层允许解码器关注编码器输出的上下文信息，从而生成更准确的输出序列。

（3）处理方式不同

• **编码器**：在处理输入序列时，编码器的自注意力机制允许它关注整个输入序列，不受序列位置的限制。这使得编码器能够捕捉输入序列中的长距离依赖关系。

• **解码器**：在处理输出序列时，解码器的自注意力机制是掩蔽的（masked），确保每个位置只能考虑该位置之前的所有位置。这种掩蔽注意力保留了自回归属性，确保预测仅依赖于已生成的输出词元。此外，解码器还利用编码器 - 解码器注意力机制来关注编码器的输出，从而融入编码器的上下文信息。

综上所述，Transformer 的编码器和解码器在功能、结构和处理方式上存在显著差异。这些差异使得编码器能够有效地捕捉输入序列的特征并生成上下文向量，而解码器则能够利用这些上下文信息生成准确的输出序列。

第二节　注意力机制

注意力机制，是整个 GPT 的核心概念。

通俗易懂地讲（只为说明问题，并非科学），注意力机制能让人工智能抓住一句话的重点，比如"骑自行车的女孩旁边只有只小狗受伤了"，注意力机制通过多层神经网络的计算"第一层：小狗；第二层：小狗受伤；位置：女孩旁边；第三层：女孩骑着自行车；第四层：狗狗的毛发；第五层：自行车的颜色……"那么抓住这个重点，无论是文生图，还是文生故事，还是文生 SQL，基本上不会错。拿文生图举例，注意力机制只要抓住重点，画出受伤的小狗，画出骑自行车的女孩，至于更多的细节，比如狗狗的颜色、自行车的款式，这些人工智能就可以自由发挥。这就是注意力机制带来的革命。

Transformer 的自注意力机制是模型的核心组成部分，它允许模型在处理一个词时需要参考句子中的其他词。换句话说，它允许模型在处理序列数据时，对不同的部分赋予不同的注意力权重。这种机制使得 Transformer 能够更好地理解输入数据中的上下文信息，并据此做出更准确的预测。

在 Transformer 的自注意力机制中，每个输入序列中的元素（如单词或字符）都会被赋予一个注意力权重，这个权重反映了该元素在当前上下文中的重要性。这些权重是通过计算输入序列中各个元素之间的相似度来得到的。具体来说，对于每个输入元素，模型都会计算它与序列中其他所有元素的相似度，然后根据这些相似度来分配注意力权重。

为了实现这一过程，Transformer 首先会为输入序列中的每个元素生成一个查询（query）、键（key）和值（value）的向量表示。这些向量是通过将输入数据与一组可学习的权重矩阵相乘得到的。然后，模型会使用这些向量来计算注意力权重。具体来说，它会计算每个查询向量与所有键向量的点积，并应用一个缩放因子和 softmax 函数来得到最终的注意力权重。这些权重随后被用于计算加权和的值向量，该向量捕捉了输入序列中的上下文信息。

此外，Transformer 还采用了多头注意力机制，这意味着模型会同时计算多个独立的注意力权重集，并将它们的结果合并起来以得到更丰富的上下文表示。这种机制使得模型能够同时关注输入序列中的多个不同方面，从而提高了其表示能力和泛化性能。

一、自注意力机制

自注意力（self-attention）机制的原理和计算过程可以归纳如下：

（一）self-attention 机制的原理

self-attention 机制，也被称为内部注意力机制，是一种将单个序列的不同位置关联起来以计算同一序列的表示的注意力机制。其工作原理主要是通过对序列中的每个元素计算注意力权重，以便模型能够聚焦于输入序列中不同位置的关系，从而捕捉序列内的复杂依赖关系。这种机制最初是在 Transformer 模型中被引入的，并且已经成为自然语言处理和其他序列处理任务中的重要组成部分。

（二）self-attention 机制的计算过程

1. 输入向量的嵌入与位置编码

- 首先，将输入序列（如单词或词元）转化为嵌入向量。这些嵌入向量通常是通过查找嵌入层（如词嵌入）得到的。
- 由于 self-attention 机制本身不考虑序列中元素的位置信息，因此需要显式地添加位置编码来提供位置信息。位置编码可以是固定的或学习的，并与嵌入向量相加。

2. 计算 query、key 和 value 向量

- 对于每个输入向量，通过线性变换（即乘以权重矩阵）得到对应的 query（查询）、key（键）和 value（值）向量。这些权重矩阵在训练过程中是可学习的。
- query 向量用于与 key 向量进行匹配，以确定不同位置元素之间的关系强度；value 向量则包含了与 key 向量相关联的实际内容信息。

3. 计算注意力权重

• 对于每个 query 向量，计算它与所有 key 向量的点积（内积），然后通过缩放因子（通常为输入维度的平方根的倒数）进行缩放，以避免梯度消失或爆炸问题。

• 接着应用 softmax 函数，将这些缩放后的点积转换为概率分布，即注意力权重。这些权重表示了不同位置元素对当前处理元素的重要性。

4. 加权求和得到输出

• 最后，使用计算出的注意力权重对相应的 value 向量进行加权求和，得到 self-attention 机制的输出。这个输出是一个考虑了序列中所有元素关系的加权表示，有助于模型更好地捕捉序列内部的复杂依赖关系。

总的来说，self-attention 机制通过计算输入序列中不同位置元素之间的相关性，使模型能够聚焦于重要的信息并捕捉序列内的长距离依赖关系。这种机制在自然语言处理、计算机视觉和序列建模等多个领域都取得了显著的成效。

源代码实例

以下是一个简单的真实项目中的 attention 的代码实现：

```python
def attention(query, key, value, mask=None, dropout=None):
    "计算点积的注意力"
    d_k = query.size(-1)
    scores = torch.matmul(query, key.transpose(-2, -1)) \
             / math.sqrt(d_k)
    if mask is not None:
        scores = scores.masked_fill(mask == 0, -1e9)
    p_attn = F.softmax(scores, dim = -1)
    if dropout is not None:
        p_attn = dropout(p_attn)
    return torch.matmul(p_attn, value), p_attn
```

下面以一个序列到序列（Seq2Seq）的案例，说明 Transformer 的自注意力机制：

序列到序列模型是自然语言处理中的一种常见模型，它通常用于机器翻译、文本摘要、问答等任务。Transformer 模型是 Seq2Seq 模型的一种，它在 2017 年被提出，并因其优秀的性能和并行化处理能力而迅速成为研究和工业界的新宠。下面将通过一个简单的机器翻译案例来说明 Transformer 中的自注意力机制。

案例：英语到法语的机器翻译

假设我们的任务是将英语句子翻译成法语，例如将 "The quick brown fox" 翻译为 "Le renard brun rapide"。

Transformer 模型的组成部分：

（1）编码器（encoder）：处理输入序列（英语句子）。

（2）解码器（decoder）：生成输出序列（法语句子）。

自注意力机制的步骤：

步骤 1：输入嵌入。

－首先，将英语句子中的每个单词转换为一个固定维度的嵌入向量。

步骤 2：编码器的自注意力。

－计算键（key）、值（value）和查询（query）：对于输入序列中的每个单词，编码器会分别计算出其对应的键、值和查询向量。

－计算注意力权重：对于输入序列中的每个单词，计算其对序列中所有单词的注意力权重。这是通过将查询向量与所有键向量进行点积，然后除以一个标量（通常是键向量维度的倒数的平方根），最后通过一个 softmax 函数来实现归一化。

－生成输出向量：将计算出的注意力权重与对应的值向量相乘，并对所有结果求和，得到该单词的输出向量。

步骤 3：解码器的自注意力。

－与编码器类似，解码器首先计算每个单词的键、值和查询向量。

－但是，在计算注意力权重时，解码器只能关注到当前单词之前的输出（即，它只能看到已经生成的单词），这是通过掩码自注意力机制实现的，确保解码器不会看到未来的信息。

步骤 4：编码器 - 解码器注意力。

－解码器还会计算对编码器输出的注意力权重，这允许解码器集中于输入序列中与当前输出单词最相关的部分。

步骤 5：输出层。

－解码器的最后一层输出会传递给输出嵌入层，将嵌入向量映射回单词空间，并通过一个线性层和一个 softmax 层来预测下一个单词的概率分布。

步骤 6：迭代生成。

－重复上述解码器步骤，直到生成完整的翻译序列。

以上案例说明了为什么自注意力机制有效：

• 捕捉上下文：自注意力机制允许模型在序列的不同位置之间直接建立联系，这有助于捕捉长距离依赖关系。

• 并行化：与循环神经网络（RNN）相比，自注意力机制可以高效地在多个序列元素上并行计算，这大大加快了模型的训练速度。

• 可扩展性：通过堆叠多个自注意力层，Transformer 模型可以学习越来越复杂的表示。

通过这个案例，我们可以看到 Transformer 模型的自注意力机制如何有效地处理序列到序列的任务。这种机制是 Transformer 模型成功的关键因素之一，也是它在多种 NLP 任务中广泛使用的原因。

二、多头注意力机制

多头注意力 (multi-head attention) 是一种基于自注意力机制的扩展技术，在 Transformer 模型中发挥着核心作用。它通过引入多个并行的自注意力层，也被称作"头"，使得模型能够同时关注输入数据的不同方面。每个"头"都会独立地学习不同的注意力权重，从而捕捉到输入序列中的多种特征和依赖关系。

在具体实现上，multi-head attention 首先将输入数据进行线性变换，生成查询（query）、键（key）和值（value）的向量表示。这些表示随后被分割成多个子空间，每个子空间对应一个"头"。在每个"头"内部，都会执行自注意力的计算，即通过 query 与 key 的点积运算来确定注意力权重，然后用这些权重对 value 进行加权求和。这个过程是并行进行的，大大提高了计算效率。

multi-head attention 的关键在于它能够让模型在同一时间关注到输入数据的不同部分。每个"头"都可以学习到不同的注意力模式，有的可能关注于局部的语法关系，有的则可能捕捉到全局的语义信息。这种处理方式使得模型能够更全面地理解输入数据，进而提升了模型的表达能力。

此外，multi-head attention 还通过拼接各个"头"的输出，再进行一次线性变换，得到最终的注意力表示。这种设计不仅融合了来自不同"头"的信息，还进一步增强了模型的表示能力。

总的来说，multi-head attention 通过引入多个并行的自注意力"头"，使得模型能够同时关注并处理输入数据的不同方面和特征。这种机制有效地提高了模型的表达能力和并行性，为自然语言处理、计算机视觉等领域的任务提供了强大的支持。

multi-head attention 的设计和作用可以归纳为以下几点：

1. 设计

• **并行处理**：multi-head attention 通过并行运行多个 self-attention 层，每个"头"都独立地学习不同的注意力权重。这些"头"允许模型同时关注输入序列的不同部分，从而捕捉更丰富的信息。

• **独立线性变换**：对于每个"头"，输入序列的查询（query）、键（key）和值（value）都会经过独立的线性变换。这些变换是通过可学习的权重矩阵来实现的，使得每个"头"都能学习到不同的表示子空间。

• **输出合并**：经过各个"头"处理后的输出会被合并，通常是通过拼接后再通过一个线性层进行变换，以产生最终的输出表示。这样，模型能够同时考虑来自输入序列的不同子空间的信息。

2. 作用

• **增强模型的表达能力**：通过多头的设计，模型可以同时关注并处理输入序列中的多个部分，从而捕捉到更复杂的特征和依赖关系。这有助于模型更好地理解输入数据，并提高其表达能力。

• **提高模型的并行性**：由于多头注意力机制中的各个"头"是并行处理的，因此它可以充分利用计算资源，提高模型的并行性和计算效率。

• **改善自注意力机制的缺陷**：自注意力机制在处理序列时可能会过度集中于当前位置的信息。而多头注意力机制通过分散注意力到不同的子空间，有助于缓解这一问题，使模型能够更全面地理解输入序列。

让我们通过一个简单的机器翻译案例来详细说明多头自注意力机制层的工作原理。假设我们正在将英文句子"The animal didn't cross the street"翻译成法语。

首先，我们将英文句子转换为一个固定维度的嵌入序列，然后将其输入到 Transformer 模型中。

多头自注意力机制层的步骤如下。

假设我们有 4 个头（Head），每个头的维度是 64（对于整个模型来说，输入维度是 256，因为 4 个头各占 64 维）。

步骤 1：嵌入。

－每个单词被转换成一个 256 维的嵌入向量。

步骤 2：线性变换。

－每个嵌入向量通过 W_Q, W_K, W_V 矩阵变换为 Q, K, V：

$$Q = W_Q \times embedding$$

$$K = W_K \times embedding$$

$$V = W_V \times embedding$$

步骤 3：多头计算。

－每个头独立计算：

$$Head1: Q_1, K_1, V_1$$

$$Head2: Q_2, K_2, V_2$$

$$Head3: Q_3, K_3, V_3$$

$$Head4: Q_4, K_4, V_4$$

步骤 4：注意力计算。

- 在每个头中，计算 *Q* 和 *K* 的点积，然后除以缩放因子（通常是 64 的倒数，因为每个头的维度是 64），得到未归一化的注意力分数。

- 使用 softmax 函数对每个头的注意力分数进行归一化，得到每个单词对序列中每个单词的注意力权重。

步骤 5：加权求和。

- 对每个头，使用归一化的注意力权重对 *V* 进行加权求和，得到每个头的输出向量。

步骤 6：拼接和输出。

- 将所有头的输出向量拼接起来，得到一个 256 维的向量。

- 通过 W_O 矩阵进行线性变换，得到最终的输出向量。

最终，每个单词的输出向量将被送入下一层 Transformer，或者用于生成翻译结果。

多头自注意力机制层允许模型在不同的表示子空间中捕捉信息，这使得模型能够同时关注输入序列的不同部分，例如一个头可能专注于语法结构，而另一个头可能专注于语义内容。这种机制显著提高了模型的表达能力，使其能够更好地理解和处理复杂的语言结构。

总的来说，multi-head attention 通过并行处理多个独立的注意力"头"，使模型能够同时关注并处理输入序列中的不同部分和特征，从而提高了模型的表达能力和并行性。这种机制在自然语言处理、计算机视觉等领域中得到了广泛应用，并取得了显著的效果。

以下介绍论文 "Transformer-XL: Attentive Language Models Beyond a Fixed-Length Context"（《Transformer-XL：超越固定长度上下文的注意力语言模型》）中实现的多头注意力机制的部分源代码。

```
import torch from torch import nn
#一种新的计算注意力的方法
def shift_right(x: torch.Tensor):

    zero_pad = x.new_zeros(x.shape[0], 1, *x.shape[2:])
    x_padded = torch.cat([x, zero_pad], dim=1)


    x_padded = x_padded.view(x.shape[1] + 1, x.shape[0],
*x.shape[2:])
    x = x_padded[:-1].view_as(x)
    return x
```

```
#此方法将矩阵的i th行按i列移动

#如果输入为[[1, 2 ,3], [4, 5 ,6], [7, 8, 9]] , 则移位的结果将为[[1, 2 ,
3], [0, 4, 5], [9, 0, 7]]
class RelativeMultiHeadAttention(MultiHeadAttention):
    #解决超长文本的注意力的一种变体
    def __init__(self, heads: int, d_model: int, dropout_prob: float =
0.1):
        super().__init__(heads, d_model, dropout_prob, bias=False)
        self.P = 2 ** 12
        self.key_pos_embeddings = nn.Parameter(torch.zeros((self.P *
2, heads, self.d_k)), requires_grad=True)
        self.key_pos_bias = nn.Parameter(torch.zeros((self.P * 2,
heads)), requires_grad=True)
        self.query_pos_bias = nn.Parameter(torch.zeros((heads,
self.d_k)), requires_grad=True)
#计算分数
    def get_scores(self, query: torch.Tensor, key: torch.Tensor):
        key_pos_emb = self.key_pos_embeddings[self.P - key.
shape[0]:self.P + query.shape[0]]

        key_pos_bias = self.key_pos_bias[self.P - key.shape[0]:self.
P + query.shape[0]]
        query_pos_bias = self.query_pos_bias[None, None, :, :]
        ac = torch.einsum('ibhd,jbhd->ijbh', query + query_pos_
bias, key)
        b = torch.einsum('ibhd,jhd->ijbh', query, key_pos_emb)
        d = key_pos_bias[None, :, None, :]
        bd = shift_right(b + d)
        bd = bd[:, -key.shape[0]:]

        return ac + bd
def _test_shift_right():
    x = torch.tensor([[1, 2, 3], [4, 5, 6], [7, 8, 9]])
    inspect(x)
    inspect(shift_right(x))
    x = torch.arange(1, 6)[None, :, None, None].repeat(5, 1, 1, 1)
    inspect(x[:, :, 0, 0])
    inspect(shift_right(x)[:, :, 0, 0])
```

```
    x = torch.arange(1, 6)[None, :, None, None].repeat(3, 1, 1, 1)
    inspect(x[:, :, 0, 0])
    inspect(shift_right(x)[:, :, 0, 0])
if __name__ == '__main__':
    _test_shift_right()
```

第三节　编码、嵌入和神经网络

编码、嵌入和神经网络在 Transformer 架构中扮演着核心角色，共同构成了这一强大模型的基础。

编码是 Transformer 处理自然语言文本数据的起始点，它将文本转换为模型可以理解的数字形式。在 Transformer 中，编码通常指的是位置编码，它为模型提供了序列中每个词的位置信息，因为 Transformer 的自注意力机制本身不考虑词序。这些位置编码与词嵌入相加，为模型提供了理解和处理语言顺序的能力。

嵌入是将离散的数据项（如单词或标记）转换为连续向量表示的过程。在 Transformer 中，词嵌入是将每个单词映射到一个高维向量空间，其中语义上相似的单词在向量空间中的位置更接近。这种嵌入表示法捕捉了单词之间的语义和句法关系，是 Transformer 能够理解和生成自然语言文本的关键。

神经网络是 Transformer 模型的计算核心，它由多个编码器和解码器层堆叠而成，每层都包含自注意力机制和前馈神经网络。自注意力机制允许模型在考虑序列中所有其他词的基础上，对每个词进行加权处理，从而捕捉词与词之间的依赖关系。前馈神经网络则进一步增强了模型的表示能力，使其能够学习到更复杂的语言模式和特征。

综上所述，编码为 Transformer 提供了处理语言顺序的能力，嵌入将单词转换为富含语义信息的向量表示，而神经网络则通过自注意力和前馈网络学习并生成语言的深层次理解。这三者共同作用，使得 Transformer 在自然语言处理任务中表现出色。

一、位置编码

Transformer 中的位置编码（positional encoding）是一种技术，用于将输入序列中的位置信息编码到向量表示中。在传统的序列模型（如 RNN、LSTM 等）

中，序列的每个位置都有一个对应的时间步，可以直接用作位置信息。然而，在 Transformer 模型中，由于其基于自注意力机制，输入序列中的所有词语都是同时处理的，因此需要一种方法来注入位置信息，以便模型能理解词语的顺序。这就是位置编码的作用。

具体来说，位置编码是通过向输入嵌入向量加上一些根据位置和维度特定生成的数值来实现的。通常，这些数值是通过正弦和余弦函数计算得出的，这样设计可以确保模型能够捕捉到相对位置和绝对位置之间的差异，同时也有助于训练过程的收敛。通过这种方式，位置编码有效地将位置信息融入 Transformer 模型的输入中，从而提高了模型对序列数据的理解和处理能力。

由于 Transformer 的自注意力机制在处理序列时不考虑词序，因此需要引入位置编码来确保模型能够理解语言的顺序结构。位置编码与词嵌入相结合，为模型提供了处理序列任务所需的完整信息。

位置编码的实现主要有两种方式：

1. 可学习型位置编码

• 在这种方法中，位置编码被作为模型参数的一部分，并在训练过程中进行学习。

• 这意味着模型可以根据任务数据自适应地调整位置编码，以更好地捕获序列中的位置信息。

2. 正弦函数型硬编码

• 这种方法使用一组正弦和余弦函数来生成位置编码。

• 对于序列中的每个位置 pos 和维度索引 i，位置编码 PE(pos, 2i) 使用正弦函数计算，而 PE(pos, 2i+1) 使用余弦函数计算。

• 这种编码方式的选择是为了让模型能够通过位置编码来学习和利用位置信息，因为正弦和余弦函数能够在模型中提供连续的、相对的位置信号。

对于正弦函数型硬编码，位置编码的计算公式如下：

$$PE_{(pos, 2i)} = \sin(\frac{pos}{10000^{\frac{2i}{d_{model}}}})$$
$$PE_{(pos, 2i+1)} = \cos(\frac{pos}{10000^{\frac{2i}{d_{model}}}})$$

其中，pos 是词汇在序列中的位置，i 是维度的索引，而 d_{model} 是模型中嵌入向量的维度。这个公式确保了即使序列长度增加，位置编码也能保持一定的分辨率。

在实际应用中，位置编码是通过简单地将它们加到输入嵌入向量上来应用的。这个操作使得每个词的最终向量既包含了它的语义信息（来自词嵌入），也包含了它在序列中位置的信息（来自位置编码），为 Transformer 模型提供了处理序列任务所需的全部必要信息。

总的来说，位置编码是 Transformer 模型中至关重要的一部分，它弥补了自注意力机制在处理序列数据时缺乏天然顺序感知能力的不足，使得模型能够更好地理解序列中单词的顺序和相互依赖关系，进而提升其在处理自然语言任务时的性能。

二、旋转位置编码

Transformer 模型中的 rotary positional embedding（旋转位置编码，简称 RoPE）是一种先进的位置编码方式，旨在将位置信息有效地集成到 Transformer 的自注意力机制中。

以下是关于 RoPE 的详细介绍：

1. 动机与背景

• Transformer 模型原本不擅长处理序列数据中的位置信息，因为自注意力机制本身不考虑词序。

• 传统的位置编码方式（如绝对位置编码和相对位置编码）在处理长序列时可能遇到外推性问题。

• RoPE 被提出以改进这些问题，它通过旋转矩阵的方式在自注意力机制中引入位置信息。

2. 原理与实现

• RoPE 的基本原理是将位置信息编码为一系列旋转矩阵，这些矩阵与词嵌入向量相乘，从而在向量空间中引入位置依赖。

• 具体实现上，RoPE 利用复数的极坐标形式和欧拉公式，将位置信息转换为旋转角度，进而生成旋转矩阵。

• 这些旋转矩阵被应用于 Transformer 模型中的 query 和 key 向量，从而在计算注意力分数时考虑位置信息。

3. 优势与特点

• RoPE 结合了绝对位置编码和相对位置编码的优点，既能够处理长序列，又具有良好的外推性。

• 它通过旋转的方式在向量空间中自然地引入了相对位置关系，有助于模型更好地理解序列数据。

- 与传统的位置编码方式相比，RoPE 在处理长文本时表现更为出色。

4. 应用与影响

- RoPE 已经被广泛应用于各种 Transformer 变种中，如 RoFormer 等。
- 在自然语言处理任务中，采用 RoPE 的模型往往能够获得更好的性能表现。
- RoPE 的提出为 Transformer 模型在处理序列数据时提供了更为有效的位置编码方案。

综上所述，RoPE 是一种创新的位置编码方式，它通过旋转矩阵在 Transformer 模型中引入位置信息，从而提高了模型处理序列数据的能力。

RoPE 代码实验

```
from labml import experiment
from labml.configs import option, calculate
from labml_nn.transformers import TransformerConfigs
from labml_nn.transformers.basic.autoregressive_experiment import
AutoregressiveTransformer, Configs
Rotary PE 注意
def _rotary_pe_mha(c: TransformerConfigs):
    from labml_nn.transformers.rope import RotaryPEMultiHeadAttention
    return RotaryPEMultiHeadAttention(c.n_heads, c.d_model, 1.)
配置选项
calculate(TransformerConfigs.encoder_attn, 'rotary', _rotary_pe_mha)
calculate(TransformerConfigs.decoder_attn, 'rotary', _rotary_pe_mha)
calculate(TransformerConfigs.decoder_mem_attn, 'rotary', _rotary_pe_
mha)

#创建自回归模型并初始化权重
@option(Configs.model, 'rotary_pe_transformer')
def _model(c: Configs):
    m = AutoregressiveTransformer(c.transformer.encoder,
                                  c.transformer.src_embed,
                                  c.transformer.generator).to(c.
device)
    return m
def main():
#创建实验
    experiment.create(name="rotary_pe_transformer",
writers={'screen'})
```

```
#创建配置
    conf = Configs()
#覆盖配置
    experiment.configs(conf, {
#没有固定的位置嵌入
        'transformer.src_embed': 'no_pos',
        'transformer.tgt_embed': 'no_pos',
#带绳的编码器
        'transformer.encoder_attn': 'rotary',
      'model': 'rotary_pe_transformer',
#使用角色等级分词器
        'tokenizer': 'character',
#提示分隔符为空
        'prompt_separator': '',
#开始采样提示
        'prompt': 'It is ',
#使用小莎士比亚数据集
        'text': 'tiny_shakespeare',
#使用上下文大小为256
        'seq_len': 512,
#训练 32 个epochs
        'epochs': 32,
#批量大小4
        'batch_size': 4,
#在训练和验证之间切换每个纪元的10次数
        'inner_iterations': 10,
#模型尺寸
        'd_model': 128,
        'transformer.ffn.d_ff': 512,
        'transformer.n_heads': 16,
        'transformer.dropout': 0.0,
#使用 Noam 优化器
        'optimizer.optimizer': 'Noam',
        'optimizer.learning_rate': 1.,

        'dataloader_shuffle_with_replacement': True
    })
#设置用于保存和加载的模型
```

```
    experiment.add_pytorch_models({'model': conf.model})
#开始实验
    with experiment.start():
#运行训练
        conf.run()


if __name__ == '__main__':
    main()
```

三、字段编码

字段编码（SentencePiece encoding）是 Transformer 模型中一种重要的文本编码方式，它主要用于将输入的文本转换为模型可以理解的数字序列。以下是关于 SentencePiece encoding 的详细介绍。

（一）背景与动机

在自然语言处理任务中，文本编码是一个关键步骤。传统的文本编码方法通常依赖于特征工程，需要领域专业知识和大量的人工努力。然而，随着深度学习的兴起，利用神经网络模型进行文本编码的方法逐渐流行，其中就包括了 SentencePiece encoding。

（二）SentencePiece 介绍

SentencePiece 是一个开源的、跨平台的库，由谷歌开发，用于处理大规模文本数据。它引入了一种名为"subword units"（子词单位）的概念，以有效地应对未知词汇和低频词汇问题。其主要特点包括：

① **subword units（子词单位）**：SentencePiece 采用字节对编码 (BPE)、字符 n-gram 或 Unigram 模型来生成子词单位。这种策略允许模型学习到单词的一部分，而非整个词，从而增加了模型的泛化能力。

② **unsupervised vocabulary size selection（无监督的词汇表大小选择）**：无需人工指定词汇表大小，SentencePiece 可以通过数据驱动的方式自动确定最佳的词汇表规模。

③ **efficient training and decoding（高效的训练和解码）**：实现了高效的在线训练算法和线性时间复杂度的解码方法，使得 SentencePiece 能在大数据集上快速运行。

④ **multi-lingual support（多语言支持）**：不仅适用于单语环境，还可以轻松地应用于多语言场景，对于构建多语种 NLP 系统非常有帮助。

（三）SentencePiece encoding 的工作流程

① **文本预处理**：首先，SentencePiece 会对输入的文本进行规一化操作，类似 Unicode 把字符转为统一格式。

② **训练 subword 模型**：从规一化后的语料中学习 subword 的切分模型。这个模型能够识别并切分出文本中的子词单位。

③ **文本编码**：在预处理后，SentencePiece 会将句子转为对应的 subword 或 id。这就是所谓的 SentencePiece encoding。通过这种方式，输入的文本被转换为一串数字序列，这些数字代表了不同的子词单位。

④ **后处理**：在需要的时候，SentencePiece 还可以进行后处理操作，即把 subword 或 id 还原为原有句子。

（四）应用与影响

SentencePiece encoding 被广泛应用于各种 NLP 任务中，包括但不限于机器翻译、语音识别、文本分类和信息检索等。它提高了模型对于罕见词的理解能力，使得模型能够更好地处理自然语言文本数据。同时，由于其易用性、灵活性和可扩展性等特点，SentencePiece 已经成为了自然语言处理领域的重要工具之一。

在 Transformer 模型中，对 SentencePiece encoding 的优化主要体现在以下几个方面：

首先，SentencePiece 本身的设计就是为了更好地处理自然语言中的复杂性和多样性。其通过采用子词单位（subword units）来编码文本，这种方式能够有效地应对未知词汇和低频词汇问题，从而提高了模型的泛化能力。这种编码方式的优化在于，它不再仅仅依赖于传统的词汇边界，而是可以灵活地处理词内部的结构和信息。

其次，SentencePiece 支持无监督的词汇表大小选择。这意味着无需人工指定词汇表的大小，SentencePiece 可以通过分析语料库自动确定最佳的词汇表规模。这一优化减少了人为干预的需要，使得词汇表的构建更加数据驱动和自适应。

再者，为了提高编码效率和解码速度，SentencePiece 实现了高效的在线训练算法和线性时间复杂度的解码方法。这使得在处理大规模文本数据时能够保持较高的性能，特别适用于需要快速响应和处理大量数据的 Transformer 模型。

此外，SentencePiece 还具有多语言支持的特性，这对于构建多语种 NLP 系统非常有帮助。通过自动识别和处理不同语言的特性，SentencePiece 能够在跨语言场景下提供更优的编码效果。

综上所述，Transformer 中对 SentencePiece encoding 的优化主要体现在采用子词单位提高泛化能力、无监督的词汇表大小选择、高效的训练和解码算法以及多语言支持等方面。这些优化措施共同提升了 Transformer 模型在处理自然语言文本数据时的性能和准确性。

四、前馈网络

Transformer 中的 feed-forward networks（前馈网络）是模型中的关键组件，它负责在每个 Transformer 层中对序列中的每个位置进行独立的非线性变换。这种网络由两个主要的线性层组成，中间夹有一个激活函数，通常是 ReLU 或其变体。前馈网络的目标是在不改变序列长度的前提下，提高模型的表达能力，使其能够更好地捕捉和模拟复杂的非线性关系。

具体来说，输入序列首先通过一个线性层进行变换，然后经过激活函数引入非线性，最后再经过另一个线性层。这两个线性层通常具有不同的维度，其中第一个线性层可能会将输入投影到一个更高维的空间，而第二个线性层则会将其投影回原始维度或更低的维度。这种结构允许模型在内部表示中捕捉更丰富的信息，然后再将其压缩为更紧凑的形式。

前馈网络在 Transformer 中与其他组件（如多头注意力机制）并行工作，共同为模型提供强大的表征学习能力。通过结合注意力机制，Transformer 能够同时关注序列中的不同位置，并通过前馈网络对这些位置的信息进行深入加工。

值得注意的是，前馈网络中的参数是通过反向传播算法和梯度下降优化器进行训练的，以确保模型能够学习到最有效的表示。这些参数包括线性层的权重和偏置项，它们共同决定了前馈网络如何将输入转换为输出。

总的来说，Transformer 中的 feed-forward networks 是提升模型表达能力的关键部分，它通过引入非线性和增加模型的复杂度来帮助模型更好地理解和生成自然语言文本。feed-forward networks 在 Transformer 模型中扮演着维持和提升模型表达能力的关键角色。

以下是关于 feed-forward networks 的详细介绍：

1. 结构组成

• feed-forward networks 主要由两个全连接层（也被称为线性层或密集层）构成，它们之间通常夹有一个非线性激活函数，如 ReLU。这种双层结构使得网络可以对输入数据进行非线性变换，从而捕捉和模拟更复杂的模式。

2. 工作原理

• 第一层全连接层：这一层的作用是将输入数据投影到一个高维空间。在实际应用中，这一层的维度通常被设置为输入维度的数倍，比如 Transformer 模型中的 "d_ffn"，它通常是输入维度 "d_model" 的四倍左右。这种维度的扩展有助于模型捕捉到更多的细节和特征。

• 激活函数：在第一层全连接层之后，数据会通过一个非线性激活函数，如 ReLU。激活函数的作用是为模型引入非线性，使其能够学习和模拟更复杂的非线性关系。没有激活函数，无论网络有多少层，其整体仍然只能进行线性变换，这将大大限制模型的表达能力。

• 第二层全连接层：在激活函数之后，数据会进入第二层全连接层。这一层的作用是将高维空间的数据投影回低维空间，通常是投影回与输入数据相同的维度或者更低的维度。这样，模型可以在保留重要特征的同时，减少数据的冗余和复杂性。

3. 在 Transformer 中的作用

• 在 Transformer 模型中，feed-forward networks 与多头注意力机制并行工作，负责对每个位置的特征进行非线性变换。这种变换增强了模型的表达能力，使得模型能够更好地理解和生成自然语言文本。同时，feed-forward networks 也帮助模型捕捉序列中的上下文信息，从而提升模型的性能。

4. 优化与改进

• 在实际应用中，研究者们还会对 feed-forward networks 进行优化和改进，以提升其性能和效率。例如，可以通过改变激活函数、增加网络深度或使用正则化技术等方法来优化网络性能。此外，还可以使用深度可分离卷积等结构来改进前馈网络，以进一步提升模型的计算效率和表达能力。

总的来说，feed-forward networks 是 Transformer 模型中不可或缺的一部分，它通过引入非线性和进行维度变换来增强模型的表达能力，使得模型能够更好地处埋和理解自然语言文本数据。

Transformer 中的 feed-forward networks 的实现可以细分为以下几个步骤：

步骤 1：网络结构。

− feed-forward networks 主要由两个线性层组成，中间夹有一个非线性激活函数。

− 第一个线性层将输入数据的维度从 d_model 映射到一个更高的维度 d_ff，这通常是为了捕捉更多的特征信息。

− 第二个线性层则将数据从高维的 d_ff 映射回 d_model 维度，以便于与其他

Transformer 组件的输出对齐。

步骤 2：激活函数。

－ 在两个线性层之间，使用一个非线性激活函数，如 ReLU，来增加网络的非线性表达能力。

－ 激活函数的应用使得网络能够学习和模拟复杂的非线性关系。

步骤 3：前向传播过程。

－ 在前向传播过程中，输入数据首先通过第一个线性层进行变换，然后经过激活函数处理，最后再通过第二个线性层。

－ 这个过程是对每个输入位置独立进行的，即每个位置的数据都会分别通过 feed-forward networks 进行处理。

步骤 4：实现细节。

－ 在 PyTorch 等深度学习框架中，可以通过定义两个 nn.Linear 层来实现这两个线性变换。

－ 激活函数可以使用框架提供的预定义函数，如 F.relu。

－ 为了防止过拟合和提升模型的泛化能力，还可以在 feed-forward networks 中加入 dropout 层。

步骤 5：参数设置。

－ d_model 和 d_ff 是两个关键的超参数，它们分别代表了输入 / 输出的维度和内部高维空间的维度。

－ 在典型的 Transformer 实现中，d_ff 通常设置为 d_model 的几倍（如 4 倍），以提供更多的特征空间。

步骤 6：与其他组件的结合。

－ feed-forward networks 是 Transformer 编码器和解码器层中的一个组件，它与多头注意力机制等其他组件并行工作。

－ 在通过 feed-forward networks 处理之后，通常会加上一个残差连接（residual connection）和层归一化（layer normalization）操作，以加速训练并提高模型的泛化能力。

综上所述，Transformer 中的 feed-forward networks 是通过两个线性层和一个非线性激活函数实现的，它对每个输入位置进行独立的非线性变换，以提升模型的表达能力。

五、层归一化

Transformer 中的 layer normalization（层归一化）是一种广泛应用的归一化技

术，旨在解决神经网络中的 internal covariate shift（内部协变量漂移）问题，提高神经网络模型的收敛速度和泛化能力。

以下是关于 Transformer 中 layer normalization 的详细介绍：

1. 原理和作用

• **原理**：layer normalization 是在每一层的激活上进行归一化，而不是在数据批次上进行。它计算输入数据的均值和方差，并使用这些统计量对输入数据进行归一化，使得数据的均值为 0，方差为 1。

• **作用**：layer normalization 能够稳定神经网络的训练过程，缓解内部协变量漂移问题，并允许模型使用更高的学习率进行训练，从而加速训练过程。此外，它还能起到一定的正则化效果，减少模型过拟合的风险。

2. 计算步骤

• 对于输入数据，在最后一个维度（即特征维度）上计算均值和方差。

• 使用计算得到的均值和方差对输入数据进行归一化，得到归一化后的数据。

• 对归一化后的数据进行线性变换和平移，得到最终的输出。这个线性变换和平移的过程是通过可学习的参数（缩放因子和偏移量）来实现的。

3. 在 Transformer 中的应用

• layer normalization 被广泛应用于 Transformer 模型的 encoder 和 decoder 的每一层中。

• 在 Transformer 中，layer normalization 有助于稳定训练过程，并提高模型的性能。

• 由于 Transformer 处理的是高维向量数据，layer normalization 能够保持每一层输入数据的特征分布相对稳定，从而提高模型的训练效果。

4. 与其他归一化技术的比较

• 与 batch normalization（批规范化）相比，layer normalization 更适合于处理序列数据，如自然语言处理任务中的文本数据。因为 batch normalization 是在数据批次上进行归一化，而序列数据的长度往往是不固定的，这会导致 batch normalization 的效果不佳。而 layer normalization 是在每一层的激活上进行归一化，不受数据批次大小的影响。

总的来说，layer normalization 是 Transformer 模型中不可或缺的一部分，它通过归一化输入特征来稳定训练过程、提高模型性能，并允许使用更高的学习率来加速训练。

第四节　权重、参数和训练策略

一、权重

权重，是从事大模型或者人工智能领域工作经常遇到的名词。

大模型的权重是构成模型学习和预测能力的核心要素。权重，简单来说，就是神经网络中连接不同神经元之间的参数，这些参数在模型训练过程中通过优化算法不断调整，以使模型能够更好地学习和适应输入数据。在大模型中，权重的数量和精度直接影响到模型的性能、计算需求以及执行速度。

首先，权重的作用不仅在于存储和传递知识，更在于决定了数据如何在模型的各层之间转换。大型模型由于规模和复杂性的增加，其权重能够捕捉并存储更为丰富和抽象的数据特征，这使得模型能够处理更为复杂或细微的任务。

其次，权重在大型模型中的优化是提升模型性能的关键。通过大量参数的优化训练，模型可以提高对新数据的预测能力，即泛化能力。合理优化的权重使得模型能够在不过拟合的情况下对新数据进行有效预测。同时，权重还帮助模型从基本的特征中提取更高层次的抽象特征，这对于图像识别、自然语言处理等任务至关重要。

再者，对于已经训练好的大模型，其权重可以用于新的但相关的任务，这被称为迁移学习。通过微调部分权重，模型可以快速适应新任务，这在数据稀缺或需要快速部署新任务的场景下尤为有用。

此外，权重的数量和精度对模型的执行速度和计算资源有着直接影响。在部署大模型时，可能需要对权重进行量化（降低精度）或剪枝（删除不重要的权重）以满足特定的性能需求或硬件限制。这些优化策略旨在减小模型大小、提高推理速度并减少内存占用。

总的来说，大模型的权重是构成其智能和性能的关键因素。通过不断地优化和调整这些权重，我们可以使模型更加适应各种复杂任务的需求并提升其预测能力。

OpenAI 系列的 GPT 都没有开源源代码，也没有公布权重。为了理解权重，首先从 Transformer 的权重开始理解。

Transformer 的权重是模型核心组成部分，它们是在模型的自注意力机制和前馈神经网络中用于转换和传递信息的关键参数。这些权重在 Transformer 模型的训练过程中通过反向传播和优化算法进行迭代更新，以使模型能够更好地学习和理解输入数据中的模式和关系。

在 Transformer 的自注意力层中，权重主要体现在查询（query）、键（key）

和值（value）的线性变换中。这些线性变换将输入序列中的每个元素映射到相应的query、key、value向量，然后通过计算query和key的点积并应用softmax函数，得到每个元素的注意力权重。这些权重决定了输入序列中每个元素对其他元素的影响程度，从而实现了全局的信息交互和关联。

具体来说，Transformer模型首先通过权重矩阵对输入进行线性变换，生成查询矩阵 Q、键矩阵 K 和值矩阵 V。接着，模型计算每个查询向量与所有键向量的点积，并通过softmax函数将这些点积结果归一化为注意力权重。这些权重表示了输入序列中每个元素相对于其他元素的重要性。最后，模型使用这些权重对值矩阵进行加权求和，得到自注意力的输出。

此外，在Transformer的前馈神经网络中，权重也发挥着重要作用。前馈神经网络由多层感知机（multi-layer perceptron, MLP）组成，每层感知机都包含一组权重和偏置参数。这些参数在训练过程中进行调整，以使模型能够更好地拟合训练数据并泛化到未见过的数据。

总的来说，Transformer的权重是模型学习和理解输入数据的关键。它们通过自注意力机制和前馈神经网络实现了对输入数据的全局关联和特征提取，从而使模型能够处理复杂的序列数据任务。在训练过程中，这些权重通过优化算法进行迭代更新，以使模型达到更好的性能。

如果我们用GPT开发一个人工智能解说员，那么"权重"可以这样理解——权重就像是解说员脑海里的"记忆"或"经验"，它们帮助解说员决定如何回应我们的问题或要求。每一个权重都好像是解说员学到的一个小知识点或习惯，告诉它在某种情况下应该怎么说话或行动。

当我们训练这个解说员时，它会根据我们给它的很多例子来学习。这些例子会帮助它调整自己的"记忆"或"经验"，也就是权重，以便更好地理解和回应我们的需求。

如果我们想让解说员更加温柔或激昂，我们实际上是在调整它的这些"记忆"或"经验"，也就是权重，来让它以我们希望的方式说话。

简单来说，权重就是人工智能解说员内部的"调节器"，帮助我们塑造并控制它的行为和回应方式。这样，我们就可以得到一个符合我们期望的、有特色的解说员了。

开源人工智能项目一般都会公布权重，其中的权重具有多方面的作用，它们构成了模型学习和预测的基础。以下是对权重作用的详细解释：

① **决策影响力**：权重在模型中表示了不同特征或因素的重要性。在机器学习模型训练过程中，每个特征的权重决定了该特征对最终预测或分类结果的影响力。高权重的特征对模型的输出具有更大的影响，而低权重的特征则影响较小。

②**优化模型性能**：通过调整权重，可以优化模型的性能。在训练过程中，模型会根据输入数据和对应的目标输出不断调整权重，以最小化预测误差。这种调整是机器学习算法的核心，它使得模型能够逐渐学习到数据的内在规律和模式。

③**特征选择**：权重的分配也反映了模型对不同特征的选择。在特征工程中，了解哪些特征对模型输出更为重要是至关重要的。权重可以为特征选择提供有价值的参考，帮助开发者聚焦于那些对模型性能影响最大的特征。

④**个性化与定制化**：在推荐系统、搜索引擎等应用中，权重被用于确定用户可能感兴趣的内容。通过考虑用户的个人偏好、历史行为等上下文信息，并赋予相应的权重，系统可以为用户提供更加个性化和精准的内容推荐。

⑤**资源分配**：在复杂的系统中，如强化学习算法，权重可能还反映了不同策略或动作的价值。系统可以根据权重来分配资源，例如，在探索和开发之间取得平衡，以最大化长期回报。

⑥**解释性与可解释性**：在某些情况下，权重的值还可以提供关于模型决策过程的解释。例如，在线性回归模型中，权重直接对应了自变量与因变量之间的关系强度和方向。这有助于人们理解模型是如何做出预测的。

综上所述，权重在开源人工智能项目中发挥着至关重要的作用，它们不仅影响模型的性能和准确性，还为特征选择、个性化推荐、资源分配以及模型解释性等方面提供了有力支持。

二、Transformer 的训练策略和优化方法

Transformer 的训练策略和优化方法可以从多个方面来探讨，以下是一些关键的策略和方法：

（一）训练策略

1. 使用更大的批量大小

· 较大的批量大小可以提高 GPU 的利用率，加快训练速度，同时可能增加模型的泛化能力。但需注意，过大的批量大小也可能导致内存不足，因此需根据个人硬件条件合理调整。

2. 正则化方法

· 为了减少模型的过拟合，可以使用正则化方法，如 dropout，它是一种随机失活的方法，可以在训练过程中随机地将一些神经元的输出置为 0。

· 另一种正则化方法是标签平滑，它通过将真实标签替换为一个介于真实标

签和均匀分布之间的概率分布来减少模型对训练数据的过度拟合。

3. 学习率调度器

• 使用学习率调度器可以根据训练的进展情况动态地调整学习率，如StepLR、CosineAnnealingLR等，从而更好地控制模型的收敛速度和性能。

（二）优化方法

1. 加速优化器

• AdamW和Lion等优化器可以提高训练速度和模型的收敛性。例如，Lion优化器在实践中一般收敛更快，内存效率和准确性也更高。

2. 初始化策略

• 好的初始化对于稳定训练、加速收敛和提高学习率及泛化能力很重要。例如，Fixup、ReZero和SkipInit等方法都是为了提高训练的稳定性和效率。

3. 稀疏训练

• 稀疏训练的关键思想是在不牺牲精度的情况下，直接训练稀疏子网络而不是全网络，这可以节省计算资源并提高训练效率。

4. 梯度累积

• 当无法使用大批量训练时，可以通过梯度累积来模拟大批量的效果，即累积多个小批量的梯度后再进行参数更新。

5. 自动混合精度训练

• 使用半精度或更低精度的浮点数来进行计算，可以减少计算量和内存占用，从而加快训练速度。

6. 梯度检查点

• 通过保存中间激活而不是全部保存，可以在反向传播时重新计算需要的激活，从而节省内存。

7. 动态填充和均匀动态填充

• 针对NLP任务中序列长度不一的问题，动态填充可以根据实际序列长度进行填充，避免不必要的计算浪费。

综上所述，Transformer的训练策略和优化方法涉及多个方面，包括批量大小的选择、正则化技术的应用、学习率调度器的使用、优化器的选择、初始化策略、稀疏训练、梯度累积、自动混合精度训练、梯度检查点以及动态填充等。这些策略和方法的应用可以显著提高 Transformer 模型的训练效率和性能。

三、Transformer 模型的正则化技术

Transformer 模型中的内部协变量漂移（internal covariate shift）是指在模型训练过程中，由于每一层的参数不断更新，导致每一层输入数据的分布也随之发生变化。这种分布变化会使得模型难以适应，并可能影响训练的速度和模型的性能。具体来说，在深层神经网络中，当某一层的参数发生更新时，它会影响该层输出的数据分布，进而对下一层的输入数据分布造成影响。如果这种分布变化很大，就可能导致下一层网络的学习变得困难，因为它需要不断适应新的数据分布。为了解决这个问题，Transformer 模型中采用了层归一化（layer normalization）等技术来稳定每一层的输入分布，从而提高模型的训练效率和稳定性。这些技术通过对每一层的输入数据进行归一化处理，使其保持相对稳定的分布，从而减少了内部协变量漂移的影响。

Transformer 模型的正则化技术主要包括层归一化（layer normalization）和 dropout 等。这些技术对于提高模型的训练稳定性和泛化能力至关重要。以下是对这些正则化技术的详细介绍：

（一）层归一化

层归一化（layer normalization）是一种在深度学习中常用的技术，特别是在 Transformer 模型中。它的主要作用是对每一层的激活值进行归一化，以解决内部协变量漂移问题。具体来说，层归一化会对每一个训练批次的数据，在网络的每一层都进行归一化操作。

① **计算方式**：层归一化会计算一个层中所有神经元的均值和方差，并使用这些统计量来归一化该层的激活值。归一化后的激活值具有零均值和单位方差。

② **作用**：层归一化有助于稳定训练过程，加速模型的收敛，并允许使用更高的学习率。此外，它还可以起到一定的正则化效果，减少模型过拟合的风险。

③ **在 Transformer 中的应用**：在 Transformer 模型中，层归一化被广泛应用于编码器和解码器的每一层中。它有助于保持每一层输入数据的特征分布相对稳定，从而提高模型的训练效果。

（二）dropout

dropout 是另一种在 Transformer 模型中常用的正则化技术。它的主要思想是在训练过程中随机关闭网络中的一部分神经元，以防止模型对训练数据产生过拟合。

① **实现方式**：在训练过程中，dropout 会随机将一部分神经元的输出置为零。这意味着在每次前向传播过程中，模型都会略有不同，因为不同的神经元子集会被"丢弃"。

② **作用**：dropout 通过引入随机性来减少神经元之间的复杂共适应性，从而使得模型更加健壮、泛化能力更强。它可以防止模型过度依赖于训练数据中的噪声或无关紧要的细节。

③ **在 Transformer 中的应用**：在 Transformer 模型中，dropout 通常应用于全连接层和注意力机制中的某些部分，以减少模型过拟合的风险。通过调整 dropout 的概率，可以控制模型的正则化强度。

综上所述，层归一化和 dropout 是 Transformer 模型中两种重要的正则化技术。它们通过不同的方式来提高模型的稳定性和泛化能力，从而在自然语言处理等领域取得更好的性能。

四、注意力机制的变种和改进

Transformer 中的注意力（attention）机制的变种和改进主要包括以下几个方面：

1. multi-head attention

• 这是 Transformer 的核心组成部分。与标准的 attention 机制不同，multi-head attention 将输入拆分为多个小的片段（chunks），然后并行计算每个子空间的缩放点积（scaled dot product）。通过这种方式，模型可以同时关注来自不同表示子空间的信息，增强了模型的表达能力和泛化性能。

2. softmax 函数的改进

• 传统的 softmax 函数在计算 attention 权重时，可能会造成"信息过剩"。因此，有研究提出了 softmax super-mod 计算方法。这种方法在 softmax 的分母中增加了一个常数 1，为"空信息"保留了一定的变化空间。这样做可以使得当前词对所有位置的词都保持一种"冷漠"状态，而不是传统 softmax 的强制归一化。这种改进有助于模型在处理某些不需要与所有词强相关性的情况下，降低不必要信息的混入。

3. sparse attention

• 标准的 attention 机制计算复杂度和空间复杂度都是 $O(n^2)$ 级别的（n 是序列长度），因为任意两个 token 之间都要计算相关度。然而，对于训练好的 Transformer 而言，其 attention 矩阵经常是稀疏的。稀疏注意（sparse attention）就是一种降低复杂度的尝试，它认为每个 token 只跟序列内的一部分 token 相关。

通过这种方式，可以显著减少相关度的计算量，提高模型的效率。sparse attention 可以基于位置或内容进行稀疏连接模式的定义。

4. 长度外推优化

• 长度外推是近年来 Transformer 类模型优化的一个热门话题。它指的是预测时的输入长度大于训练时的最大输入长度的情况。为了解决这个问题，研究者们探索了从位置编码入手的优化方法。例如，通过改进绝对位置编码或采用相对位置编码等方式来提升模型对长度外推的能力。

5. 其他改进

• 除了上述提到的改进外，还有许多其他针对 Transformer 中 attention 机制的优化方法。例如，有研究者提出了自注意力机制的变种，如加性注意力、点积注意力等。此外，还有针对 attention 机制的正则化方法、融合外部知识的注意力机制以及基于动态掩码的注意力机制等。

总的来说，Transformer 中的 attention 机制的变种和改进旨在提高模型的效率、性能和泛化能力。这些改进不仅涉及注意力计算的方式和复杂度优化，还包括对位置编码、正则化技术等方面的探索和创新。

五、Transformer 模型微调的常见策略

Transformer 模型微调的常见策略主要包括以下几点：

1. 选择合适的预训练模型

• 根据任务需求和计算资源选择合适的预训练模型。例如，BERT、GPT 系列、T5 等都是常见的预训练 Transformer 模型。

• 较大的模型（如 BERT-large）可能提供更好的性能，但需要更多的计算资源和时间；而较小的模型（如 BERT-base）在计算资源需求较低的同时，也能保持相对较高的性能。

2. 微调方法

• **全参数微调**：将预训练模型的所有参数作为初始化，在目标任务数据上进行端到端的微调。这种方法充分利用了预训练模型的知识，但需要较多的目标任务数据。

• **部分参数微调**：只微调 Transformer 模型中的部分参数，如最后几层的参数，其他参数保持不变。这种方法可以在减少计算负担的同时，保留预训练模型的大部分知识。

3. 自定义分类头

• 对于多标签分类任务，可以在预训练模型的基础上添加一个自定义的分类头。这通常是通过将模型的最后一层（线性层）替换为一个具有适当输出单元数的线性层来实现，输出单元数应与标签数量相对应。

• 激活函数通常选择 sigmoid，因为它可以将每个输出单元的值映射到 0 和 1 之间，表示每个标签的存在概率。

4. 损失函数选择

• 对于多标签分类任务，推荐使用二元交叉熵损失（BCELoss）或带权重的二元交叉熵损失（BCEWithLogitsLoss）。

5. 学习率调整

• 微调预训练模型时，选择较小的学习率（如 2×10^{-5}、3×10^{-5}、5×10^{-5} 等）以避免模型过拟合。

6. 微调策略

• 在微调过程中，适当设置训练轮数（如 2～4 个 epoch）以获得较好的性能。

• 可以使用早停（early stopping）等技术来防止过拟合。

7. 数据增强与正则化

• 为了提高模型的泛化能力，可以使用数据增强技术，如同义词替换、随机插入、随机删除等，来扩充训练数据集。

• 正则化技术，如 L2 正则化、dropout 等，也可以用于防止过拟合。

请注意，以上策略并非一成不变，具体应根据任务需求、数据集大小和特性以及计算资源来调整和优化。

第五节　更多原理剖析

重视文本生成，反复优化和提升多轮聊天技术，成为 GPT 成功的关键。在这里再讲解一下 GPT 系列的一些特别需要关注的概念。

一、零样本提示

零样本提示（zero-shot prompting）在 GPT 大模型中是一种特殊的技术，它的核心理念是在不给模型提供任何先前示例的情况下生成响应。

1. 定义与原理

• zero-shot prompting，即零样本提示，允许模型在没有提供任何具体示例或训练数据的情况下，对新的、未见过的任务进行推理和生成输出。

• 它依赖于模型在大量数据上进行的预训练，这使得模型能够理解和处理自然语言指令，从而根据给定的提示或问题生成相应的回答或输出。

2. 应用与特点

• 这种方法特别适合于对基本问题或一般主题的快速回答，因为它不需要额外的示例或上下文信息。

• zero-shot prompting 展示了 GPT 大模型的灵活性和通用性，因为它可以处理各种不同的任务和主题，而不需要为每个新任务进行专门的训练或微调。

3. 限制与挑战

• 尽管 zero-shot prompting 具有很多优势，但它也依赖于预训练的语言模型。这些模型可能会受到训练数据集的限制和偏见影响。

• 为了获得最佳性能，zero-shot prompting 仍然需要大量的样本数据进行微调，尽管它在理论上不需要提供具体任务的示例。

4. 与其他技术的比较

• 与 few-shot prompting（少量样本提示）相比，zero-shot prompting 不需要提供任何示例，而 few-shot prompting 则需要给模型提供少量示例来辅助其理解任务。

• 此外，还有其他技术如 one-shot prompting（一次提示）和信息检索提示等，它们在处理不同任务时也有各自的优势。

总的来说，zero-shot prompting 是 GPT 大模型中一种强大的技术，它允许模型在没有额外示例的情况下处理新任务。然而，为了充分利用这种技术的潜力，仍然需要考虑其局限性并采取相应的优化措施。

二、少量样本提示

少量样本提示（few-shot prompting）在 GPT 大模型中的含义如下所述。

1. 定义与基本原理

• few-shot prompting，即少量样本提示，是一种通过给预训练模型提供少量的样本，以引导模型生成特定输出的技术。

• 它的工作原理是利用模型在大量数据上预训练获得的语言理解能力，结合提供的少量示例，来快速适应并解决新的任务。

2. 应用方式

• 在实际应用中，用户向 GPT 模型提供几个（通常是非常少量的，如 2 ～ 10 个）与任务相关的示例，然后模型会根据这些示例来理解和执行相似的任务。

• 例如，如果想要让 GPT 模型生成特定风格的文本，可以提供几个该风格的文本示例作为 few-shot prompting。

3. 优势与局限性

• few-shot prompting 的优势在于它不需要大量的训练数据，只需要少量的示例即可引导模型生成预期的输出，这大大降低了数据收集和标注的成本。

• 然而，这种方法的局限性在于，模型的表现高度依赖于所提供的示例的质量和数量。如果示例不够典型或者数量太少，可能无法充分表达任务的复杂性，从而影响模型的性能。

4. 与 zero-shot prompting 的对比

• 相较于 zero-shot prompting（零样本提示），few-shot prompting 通过提供少量示例来进一步指导模型，通常可以获得更精确和符合期望的输出。zero-shot prompting 则完全不依赖额外示例，仅依靠模型的预训练知识和推理能力来生成输出。

总的来说，few-shot prompting 是一种有效的技术，它利用少量的示例来引导 GPT 大模型生成符合特定任务要求的输出。这种方法在降低数据需求的同时，也提高了模型在新任务上的灵活性和适应性。

三、Transformer 模型中的残差连接

Transformer 模型中的残差连接是一个关键组件，它对于模型的训练和性能有着重要影响。以下是关于 Transformer 模型中残差连接的详细解释：

1. 残差连接的作用

• 残差连接，即将模型的输入（或前一层的输出）直接添加到模型的输出中。

• 这种连接方式有助于信息的传递和梯度的流动，可以避免梯度消失或梯度爆炸的问题。

• 残差连接还使得模型可以更容易地学习到残差信息，从而提高了模型的性能。

2. Transformer 中的残差连接实现

• 在 Transformer 模型中，每个子层（如 self-attention 层和 feed-forward 层）之后都会进行一个 add & norm 操作。

• 这个 add 操作就是残差连接的实现，它将子层的输入（即前一层的输出或

原始输入）与子层的输出相加。

• 之后进行的 norm 操作是层归一化（layer normalization），用于稳定每一层的输出分布，有助于模型的训练和泛化。

3. 残差连接与深层网络

• 残差连接最初是在 ResNet（残差网络）中提出的，用于解决深层网络训练的问题。

• 在 Transformer 模型中，残差连接也起到了类似的作用，使得模型能够在保持深度的同时稳定训练。

4. 正则化与残差连接的协同作用

• 除了残差连接外，Transformer 模型还使用了正则化方法来提高模型的泛化能力。

• layer normalization 和 dropout 是 Transformer 中常用的两种正则化方法。

• 这些正则化方法与残差连接协同作用，共同提高了模型的性能和训练的稳定性。

综上所述，残差连接在 Transformer 模型中起到了关键的作用，它与其他组件如正则化方法一起，为模型的高效训练和良好性能提供了保障。

四、文本生成源码解读

Hugging Face 发布了 TGI（text generation inference，文本生成推理），这是一个专为提高文本生成的质量和效果而设计的开源工具。

TGI 的设计初衷是为了解决文本生成中的一些问题，如连贯性、准确性和创造性。通过利用先进的机器学习技术和大规模语料库的训练，TGI 能够更精确地理解上下文，并生成与给定主题或提示更加匹配的文本。这不仅可以提升文本生成的质量，还能使生成的文本更加符合用户的需求和期望。

此外，TGI 还具有高度的灵活性和可扩展性。用户可以根据自己的需求进行定制和优化，以适应不同的应用场景。这种灵活性使得 TGI 能够广泛应用于各种文本生成任务，如文章创作、对话生成、摘要生成等。

作为开源工具，TGI 的发布还意味着开发人员可以轻松地访问和使用其代码库，从而进一步推动文本生成技术的发展。这将有助于促进自然语言处理领域的研究和创新，为未来的文本生成技术提供更多的可能性和机会。

总的来说，Hugging Face 发布的 TGI 是一个强大的开源工具，专为提高文本生成的质量和效果而设计。它的推出将为文本生成领域带来新的突破和发展机遇，有望推动自然语言处理技术迈向更高的水平。

以下是关于 TGI 的详细介绍：

1. TGI 的发布与目的

• **发布**：Hugging Face 发布了 TGI，这是一个重要的更新，对于需要部署和服务大语言模型（LLM）的用户来说，它提供了一个全新的解决方案。

• **目的**：TGI 的主要目的是提高文本生成的质量和效果。通过优化推理过程，TGI 使得文本生成更加快速、准确和流畅，从而极大地提升了用户体验。

2. TGI 的主要特点与优势

• **高效的推理能力**：TGI 通过一系列优化措施，如张量并行和动态批处理，显著提高了文本生成的推理效率。这意味着在处理大量文本或进行复杂推理任务时，TGI 能够保持高效率，确保快速响应。

• **广泛的模型支持**：TGI 支持多种流行的开源 LLM，如 StarCoder、BLOOM、GPT-Neox、Llama 和 T5 等。这为用户提供了更多的选择灵活性，可以根据具体需求选择合适的模型。

• **易用性和灵活性**：Hugging Face 为 TGI 提供了直观的用户界面和强大的 API，简化了模型的集成和使用过程。此外，TGI 还支持分布式部署和水平扩展，以满足不断增长的数据处理需求。

• **安全性和隐私保护**：在数据安全和隐私保护方面，TGI 采取了多种措施，如数据加密和访问控制，以确保用户数据的安全性和合规性。

3. TGI 的影响与应用前景

• **推动 NLP 应用的发展**：TGI 的发布降低了 NLP 任务的难度和成本，使得更多的开发者和企业能够利用大语言模型来构建智能应用。这将进一步推动自然语言处理领域的发展和创新。

• **提升用户体验**：借助 TGI 的高效推理能力和广泛的模型支持，应用程序可以提供更智能、更自然的文本生成和交互体验。这将极大地增强用户与应用程序之间的互动性，提升用户满意度。

总的来说，Hugging Face 发布的 TGI 是一个强大且灵活的工具，专为高效部署和服务大语言模型而设计。它通过优化推理效率、提供广泛的模型支持以及确保数据安全性等方面的特性，有望推动 NLP 应用的发展并大幅提升用户体验。

大语言模型（LLM）确实涉及文本生成和文本理解的功能，但文本生成推理（TGI）在 LLM 的应用中仍然扮演着重要的角色。以下是需要 TGI 的几点原因：

① **推理效率的优化**：TGI 针对大语言模型的推理过程进行了专门优化，确保

在处理大量文本或进行复杂推理任务时能够保持高效率。这种优化可能包括算法
改进、硬件加速或其他技术手段，从而提升 LLM 在实际应用中的性能。

② **模型部署的简化**：TGI 通常提供一套完整的解决方案，用于模型的部署和
服务。通过 TGI，开发者可以更容易地将 LLM 集成到他们的应用或系统中，而
无需过多关心底层的复杂性。这大大降低了开发和维护成本。

③ **广泛的适用性和灵活性**：TGI 往往支持多种大语言模型，这意味着用户可
以根据具体需求选择合适的模型，并在必要时轻松切换。此外，TGI 还可能提供
丰富的配置选项和 API 接口，以满足不同应用场景的需求。

④ **可扩展性和安全性**：对于需要处理大量数据或面临高并发请求的应用来
说，TGI 可以提供可扩展的解决方案，确保系统的稳定性和安全性。同时，TGI
可能还包含一些安全措施，以保护用户数据和模型不被滥用或攻击。

⑤ **实时监控和调优**：TGI 工具可能还提供实时监控和调优功能，帮助开发者
更好地理解模型的行为和性能，并根据需要进行调整。这对于保持 LLM 的最佳
性能和准确性至关重要。

综上所述，尽管 LLM 本身具备文本生成和理解的能力，但 TGI 在提升效率、
简化部署、增强灵活性、确保可扩展性和安全性，以及提供实时监控和调优等方
面都发挥着重要作用。这些优势使得 TGI 成为大语言模型应用中不可或缺的一
部分。

核心源代码注释阅读

这是一个文本生成的 demo，实际上是调用了开源的 GPT-2。

核心代码

```
第一步：选择模型
model = GPT2LMHeadModel.from_pretrained(args.model_path)
第二步：生成下一个单词
out = generate(
        n_ctx=n_ctx,
        model=model,
        context=context_tokens,
        length=length,
        is_fast_pattern=args.fast_pattern, tokenizer=tokenizer,
        temperature=temperature, top_k=topk, top_p=topp,
repitition_penalty=repetition_penalty, device=device
        )
tokenizer = tokenization_bert.BertTokenizer(vocab_file=args.
tokenizer_path)
```

```
    model = GPT2LMHeadModel.from_pretrained(args.model_path)
    model.to(device)
    model.eval()

    n_ctx = model.config.n_ctx

    if length == -1:
        length = model.config.n_ctx
    if args.save_samples:
        if not os.path.exists(args.save_samples_path):
            os.makedirs(args.save_samples_path)
        samples_file = open(args.save_samples_path + '/samples.txt',
'w', encoding='utf8')
    while True:
        raw_text = args.prefix
        context_tokens = tokenizer.convert_tokens_to_ids(tokenizer.
tokenize(raw_text))
        generated = 0
        for _ in range(nsamples // batch_size):
            out = generate(
                n_ctx=n_ctx,
                model=model,
                context=context_tokens,
                length=length,
                is_fast_pattern=args.fast_pattern,
tokenizer=tokenizer,
                temperature=temperature, top_k=topk, top_p=topp,
repitition_penalty=repetition_penalty, device=device
            )
            for i in range(batch_size):
                generated += 1
                text = tokenizer.convert_ids_to_tokens(out)
                for i, item in enumerate(text[:-1]):   # 确保英文前后有
空格
                    if is_word(item) and is_word(text[i + 1]):
                        text[i] = item + ' '
                for i, item in enumerate(text):
                    if item == '[MASK]':
                        text[i] = ''
```

```
            elif item == '[CLS]':
                text[i] = '\n\n'
            elif item == '[SEP]':
                text[i] = '\n'
        info = "=" * 40 + " SAMPLE " + str(generated) + " "
+ "=" * 40 + "\n"
        print(info)
        text = ''.join(text).replace('##', '').strip()
        print(text)
```

第六节　大模型的能与不能

并不是所有的模型都能称为大模型。

在人工智能的广阔领域中，模型种类繁多，但并非所有模型都能够荣膺"基础大模型"的称号。所谓基础大模型，指的是那些在超级计算中心历经锤炼，用高达数十亿的参数精心训练出来的巨型模型。这种模型的独特之处在于，它们无需繁琐的微调，便能够胜任多样化的任务，显示出极高的适应性和灵活性。

基础大模型不仅规模庞大，更在智能性和泛用性上达到了前所未有的高度，它们正逐步成为未来智能科技发展的基础设施，引领着 AI 技术的新浪潮。以这样的标准来衡量，目前仅有诸如 GPT 系列、谷歌的 BERT 以及 Meta 的 Llama 等少数几个模型能够真正被称为基础大模型。这些模型不仅在学术上具有重要价值，更在实际应用中展现出了巨大的潜力和影响力。

基于 Transformer 模型的 GPT，带来的是一场革命。这场革命的基础，或者说根本原因就是 Transformer 的两个显著特点：同质化和新特性。

同质化，或者说泛化能力，是指 Transformer 可以用一个模型来执行各种各样的任务。

新特性是指，通过微调，同质化的 Transformer 可以不改变模型根本的情况下，展示出新的特点。

这是非常奇妙的特性。

在国内的创业和投资圈中，对于基础大模型的投资已经变得相对谨慎。这主要是因为基础大模型的门槛极高，不仅需要强大的计算能力和海量的数据资源，还需要深厚的技术积累和研发实力。从投资的角度来看，重复研发已有的基础大模型很难带来可观的资本收益。因此，我们需要更加理性地看待基础大模型，并找到与之相处的正确方式。

基础大模型在人工智能领域的重要性，不亚于微软的操作系统在计算机领域的影响力。微软的操作系统一经推出，便奠定了其在计算机领域的基础地位。对于创业者来说，再去开发一个类似的操作系统来替代微软，显然是不明智的。

然而，许多基于微软操作系统的应用软件，如搜索引擎、QQ、Adobe 等，却凭借其独特的功能和用户体验，成功登上了历史的舞台。这些软件的成功，充分证明了在已有的基础设施上开发创新应用的价值和潜力。

同样的，在人工智能时代，创业公司和人工智能专家们应该借鉴这一历史经验。他们不必再投入巨大的资源和精力去开发新的基础大模型，而是应该专注于考虑如何利用现有的基础大模型，开发出更加智能化、个性化的应用。这些应用需要能够高频次地调用基础大模型，每天不是仅仅调用三到五次——那是非常平庸的做法，而是需要达到上万次甚至上亿次的调用量，才能做出令人惊艳的产品。

为了实现这一目标，创业者们可以利用 Agent 技术。通过这项技术，可以实现对基础大模型的高效、频繁调用，从而开发出更加智能化的应用。这样的应用将能够更深入地挖掘基础大模型的潜力，为用户提供更加丰富、便捷的服务。同时，这也是未来人工智能创业公司登上历史舞台的重要机会。通过充分利用基础大模型的能力，他们有望开创出全新的人工智能应用时代。

一、人工智能的大工业时代

现在已经进入了 AI 的工业化时代，科技巨头提供了基础设施，只要调用 API，就能访问最强大的 Transformer 模型，不需要在基础模型上花时间、精力和金钱。不需要高学位，只要会调用 API，就能做出人工智能写 PPT、人工智能写代码、人工智能写小说等各式各样的应用。

将人工智能类比成"电力"，新一代的创业公司，应该基于大模型，去开发各种各样的"电器"。

随着人工智能技术的不断发展和普及，AI 的工业化时代已经到来。科技巨头们通过提供强大的基础设施和易于使用的 API，使得普通人也能轻松利用高级的人工智能模型，无需深厚的专业知识背景。这种现象在以下几个方面产生了深远影响：

① **降低技术门槛**：通过提供预训练的 Transformer 模型和易用的 API 接口，科技巨头们极大地降低了使用 AI 技术的门槛。现在，即使是非专业人士，也能通过简单的 API 调用来实现复杂的人工智能功能。

② **促进创新和应用开发**：这种低门槛促进了 AI 在各个领域的应用创新。无

论是写 PPT、编写代码还是创作小说，AI 都能提供强大的支持。这激发了大量的创业活动和创新项目，推动了 AI 技术的广泛应用。

③ **普惠化技术资源**：过去，高级 AI 技术主要掌握在少数专家和研究机构手中。现在，通过 API 调用，更多的人和组织能够享受到 AI 带来的便利，这有助于技术的民主化和普及。

④ **挑战与机遇并存**：虽然 API 的易用性降低了入门难度，但也带来了竞争和挑战。由于技术门槛降低，市场上可能会出现大量的同类产品，竞争将更加激烈。同时，这也为那些能够创新应用 AI 技术、提供独特价值的企业和个人带来了巨大的机遇。

⑤ **教育和培训的重要性**：尽管 API 使得 AI 技术更加易用，但要想在竞争中脱颖而出，仍然需要对 AI 技术有深入的理解和掌握。因此，教育和培训在培养 AI 人才方面仍然发挥着重要作用。

总的来说，AI 的工业化时代为普通人提供了更多的机会和可能性，但同时也需要人们不断学习和进步，以适应这个快速发展的时代。

二、ChatGPT 不等于人工智能

ChatGPT 以其强大的自然语言处理能力在全球范围内引起了广泛的关注和讨论。这款应用的成功使得很多人将 GPT 与人工智能（AI）画上了等号，然而，这是一个普遍的误解。ChatGPT 虽然表现出色，但它的能力主要集中在自然语言对话上，并不涵盖人工智能的所有领域。

ChatGPT 不能进行复杂的数学运算、严格的逻辑推理、科学研究或化学实验，这导致公众误认为人工智能在这些领域也无能为力。实际上，这是一个巨大的误区。ChatGPT 的核心技术——Transformer 模型，它主要是为自然语言处理（NLP）而设计的，处理的是序列到序列的任务。这就像最初发明的"轮子"，为后续的交通工具革新奠定了基础。

基于这个"轮子"，技术不断革新，从简单的"手推车"发展到"自行车""摩托车"，再到"汽车"，最终呈现出 ChatGPT 这样的"高铁"。但我们必须明确，这个"高铁"是专门为自然语言处理而打造的，它的核心技术 Transformer 并非用于数学计算、逻辑推理或科学研究。

因此，ChatGPT 在这些领域表现不佳并不意味着人工智能整体在这些方面存在局限。相反，人工智能是一个广泛且多样的领域，涵盖了机器学习、计算机视觉、语音识别、自动驾驶等多个方面。在这些领域中，AI 已经展现出了惊人的能力，并且在不断地进步和发展。

将 ChatGPT 在这些领域表现不佳等同于人工智能整体在这些方面存在局限，就像是因为一辆高性能的跑车不擅长越野，就认为所有的汽车都不适合越野一样片面。我们应该看到人工智能的全面性和多样性，而不是仅仅局限于某个特定应用的表现。只有这样，我们才能更准确地理解和评估人工智能的真实潜力和未来可能带来的变革。

总的来说，ChatGPT 的成功不仅为我们展示了自然语言处理领域的巨大潜力，更重要的是，它为我们提供了一种全新的思考方式：在未来的人工智能发展中，找到那个具有革命性的"轮子"，并围绕它进行持续的技术迭代和优化，将是实现领域内技术突破的关键。而不是试图将某一特定应用打造成全能型的"通才"，那样的成本浪费将是巨大的，且效果往往并不理想。

第七节 图示 Transformer 和实战 GPT-2

一、图示 Transformer

本小节将以一个实例来讲解 Transformer 结构，并且尽可能地可视化。

假设我们正在翻译"我是中国人，我爱中国"：

• 编码：源语言句子通过编码器，每个词通过自注意力层和前馈网络进行处理。

• 解码：在解码器中，模型首先生成"我"的英文对应词"I"。然后，模型使用自注意力和编码器 - 解码器注意力来确定下一个词。例如，为了生成"是"，模型可能会关注到源语言句子中的"是"和"中国人"。

• 逐步生成：模型继续生成剩余的词，如"Chinese""and""love""China"，在每一步中，它都会利用之前生成的词和源语言句子的信息。

• 输出：最终，模型生成完整的翻译句子"I am Chinese, and I love China"。

通过这种方式，Transformer 模型能够有效地处理序列数据，生成高质量的翻译结果。注意力机制使得模型能够捕捉长距离依赖关系，而前馈网络则提供了额外的非线性处理能力，两者共同作用使得 Transformer 成为一种当前最强大的机器翻译模型。

为了详细说明这个过程，我们首先要拆解 Transformer，进而通过一个输入输出，详细看到 Transformer 的计算过程。

第一步：如图 2.7.1 所示，从最简单的视角观察，Transformer 就是一个黑盒。

第二步：本书前面介绍了 Transformer 实际上由编码组件和解码组件组成，如图 2.7.2 所示。

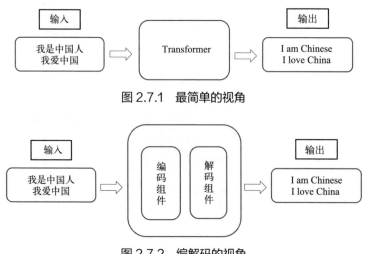

图 2.7.1   最简单的视角

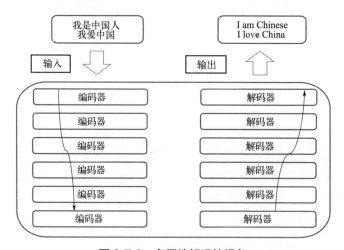

图 2.7.2   编解码的视角

第三步：拆解编解码部分，如图 2.7.3 所示。编码组件是一堆编码器，根据实际模型需要，一般是多个编码器堆叠（本文将六个编码器堆叠在一起——模型的创新设计、改变通常就是改变这些参数，比如多少个编码器堆叠）。解码组件是一堆相同数量的解码器。

图 2.7.3   多层编解码的视角

这三步完成后，基本上出现了 Transformer 的轮廓。为了搞清楚其中的细节，还需要继续分解编解码器。

第四步：拆解单个编码器。编码器的输入首先流经自注意力层——该层可帮助编码器在编码特定单词时查看输入句子中的其他单词。

模型首先通过编码器处理源语言句子（中文）。编码器中的自注意力层会计算每个词与句子中其他词的关系。例如，在处理"我"这个词时，模型会计算"我"与"是""中国人"和"爱"等词的关系。

如图 2.7.4 所示为单个编码器的结构。

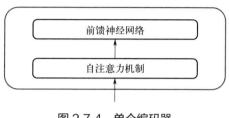

图 2.7.4　单个编码器

第五步：拆解单个解码器。解码器比编码器多了一层注意力机制，称为解码注意力机制（输出文本的注意力）。因为解码不仅要考察输入的注意力，还要考察输出的注意力。

如图 2.7.5 所示为单个解码器的结构。

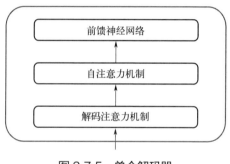

图 2.7.5　单个解码器

编码器核心代码：

```
class Encoder(nn.Module):
--"编码器的核心就是几层注意力机制和前馈神经网络"
def __init__(self, layer, N):
    super(Encoder, self).__init__()
    self.layers = clones(layer, N)
    self.norm = LayerNorm(layer.size)
def forward(self, x, mask):
    --"将输入或者掩码输入下一层"
    for layer in self.layers:
    x = layer(x, mask)
    return self.norm(x)
```

解码器核心代码：

```
class Decoder(nn.Module):
--"带有掩码的多层解码器"
    def __init__(self, layer, N):
        super(Decoder, self).__init__()
        self.layers = clones(layer, N)
        self.norm = LayerNorm(layer.size)
    def forward(self, x, memory, src_mask, tgt_mask):
        for layer in self.layers:
        x = layer(x, memory, src_mask, tgt_mask)
        return self.norm(x)
```

现在我们已经了解了模型的主要组成部分，让我们开始看看各种向量／张量以及它们如何在这些组成部分之间流动，从而将训练模型的输入转化为输出。

与一般 NLP 应用的情况一样，我们首先使用嵌入算法将每个输入词转换为向量。每个单词都嵌入到一个大小为 512 的向量中。我们将用这些简单的框来表示这些向量，如图 2.7.6 所示。为了画图方便，我们的输入 X 包含 4 个维度，而不是 512 个。

单词的向量化有很多工具，这些向量通常由词嵌入（word embedding）和位置编码（positional encoding）组成。我们也可以用简单的 Python 代码中的 numpy 和 softmax 函数来计算。

图 2.7.6　单词向量（为了画图方便，只有 4 个维度）

向量化后的数据如图 2.7.7 所示。

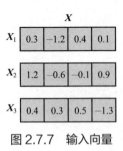

图 2.7.7　输入向量

嵌入仅发生在最底层的编码器中。所有编码器的共同抽象是它们接收一个向量列表，每个向量的大小为 512——在底层编码器中，这将是单词嵌入，但在其他编码器中，它将是直接位于下方的编码器的输出。此列表的大小是我们可以设置的超参数——基本上它将是我们训练数据集中最长句子的长度。

将单词嵌入到我们的输入序列之后，每个单词都会流经编码器的两层中的每一层，如图 2.7.8 所示。

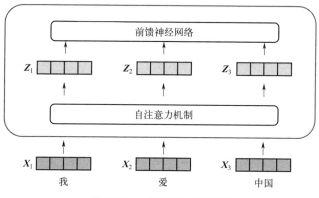

图 2.7.8　向量进入编码器

从图中我们看到"我爱中国"已经处理为向量进入 Transformer 中，第一层就是自注意力机制。输入为矩阵 X，输出为矩阵 Z。

自注意力机制只是一个函数，它以 X 作为输入，返回另一个相同长度的序列 Z，该序列由与 X 中相同长度的向量组成，如图 2.7.9 所示。

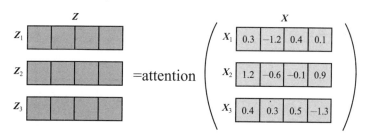

图 2.7.9　自注意力机制函数

这个函数的详细解释：自注意力层的计算过程是通过 query（查询）、key（键）、value（值）三个矩阵来实现的。下面详细介绍这个过程：

1. 输入表示

•首先，每个词在输入时会被表示为一个向量，这些向量通常由词嵌入（word embedding）和位置编码（positional encoding）组成。

2. 生成 Q、K、V

•对于输入序列中的每个词，模型会分别生成对应的 Q、K、V 三个向量。这些向量是通过将词的表示向量与三个不同的权重矩阵相乘得到的。

- W 是权重矩阵。
- b 是偏置项。

$$Q_i = W^Q x_i + b^Q$$
$$K_i = W^K x_i + b^K$$
$$V_i = W^V x_i + b^V$$

计算 Q、K、V 三个向量如图 2.7.10 所示。

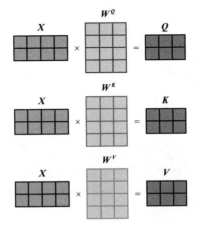

图 2.7.10   计算 Q、K、V 三个向量

3. 计算注意力权重

- 接下来，模型计算每个词的 Q 向量与所有 K 向量的点积，然后除以一个缩放因子：

$$\text{score}(i,j) = \frac{Q_i \cdot K_j^{\mathrm{T}}}{\sqrt{d_k}}$$

用图 2.7.11 表示：

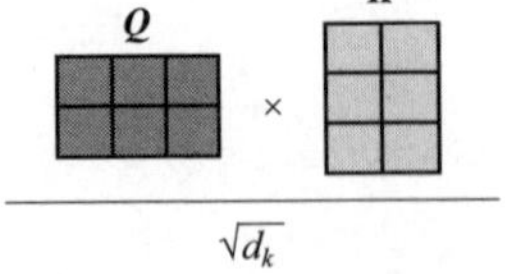

图 2.7.11   计算每个词的 Q 向量与所有 K 向量的点积，然后除以一个缩放因子

加权求和：

$$\text{output}_i = \sum_{j=1}^{n} \text{attention}(i,j) V_j$$

用图 2.7.12 表示：

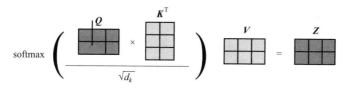

图 2.7.12 加权求和计算

实际上这个过程已经函数化，只要调用函数即可。

```
from scipy.special inport softmax
attention_score_layer0[0] = softmax(attention_scores[0])
```

核心代码：

```
def attention(query, key, value, mask=None, dropout=None):
    d_k = query.size(-1)
    scores = torch.matmul(query, key.transpose(-2, -1)) / math.sqrt(d_k)
    if mask is not None:
        scores = scores.masked_fill(mask == 0, -1e9)
    p_attn = scores.softmax(dim=-1)
    if dropout is not None:
        p_attn = dropout(p_attn)
    return torch.matmul(p_attn, value), p_attn
```

这个过程实际上只是一层注意力机制，而 Transformer 是以大名鼎鼎的多头注意力机制出名的。所谓的多头注意力机制，使用不同的权重矩阵进行 8 次不同的计算，我们最终会得到 8 个不同的 Z 矩阵，如图 2.7.13 所示。

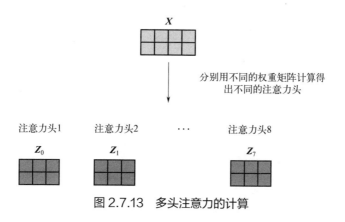

图 2.7.13 多头注意力的计算

多头注意力机制的代码实现：

```python
class MultiHeadedAttention(nn.Module):
    def __init__(self, h, d_model, dropout=0.1):

        super(MultiHeadedAttention, self).__init__()
        assert d_model % h == 0

        self.d_k = d_model // h
        self.h = h
        self.linears = clones(nn.Linear(d_model, d_model), 4)
        self.attn = None
        self.dropout = nn.Dropout(p=dropout)

    def forward(self, query, key, value, mask=None):

        if mask is not None:

            mask = mask.unsqueeze(1)
        nbatches = query.size(0)

        query, key, value = [
            lin(x).view(nbatches, -1, self.h, self.d_k).transpose(1, 2)
            for lin, x in zip(self.linears, (query, key, value))
        ]
        x, self.attn = attention(
            query, key, value, mask=mask, dropout=self.dropout
        )
        x = (
            x.transpose(1, 2)
            .contiguous()
            .view(nbatches, -1, self.h * self.d_k)
        )
        del query
        del key
        del value
        return self.linears[-1](x)
```

第六步：加入残差。编码器架构中的一个细节，即每个编码器中的每个子层（自注意力、前馈神经网络）周围都有一个残差连接，然后是层规范化步骤。

再回到图 2.7.13，继续加入层规范，如图 2.7.14 所示。

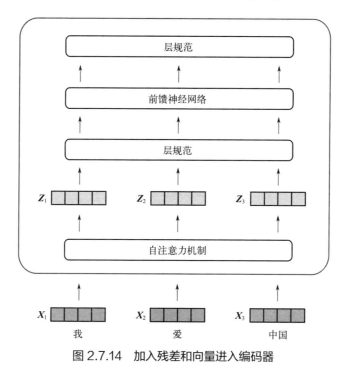

图 2.7.14　加入残差和向量进入编码器

解码器也是有一个残差连接，然后是层规范化步骤。图示略。

正如本书前面章节所讲，Transformer 中的 feed-forward networks（前馈网络）是模型中的关键组件，它负责在每个 Transformer 层中对序列中的每个位置进行独立的非线性变换。

Transformer 中的 layer normalization（层归一化）是一种广泛应用的归一化技术，旨在解决神经网络中的 internal covariate shift（内部协变量漂移）问题，提高神经网络模型的收敛速度和泛化能力。

这个时候如果把解码器和编码器放在一起，就会得到经典的 Transformer 构架，如图 2.7.15 所示。

这样我们就拆解了一个经典的 Transformer 结构。

对于深入研究 Transformer 和 GPT 的研究者来说，注意力机制确实是一个必须深入理解的核心概念。注意力机制是大模型中的核心概念，它使得模型能够聚焦于输入数据的不同部分，从而更好地捕捉上下文信息并做出准确的预测。然而，由于大模型的学习过程复杂且难以直观理解，因此它们经常被称作"黑盒子"。在这个背景下，可视化工具成为了一种非常有价值的学习方法，能够帮助研究者直观地观察和理解模型的内部工作机制。

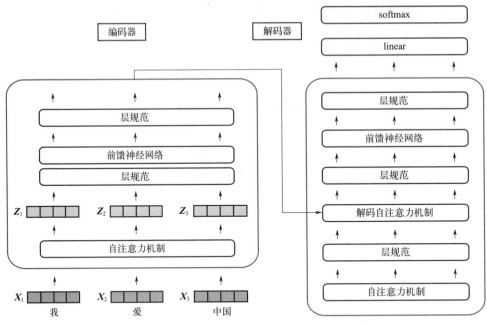

图 2.7.15　编码器和解码器组成 Transformer

通过可视化注意力权重，我们可以观察到模型在处理输入数据时如何分配注意力。具体来说，可视化可以展示在生成某个输出词时，模型对输入序列中不同位置的关注度。这种关注度以权重的形式表示，权重越大，表示模型在处理当前输出词时对相应输入位置的关注度越高。

图 2.7.16 为逐步查看注意力机制的计算步骤。

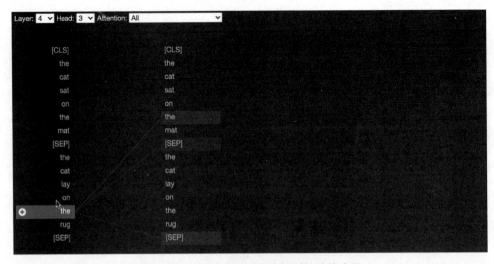

图 2.7.16　逐步查看注意力机制的计算步骤

BertViz 就是这样一种强大的交互式可视化工具，它专门针对 Transformer 语言模型（如 BERT、GPT-2 或 T5）中的注意力机制进行可视化。

以下是关于 BertViz 的详细介绍：

（一）BertViz 概述

BertViz 是一种交互式工具，旨在帮助用户直观地理解 Transformer 语言模型中的注意力机制。通过该工具，用户可以观察到模型在处理自然语言任务时如何分配注意力，从而更好地理解模型的决策过程。

（二）BertViz 的功能与特点

① **支持多种 Transformer 模型**：BertViz 不仅限于 BERT 模型的可视化，还支持 GPT-2、T5 等多种 Transformer 语言模型。

② **交互式可视化界面**：用户可以通过简单的操作，如点击、拖动等，来查看和分析模型中的注意力分布。

③ **多个视图展示**：BertViz 提供了多个视图来展示注意力机制的不同方面，包括词间、句子间的注意力分布等。

④ **易于集成与使用**：该工具可以轻松地集成到 Jupyter Notebook 或 Colab 中，通过 Python API 进行调用。

（三）如何使用 BertViz

首先安装 BertViz：通过 pip 命令可以轻松安装 BertViz。

```bash
pip install bertviz
```

然后复制代码：

```
**运行方式**：在Python环境中，你可以通过以下方式导入并使用BertViz
```

```python
from bertviz import head_view, model_view
from transformers import BertTokenizer, BertModel

model_version = 'bert-base-uncased'
model = BertModel.from_pretrained(model_version, output_attentions=True)
tokenizer = BertTokenizer.from_pretrained(model_version)
sentence_a = "This is a sample sentence."
inputs = tokenizer.encode_plus(sentence_a, return_tensors='pt')
```

```
input_ids = inputs['input_ids']
attention = model(input_ids)[-1]
head_view(attention, input_ids)
'''
```

这段代码将展示给定句子的注意力头视图。

二、实战 GPT-2

本小节上手实战 GPT-2，由于我们已经可以使用大量"超级智能"的 GPT-4 应用，可能会觉得 GPT-2 有点"傻"，的确，GPT-2 相比 GPT-4 来说的确非常原始。但是我们这里还是选用了 GPT-2 作为示例，这一方面是由于 GPT-4 没有开源，另一方面从简单的 GPT-2 入手，更利于明白原理。

（一）实战 GPT-2：用 GPT-2 做文本生成

1）模型描述

GPT-2 是一个 Transformers 模型，以自监督的方式在大量英语数据上进行预训练。这意味着它只在原始文本上进行预训练，没有任何人类以任何方式标记它们（这就是它可以使用大量公开数据的原因），并有一个自动过程从这些文本中生成输入和标签。更准确地说，它被训练来猜测句子中的下一个单词。

具体模型：这是 GPT-2 的最小版本，具有 124M 个参数。

2）实战目标

让 GPT-2 根据上下文补全输入。

3）直接用推理 API 来完成任务（图 2.7.17）

4）代码详情（图 2.7.18）

5）推理过程可视化（图 2.7.19）

推理过程可视化我们选择 IBM 和哈佛大学研发的 ex3ERT，这个工具可以在

图 2.7.17　在线实验 GPT-2

huggingface 网站找到，可以选择各种开源大模型，包括 BERT、GPT 等。

```
from transformers import pipeline,  set_seed
generator = pipeline('text-generation',  model='gpt2')
set_seed(42)
generator(" 我是中国人，",  max_length=30, num_return_sequences=5)
```

图 2.7.18　代码详情（实际上 GPT-2 不支持中文）

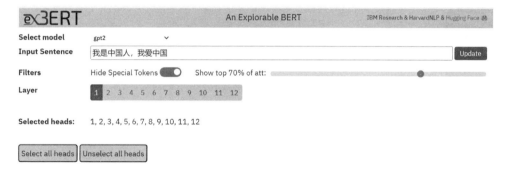

图 2.7.19 推理可视化工具

第一行是选择模型；第二行是输入句子；第三行是 Filters；第四行是模型的层，比如自注意力机制层，通常有 12 层。

实际上 GPT-2 不支持中文，中文出现的是乱码，如图 2.7.20 所示。

图中左右两边各有 12 层，为模型的内置层，颜色深浅表示了计算出的"注意力值"。

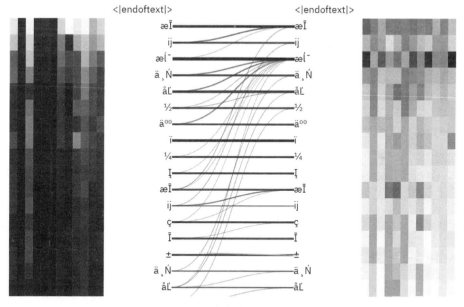

图 2.7.20 注意力机制的可视化

由于 GPT-2 不支持中文，我们输入" I am Chinese, I LOVE CHINA"，结果如图 2.7.21 所示。

通过每层，我们可以看出单词和单词之间的"注意力"。这个工具是理解注意力机制的好帮手。

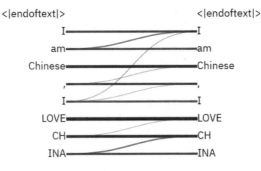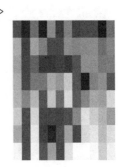

图 2.7.21　单词之间的注意力值

通过详细拆解 Transformer 的结构，了解 Transformer 的底层技术，可以帮助我们深刻理解大模型的内部运作机制。另外，通过尝试在线运行 GPT-2 的 API 来进行补全代码，并且运用工具看到注意力机制。这是本节的主要内容。

（二）实战 GPT-2 训练

GitHub 上有几个非常成功的 GPT-2 训练中文的开源项目，比如：GPT2-Chinese。

GPT2-Chinese 源代码，实际上分为两部分，第一部分是训练，第二部分是生成。

第一部分：训练

训练的核心步骤如下所述。

1）模型配置

```
model_config =
 transformers.modeling_gpt2.GPT2Config.from_json_file(args.model_
config)
```

2）读取模型

```
model =
 transformers.modeling_gpt2.GPT2LMHeadModel(config=model_config)
```

3）训练过程

```
    optimizer = transformers.AdamW(model.parameters(), lr=lr,
correct_bias=True)
    scheduler = transformers.WarmupLinearSchedule(optimizer, warmup_
steps=warmup_steps,
```

```
                    t_total=total_steps)

    print('开始训练')

    for epoch in range(epochs):
        for i in x:
            with open(tokenized_data_path + 'tokenized_train_
{}.txt'.format(i), 'r') as f:
                line = f.read().strip()
            tokens = line.split()
            tokens = [int(token) for token in tokens]
            start_point = 0
            samples = []
            while start_point < len(tokens) - n_ctx:
                samples.append(tokens[start_point: start_point + n_
ctx])
                start_point += stride
            if start_point < len(tokens):
                samples.append(tokens[len(tokens)-n_ctx:])
            random.shuffle(samples)
            for step in range(len(samples) // batch_size):  # drop
last
                # 准备数据
                batch = samples[step * batch_size: (step + 1) *
batch_size]
                batch_inputs = []
                for ids in batch:
                    int_ids = [int(x) for x in ids]
                    batch_inputs.append(int_ids)
                batch_inputs = torch.tensor(batch_inputs).long().
to(device)

                # 前向
                outputs = model.forward(input_ids=batch_inputs,
labels=batch_inputs)
                loss, logits = outputs[:2]

                # 计算损失
                if multi_gpu:
```

```
                        loss = loss.mean()
                if gradient_accumulation > 1:
                        loss = loss / gradient_accumulation

                # 损失后向
                if fp16:
                        with amp.scale_loss(loss, optimizer) as scaled_
loss:
                                scaled_loss.backward()
                                torch.nn.utils.clip_grad_norm_(amp.master_
params(optimizer), max_grad_norm)
                        else:
                                loss.backward()
                                torch.nn.utils.clip_grad_norm_(model.
parameters(), max_grad_norm)


                # 优化
                if (overall_step + 1) % gradient_accumulation == 0:
                        running_loss += loss.item()
                        optimizer.step()
                        optimizer.zero_grad()
                        scheduler.step()
                if (overall_step + 1) % log_step == 0:
                        tb_writer.add_scalar('loss', loss.item() *
gradient_accumulation, overall_step)
                        print('now time: {}:{}. Step {} of piece {} of
epoch {}, loss {}'.format(
                                datetime.now().hour,
                                datetime.now().minute,
                                step + 1,
                                piece_num,
                                epoch + 1,
                                running_loss * gradient_accumulation / (log_
step / gradient_accumulation)))
                        running_loss = 0
                overall_step += 1
```

```
            piece_num += 1


        model_to_save = model.module if hasattr(model, 'module')
else model
        model_to_save.save_pretrained(output_dir + 'model_epoch{}'.
format(epoch + 1))


        print('epoch {} finished'.format(epoch + 1))


        then = datetime.now()
        print('time: {}'.format(then))
        print('time for one epoch: {}'.format(then - now))


    print('训练结束')
```

第二部分：生成

```
python ./generate.py --length=50 --nsamples=4 --prefix=xxx --fast_
pattern --save_samples --save_samples_path=/mnt/xx
```

第八节　实战：手动部署大模型

mlc-llm 是一个开源项目，让每个人都能在自己的设备上本地开发、优化和部署人工智能模型。通过加载模型，快速本地使用大模型。

安装：要验证安装，请先激活虚拟环境，运行。

```
python -c "import mlc_llm; print(mlc_llm.__path__)"
```

可以看到 MLC LLM Python 包的安装路径。

使用：通过命令行指定模型，然后就可以使用。比如：使用 4 位量化 8B Llama-3 模型尝试 MLC LLM 中的聊天 CLI。

① **指定模型**：使用下面的代码指定模型。

```
mlc_llm chat HF://mlc-ai/Llama-3-8B-Instruct-q4f16_1-MLC
```

② **使用模型**：等待模型加载后，即可使用，如同使用 GPT 系列。

```
You can use the following special commands:
/help              print the special commands
/exit              quit the cli
/stats             print out the latest stats (token/sec)
/reset             restart a fresh chat
/set [overrides]   override settings in the generation config. For
example,
                   '/set temperature=0.5;max_gen_
len=100;stop=end,stop'
                   Note: Separate stop words in the `stop` option
with commas (,).
Multi-line input: Use escape+enter to start a new line.
user: What's the meaning of life
assistant:
What a profound and intriguing question! While there's no one
definitive answer, I'd be happy to help you explore some perspectives
on the meaning of life.
The concept of the meaning of life has been debated and...
```

③ **使用 API 调用**：可以使用 MLC LLM 的聊天完成 Python API 米运行 Llama-3 模型。您可以将下面的代码保存到 Python 文件中并运行它。

```python
from mlc_llm import MLCEngine
# 初始化引擎
model = "HF://mlc-ai/Llama-3-8B-Instruct-q4f16_1-MLC"
engine = MLCEngine(model)
# 类似OpenAI的API调用
for response in engine.chat.completions.create( messages=[{"role":
"user", "content": "What is the meaning of life?"}], model=model,
stream=True, ):
for choice in response.choices: print(choice.delta.content, end="",
flush=True) print("\n")
engine.terminate()
```

硬件和环境：通用部署。MLC LLM 支持的平台和硬件如表 2.8.1 所示。

表 2.8.1　硬件条件

操作系统	AMD 显卡	英伟达图形处理器	苹果 GPU	英特尔 GPU
Linux/ 操作系统	Vulkan、ROCm	伏尔甘、CUDA	不适用	伏尔甘
苹果系统	金属（dGPU）	不适用	金属	金属（iGPU）
网页浏览器	WebGPU 和 WASM			
iOS/iPadOS	Apple A 系列 GPU 上的 Metal			
安卓	Adreno GPU 上的 OpenCL		Mali GPU 上的 OpenCL	

　　mlc-llm 开源项目的关键技术之一是机器学习编译（MLC LLM），它针对大语言模型进行了优化。通过编译器加速功能，MLC LLM 提供了一种高效的方式来部署这些模型。这种技术的引入，不仅提升了模型的运行速度，还降低了对硬件资源的需求，使得在更广泛的设备上部署大语言模型成为可能。

　　此外，mlc-llm 还强调了本机 API 的重要性。这些 API 为开发者提供了与模型进行交互的直观方式，进一步简化了人工智能应用的开发过程。通过使用这些 API，开发者可以更加灵活地集成和调整模型，以满足各种应用场景的需求。

第三章

开源大模型和 Llama 实战

第一节　Llama 的结构

第二节　运行 Llama3

第三节　Llama 微调

第四节　实战：大语言模型 (LLM) 微调框架

Llama 是 Meta（原 Facebook）精心打造并开源的大模型，其出现后迅速成为了业界关注的焦点。由于它的高度灵活性和强大的性能，Llama 已经在全球范围内吸引了大批的开发者、研究者和企业用户，从而形成了一个庞大且活跃的生态系统。在这个生态中，不仅可以找到丰富的资源和工具来支持各种应用场景的开发，还能与众多同行进行深度的交流与合作。

如今，Llama 已经成为了数据处理和人工智能领域的重要基础设施，为众多项目提供了强大的支撑。对于开发者而言，选择一个有完整生态和工具支持的大模型至关重要，因为这能够极大地提升开发效率和项目成功的可能性。

Llama3 是 MetaAI 开源的第三代大语言模型，它对硬件环境的要求因参数规模的不同而有所差异。以下是根据不同参数的 Llama3 对硬件环境的具体要求 ❶：

1. Llama3-8B（80 亿参数版本）

• 这个版本的模型相对较小，因此对硬件的要求相对较低。

• 根据公开发布的信息，一些用户在个人电脑上成功部署并运行了这个版本的 Llama3，例如使用 MacBook M2 Pro（2023 款）等中端硬件。

• 通常，这类模型需要一定容量的内存（最好是 16GB 或以上）和一个性能适中的处理器。

2. Llama3-70B（700 亿参数版本）

• 这个版本的模型更大，对硬件的要求也相应提高。

• 虽然具体的硬件配置要求可能因实际情况而异，但可以预见的是，运行这个版本的模型可能需要更强大的计算能力和更大的内存容量。

• 一些高性能的个人电脑或专业的服务器可能能够满足这个版本的需求。

3. 4000 亿参数版本

• 这是 Llama3 系列中最大的版本，目前仍在训练中，预计对硬件的要求会非常高。

• 这个版本的模型可能需要大型服务器集群或高性能计算（HPC）环境来支持其运行。

• 内存、处理器和存储等方面的需求都将远超普通个人电脑或服务器的标准配置。

需要注意的是，随着模型参数规模的增加，对硬件环境的要求也会呈指数级增长。因此，在选择运行 Llama3 的硬件环境时，应根据具体的模型参数规模和实际需求进行权衡和选择。

---

❶ 由于开源项目更新快，大模型本身也在快速迭代，一些参数数据可能随着时间不同。

推荐开发者在选择开源大模型时，优先考虑 Llama。其完整的生态系统和丰富的工具链将为你的项目开发提供强有力的支持，无论是快速原型设计、模型训练还是应用部署，Llama 都能为你带来前所未有的便捷和高效。以下是关于为什么建议开发者在选择开源大模型时考虑基于 Llama 的几个原因：

① **完整的生态和工具**：Llama 已经建立了一个完整的生态，包括各种工具、库和社区资源，这些都可以帮助开发者更高效地使用和定制模型。

② **社区支持**：由于 Llama 的开源性质和广泛的应用，它已经形成了一个活跃的社区。这意味着开发者在遇到问题时，可以很容易地找到帮助和资源。

③ **持续更新和优化**：Meta 及其社区持续对 Llama 进行优化和更新，以确保其性能和功能始终保持最新状态。

④ **广泛的应用场景**：Llama 的灵活性和可扩展性使其适用于各种应用场景，包括自然语言处理、机器翻译、文本生成等。

⑤ **降低成本**：使用开源的大模型如 Llama 可以降低开发成本，因为开发者无需从头开始构建模型，而是可以在现有的基础上进行定制和优化。

⑥ **技术积累**：通过参与 Llama 生态，开发者可以接触到最新的技术趋势和最佳实践，从而不断提升自己的技能水平。

然而，值得注意的是，虽然 Llama 具有很多优势，但开发者在选择时还应考虑其他因素，如模型的性能、准确性、可解释性以及是否满足特定的业务需求等。此外，对于某些特定应用，可能需要结合其他技术或模型以获得最佳效果。

第一节　Llama 的结构

Llama3 作为 Meta 公司推出的重要的人工智能模型，在多个方面都展现了显著的进步。首先，在数据训练方面，Llama3 采用了超过 15 万亿 token 的大规模数据集进行训练，这不仅丰富了模型的知识库，还增强了其在实际应用场景中的多语言能力和高质输出性能。其次，Llama3 的技术性能得到了大幅度提升，比如新增的 8K 上下文处理能力以及优异的输出任务完成能力，都使得它在处理复杂问题和提供上下文方面更加出色。在多个行业标准基准测试中，如 TriviaQA-Wiki，Llama3 的准确率高达 89.7%，这一数字远超其他同规模的模型，充分证明了其卓越的性能。

此外，Llama3 还注重了模型的安全性和信任度，通过引入新的安全工具如 Llama Guard 2 等来加强模型的保护，使得用户可以更加放心地使用。在可用性方面，Llama3 提供了广泛的接入方式，无论是通过别人部署好的产品还是自行部署，都能轻松实现。同时，与 MetaAI 系列的其他产品紧密整合，进一步扩展了其应用范围。

综上所述，Llama3 在数据训练、技术性能、安全性和可用性等方面都取得了显著的进步，这些进步共同推动了人工智能技术的发展和应用。

Llama3 在技术上的进步主要表现在以下几个方面：

① **数据规模与多样性**：Llama3 在超过 15T token 的数据上进行了预训练，这个数据量相当于 Llama2 数据集的 7 倍还多。这些 token 都是从公开来源收集的，增加了数据的多样性和丰富性。

② **长文本支持**：Llama3 支持 8K 上下文长度，这比 Llama2 的容量大 2 倍，使得模型能够处理更长的文本序列，提高了理解和生成长文本的能力。

③ **推理性能**：在多个关键基准测试中，如 TriviaQA-Wiki 测试，Llama3 的准确率达到了 89.7%，远超其他同规模模型，展现出卓越的推理性能。它还能进行复杂的推理，更遵循指令，并能可视化想法和解决微妙的问题。

④ **模型架构优化**：Llama3 采用了优化的自回归 Transformer 架构，专为处理复杂的文本生成任务设计，这有效提升了生成文本的连贯性和相关性。

⑤ **训练效率提升**：相比 Llama2，Llama3 的训练效率有了显著提升，这使得模型能够更快地学习和适应大量数据。

⑥ **可用性广泛**：作为一个开源模型，Llama3 提供了多种使用方式，包括直接使用别人部署好的产品、找部署好的接口，或者自己进行部署。同时，Hugging Face、Microsoft Azure 等平台也提供了 Llama3 的服务接入，使其更加便捷高效。

⑦ **与 MetaAI 系列的整合**：Llama3 不仅是一个独立的模型，还与 MetaAI 系列的其他产品有着紧密的整合，包括手机 App、网站以及 Facebook 全家桶里的插件等，这些整合提升了模型的应用范围和便捷性。

综上所述，Llama3 在数据规模、长文本支持、推理性能、模型架构、训练效率、可用性以及与其他产品的整合等方面都取得了显著的技术进步。

下面我们以更易理解的 Llama1 和 Llama2 为例，讲解 Llama 的结构。

Llama1 是由 Meta（原 Facebook）开源的一种大语言模型，其结构基于 Transformer 架构，并做了一些关键的改进。该模型在整体上维持了 Transformer 的基本组成，即包含输入层、编码层，以及与之相关联的解码机制，最终通过输出层产生结果。但在细节上，Llama1 进行了多处优化以提高性能和效率。

在输入层，Llama1 接收经过预处理的文本数据，这些数据通过特定的分词器被转换为模型可以理解的数值形式。分词器采用 BPE 算法，可以有效地处理不在词汇表中的词汇，增强了模型的泛化能力。

进入编码层，Llama1 采用了基于 Transformer decoder 的架构，这是其核心的组成部分。与标准的 Transformer 模型相比，Llama1 在几个方面进行了创新。例如，它将 layer normalization 替换为 RMSNorm，这种归一化方法被证明在某些情况下更为有效。此外，Llama1 还引入了 SwiGLU 激活函数，这是一种非线性激活函数，有助于提高模型的表达能力。在位置编码方面，Llama1 使用了 RoPE 位置编码，以更好地捕捉序列中的位置信息。

在解码层，模型利用已经编码的信息来生成输出。由于 Llama1 是基于 Transformer decoder 构建的，因此它采用了自回归的生成方式，即根据之前的输出逐步预测下一个词，直到生成完整的句子或段落。

最后，在输出层，模型将解码后的信息转换为人类可读的文本格式。这一过程涉及将模型输出的数值重新映射回词汇表中的实际词汇，从而形成连贯的文本输出。

值得注意的是，Llama1 提供了多种参数规模的模型，包括 7B、13B、33B 和 65B，以满足不同应用场景的需求。这些模型在训练过程中使用了大量的开源数据集，确保了其广泛的适用性和强大的泛化能力。通过这些改进和优化，Llama1 在多个基准测试中表现优异，甚至在某些任务上超越了更大规模的模型如 GPT-3。

Llama2 是 Meta（原 Facebook）继 Llama1 之后开源的又一重要大语言模型。与 Llama1 相比，Llama2 在结构上有了显著的改进和优化，以更好地适应各种自然语言处理任务。

在输入层，Llama2 同样接收经过预处理的文本数据。这些数据通过高效的分词器被转换为模型可以理解的数值形式，为后续的编码和解码过程奠定基础。

进入编码层，Llama2 采用了与 Llama1 类似的 Transformer 架构，但进行了多项关键性的改进。首先，Llama2 在模型中引入了更多的注意力头，使得模型能够同时关注更多的信息，提高了模型的表达能力。其次，Llama2 还优化了模型的残差连接和层归一化方式，进一步提升了模型的训练稳定性和收敛速度。

在解码层，Llama2 继承了 Llama1 的自回归生成方式，即根据之前的输出逐步预测下一个词。然而，与 Llama1 不同的是，Llama2 在解码过程中引入了更先进的解码策略，如集束搜索（beam search）或采样策略（sampling strategy），从而生成更加多样化和高质量的文本输出。

最后，在输出层，Llama2 将解码后的信息转换为人类可读的文本格式，与 Llama1 类似。

除了上述结构上的改进外，Llama2 还在训练数据和模型规模上进行了扩展。相比 Llama1，Llama2 使用了更多的训练数据，这有助于模型学习到更加丰富的语言知识和模式。同时，Llama2 也提供了更大规模的模型选项，以满足更复杂和高级的自然语言处理任务需求。

此外，值得一提的是，Llama2 在安全性方面也进行了加强。通过对训练数据的仔细筛选和处理，以及引入更多的安全机制，Llama2 在生成文本时更加注重避免产生有害或不当内容。

综上所述，Llama2 在输入层、编码层、解码层和输出层等多个方面都进行了显著的改进和优化。这些改进使得 Llama2 在自然语言处理任务中表现出更加出色的性能，为各种应用场景提供了更加强大和灵活的语言处理能力。

为了说明 Llama 的结构，笔者将 Llama2 和 GPT-3 进行比较（虽然这很不合理）。Llama2 和 GPT-3 在结构和原理上存在一些显著的差别。以下是对这些差别的详细分析。

（一）结构

1. 模型组件

• **Llama2**：该模型主要包括输入层、编码层、解码层和输出层。输入层负责将原始文本转换为模型可处理的向量；编码层通过自注意力机制对文本进行编码；解码层生成输出文本；输出层将文本向量转换回具体文本。

• **GPT-3**：GPT-3 的结构由输入层、编码器、解码器和输出层组成。输入层包括嵌入层和位置编码器，编码器与解码器均由多个 Transformer 块构成，最后输出层使用 softmax 分类器。

2. 注意力机制

• **GPT-3** 使用了传统的自注意力机制，通过多头自注意力层来捕捉文本中的依赖关系。

• **Llama2** 也采用自注意力机制，但具体实现上可能有所不同，特别是在处理长文本和上下文信息方面有所优化。

3. 架构特点

• **GPT-3** 的 Transformer 架构是其核心，它通过堆叠多个 Transformer 块来加深网络，提高模型的表达能力。

• **Llama2** 在某些版本（如 70B 模型）中采用了创新的分组查询注意力 (GQA) 架构，该架构在效率和性能上可能有所不同。

（二）原理

1. 训练目标

• GPT-3 和 Llama2 都致力于生成自然流畅的文本，但训练数据和策略可能有所不同，导致两者在文本生成风格和质量上存在差异。

2. 优化方法

• 这两个模型都通过优化模型损失函数来提高文本生成能力，但具体的优化方法和策略可能因模型而异。

3. 推理过程

• 在推理阶段，GPT-3 和 Llama2 都根据之前的文本生成新的内容，但 Llama2 可能在处理长文本和保持上下文一致性方面有所改进。

（三）总结

Llama2 和 GPT-3 在结构和原理上既有相似之处，也有显著差异。两者都基于 Transformer 架构并利用自注意力机制，但在具体实现、优化方法和推理过程上可能有所不同。这些差异影响了模型的性能、效率和生成文本的质量。在选择使用哪个模型时，需要根据具体应用场景和需求进行权衡。

由于比起 GPT-3 来说，Llama2 是较新的模型，它在某些方面可能进行优化而更加先进，特别是在处理大规模数据和长文本方面。然而，GPT-3 作为经过广泛验证的模型，在稳定性和可靠性方面也有其优势。

第二节　运行 Llama3

本章介绍知名的开源项目 ollama。

安装：运行以下命令安装 Ollama。

```
curl -fsSL https://ollama.com/install.sh | sh
```

安装成功后，即可本地启动指定模型，比如 Llama3。

使用：运行命令行。

```
ollama run llama3
```

即可与 Llama3 聊天交互。

Ollama 是一个开源项目，专为在本地运行大语言模型（LLM）而设计。该项目简化了在 Docker 容器中部署 LLM 的过程，让用户能够便捷地在本地安装、运行和定制强大的语言模型。Ollama 不仅支持多种大语言模型，如 Llama3、Code Llama、Mistral 等，还允许用户根据特定需求创建自定义模型。

　　通过 Ollama，用户可以在本地轻松部署和运行开源的 LLM 模型，而无需依赖云服务，这一特点使得数据的安全性得到保障。此外，Ollama 提供了丰富的 API 接口和命令行操作，使得用户能够轻松启动、运行和管理大语言模型。

　　在硬件要求方面，Ollama 对运行各种模型的 RAM 需求有明确指导：至少需要 8GB 的 RAM 来运行 7B 模型，16GB 来运行 13B 模型，以及 32GB 来运行 33B 或更大的模型。这为用户在选择合适的硬件配置时提供了参考。

　　值得一提的是，Ollama 还得到了积极的社区支持和维护。其官方网站和 GitHub 页面提供了详细的安装和使用指南，帮助用户更好地利用这一工具。作为一个开源项目，Ollama 的易用性、灵活性和高性能使其在本地运行和管理大语言模型方面具有显著优势。

　　Ollama 的主要特点和贡献如下：

　　① **功能强大**：Ollama 项目专注于深度学习，特别是为在本地运行大语言模型（如 Llama 模型）提供解决方案。它使得用户能够在 Docker 容器中快速部署 LLM，并通过简单的安装指令，在本地运行开源大语言模型。

　　② **易用性**：该项目通过提供一套清晰、简洁的 API 来简化深度学习模型的开发过程，使得构建复杂的神经网络更加直观。同时，它支持动态图，为调试和实验新想法提供了灵活性。

　　③ **性能优化**：Ollama 项目利用最新的优化技术，如自动图优化和高效的内存管理，以确保即使是最复杂的模型也能高效运行。

　　④ **社区支持**：作为一个开源项目，Ollama 拥有一个活跃的社区。用户和开发者可以在社区中交流经验、共享代码和解决问题，这种开放的交流环境有助于项目的快速迭代和改进。

　　⑤ **广泛的应用场景**：由于其高度的灵活性和优异的性能，Ollama 适用于多种深度学习应用场景，包括但不限于图像识别和处理、自然语言处理、预测分析和强化学习等。

　　⑥ **受欢迎程度**：目前 Ollama 项目在 GitHub 上已经获得了将近 12 万颗星，这表明了它在开源领域的知名度和受欢迎程度。

　　⑦ **易安装和配置**：用户可以通过标准的 Python 包管理工具 pip 轻松安装 Ollama。安装后，用户可以立即开始构建自己的模型。项目的文档详尽且易于理解，适合初学者和经验丰富的开发者。

　　总的来说，Ollama 是一个非常有前景的深度学习框架和本地运行 LLM 的解决方案。它的设计哲学、性能表现和社区活跃度都预示着其在 AI 领域的巨大潜力。它让开发者和个人用户能够在本地轻松部署、运行和定制大语言模型，从而推动了语言模型技术的普及和发展。

第三节　Llama 微调

Llama 虽然对中文有一定的支持，但在中文特定领域如中医、法律等方面，由于数据的缺失，其表现可能并不理想。为了在这些细分领域中更好地满足需求，需要对 Llama 进行微调。

微调是一个通过调整模型参数来适应新任务或新领域的过程。在 Llama 的微调中，可以采用多种方法，包括全量参数微调和 LoRA（low-rank adaptation）微调等。这些方法的核心思想都是利用特定领域的数据对模型进行训练，使其能够更好地理解和生成该领域的文本。

全量参数微调是一种比较直接的方法，它会对模型的所有参数进行调整。这种方法需要大量的计算资源和时间，并且需要大量的特定领域数据。通过全量参数微调，模型可以更加深入地学习特定领域的知识和表达方式，从而提高在该领域的性能。

另一种方法是 LoRA 微调，它通过在原始模型的基础上添加低秩分解的矩阵来调整少量参数，从而实现模型的领域适配。这种方法相对于全量参数微调来说，需要的计算资源和数据量较少，同时能够保持原始模型的大部分性能。LoRA 微调的关键在于选择合适的秩和缩放因子，以及进行适当的训练策略调整。

无论采用哪种微调方法，都需要进行以下步骤：首先收集并整理特定领域的中文数据集；接着对数据进行预处理以确保数据的质量和一致性；然后选择合适的 Llama 模型作为微调的基础；最后进行微调训练，并通过验证集评估模型的性能。

总的来说，Llama 的微调是一个复杂且资源密集的过程，但它可以有效地提高模型在中文特定领域的性能，满足更多细分领域的需求。在实际应用中，需要权衡利弊选择合适的微调方法，并持续监控模型的性能以便进行后续的改进和优化。

一、微调的步骤

针对中文特定领域，如中医、法律等，对 Llama 进行微调的方法主要包括以下步骤。

步骤 1：数据准备。

- 收集特定领域（如中医、法律）的中文语料库。这些数据可以是从专业书籍、论文、案例、法律法规等来源获取的文本。

- 对收集到的数据进行预处理，包括清洗、标注和格式化，以便模型能够更好地学习和理解。

步骤 2：选择微调方法。

－**全量参数微调**：这种方法会调整模型的所有参数，通常需要大量的领域特定数据和计算资源。通过这种方法，模型可以更深入地学习特定领域的知识和表达方式。

－**LoRA 微调**：LoRA（low-rank adaptation）是一种高效的微调方法，它通过在原始模型的基础上添加低秩分解的矩阵来调整少量参数，从而实现模型的领域适配。这种方法需要的计算资源和数据量相对较少，同时能够保持原始模型的大部分性能。

步骤 3：实施微调。

－使用适当的深度学习框架（如 PyTorch、TensorFlow 等）和硬件资源（如 GPU 或 TPU）进行微调训练。

－根据选择的微调方法（全量参数微调或 LoRA 微调），设置相应的训练参数和策略。

－通过迭代训练来优化模型在特定领域上的性能，直到满足预设的性能指标或达到最大训练轮数。

步骤 4：评估与验证。

－在独立的验证集上评估微调后的模型性能，确保其在实际应用中具有良好的泛化能力。

－根据评估结果对模型进行必要的调整和优化。

步骤 5：部署与应用。

－将微调后的模型部署到实际应用场景中，如中医问答系统、法律文档分析系统等。

－持续监控模型的性能并收集用户反馈，以便进行后续的改进和优化。

请注意，具体的微调方法和策略可能因领域和数据集的不同而有所差异。因此，在实际操作中需要根据具体情况进行调整和优化。

至于常用的工具或库，可以考虑使用 Unsloth 等集成工具来简化微调过程。同时，也可以参考 Llama 中文大模型等开源项目提供的微调脚本和代码进行学习和实践。这些资源通常可以在项目的 GitHub 仓库中找到。

最后需要强调的是，微调大语言模型是一个复杂且资源密集的过程，需要具备一定的深度学习和自然语言处理知识以及相应的计算资源。在进行微调之前，请确保已经充分了解相关技术和方法，并准备好必要的数据和硬件资源。

基于开源大模型的微调在自然语言处理领域具有至关重要的作用。通过微调，我们可以使通用的大模型更好地适应特定的任务和数据集，从而提高模型在该任务上的性能。微调利用已有的大规模预训练模型，针对特定任务的数据进行进一步的训练和优化，使模型能够更深入地理解任务需求，并学习到任务相关的特征和模式。通过这种方式，微调不仅提升了模型在特定任务上的准确率，还增强了模型的泛化能力，使其能够更好地处理各种实际场景中的数据。简而言之，基于开源大模型的微调是实现模型定制化和性能提升的关键步骤，它让大模型更加灵活、精准地服务于各种自然语言处理任务。

微调的核心在于利用那些已经经过大规模预训练的模型，这些模型本身已经具备了丰富的语言知识和推理能力。然而，每个具体任务都有其独特的需求和特点，这就需要我们通过微调来进一步优化模型。在微调过程中，我们针对特定任务的数据集进行进一步的训练和调整，使模型能够更深入地理解任务的具体要求，并学习到与任务紧密相关的特征和模式。

这一过程带来的好处是多方面的。首先，微调能够显著提高模型在特定任务上的准确率，这意味着模型能够更精确地完成任务，减少错误和偏差。其次，微调还有助于增强模型的泛化能力。经过微调的模型能够更好地处理各种实际场景中的数据，包括那些与训练数据略有差异的情况。

简而言之，基于开源大模型的微调是实现模型定制化和性能提升的关键环节。它使得原本通用的大模型能够变得更加灵活和精准，更好地服务于各种自然语言处理任务。特别是在那些需要高度专业知识和精确度的领域，如法律、金融、医药和化工等，微调技术的重要性更是凸显。在这些领域，通过微调可以构建出行业特定的大模型，这些模型能够深入理解和处理该领域的专业知识和数据，从而为行业提供更高效、更精准的智能化支持。这种定制化的行业大模型不仅提升了工作效率，还为行业的创新和发展注入了新的活力。

二、微调的方法

随着大型人工智能模型的飞速发展，我们见证了技术领域的巨大变革。仅仅在过去的一年里，技术迭代更新的速度令人瞩目，从 LoRA 算法的出现，为模型微调提供了高效手段，到 QLoRA（Quantized LoRA）的引入，进一步实现了模型量化的突破，优化了内存使用。AdaLoRA 的提出，则使得模型的自适应性更强，能够更好地应对不同的任务需求。同时，ZeroQuant 技术在减少模型存储和计算成本方面展现出了显著效果，而 flash attention 机制的引入，极大地提升了模型处理序列数据的效率。

此外，KTO 和 PPO 等优化算法的不断改进，使得模型训练更加迅速且准确。DPO 方法的出现，为数据隐私保护下的模型训练提供了新的思路。蒸馏技术的广泛应用，有效地将大型模型的知识迁移到更小、更高效的模型上。而模型增量学习的研究，让模型能够持续学习新任务，而不需要重新训练整个模型。

在这一系列技术进步的同时，数据处理技术也在不断发展，为模型提供了更高质量的数据集。开源模型的普及和深入理解，使得更多的研究者和开发者能够参与到模型的改进和优化中来。可以说，几乎每天都有新的发展，每一项技术的进步都在推动着人工智能领域向前迈进，为我们描绘出一个更加智能、高效的未来图景。

（一）全量参数微调

针对中文特定领域，如中医、法律等，全量参数微调是一种提高 Llama 大模型性能的方法。以下是关于全量参数微调的详细介绍：

1. 原理及目标

• 全量参数微调是指对预训练模型的所有参数进行调整，以适应新的任务或数据集。

• 通过全量参数微调，模型可以更深入地学习特定领域（如中医、法律）的知识和表达方式，从而提高在该领域的性能。

2. 微调步骤

步骤 1：数据准备。

− 收集并整理特定领域的中文数据集，如中医病例、法律条文等。

− 对数据进行预处理，包括清洗、标注等，以确保数据的质量和一致性。

步骤 2：模型选择。

− 选择合适的 Llama 模型作为微调的基础，如 Llama-7B、Llama-13B 等不同参数的版本。

步骤 3：微调过程。

− 使用全部的训练数据对 Llama 模型进行微调。

− 在微调过程中，模型的所有参数都会被更新，以适应新的任务或领域。

− 通过优化算法（如梯度下降）不断调整模型参数，以最小化预测误差。

步骤 4：验证与评估。

− 使用独立的验证集对微调后的模型进行评估。

− 根据评估结果对模型进行必要的调整和优化。

步骤 5：部署与应用。

− 将微调后的模型部署到实际应用场景中，如中医诊断系统或法律咨询系统。

− 持续监控模型的性能并收集用户反馈，以便进行后续的改进。

3. 注意事项

• 全量参数微调需要大量的计算资源和时间，因此需要确保有足够的硬件支持。

• 为了防止过拟合，可以使用正则化技术（如 L1、L2 正则化）或早停法（early stopping）。

· 在微调过程中要密切关注模型的性能变化，及时调整学习率和训练策略。

通过全量参数微调，Llama 模型可以更加深入地学习中文特定领域的知识和规律，从而提高在该领域的准确性和效率。然而，这种方法也需要大量的数据和计算资源，并且可能需要较长的训练时间。因此，在实际应用中需要权衡利弊，选择合适的微调方法。

（二）LoRA 微调技术

针对中文特定领域，如中医、法律等，对 Llama 进行微调是提高模型在该领域性能的关键。其中，LoRA（low-rank adaptation）微调技术是一种有效的方法。

以下是对 LoRA 微调的详细介绍：大模型微调过程中的 LoRA 算法，其原理主要是利用低秩适配（low-rank adaptation）的思想，通过在预训练好的大模型旁边增加一个旁路，即引入两个额外的低秩矩阵 A 和 B。这两个矩阵的维度远小于原始模型的参数矩阵，从而实现了以较小的参数量来模拟模型参数的更新过程。在训练时，原始大模型的参数保持不变，而仅仅更新这两个低秩矩阵。这种方法的动机在于减少大模型微调时的计算负担和存储需求，同时保持或提升模型的性能。

LoRA 算法基于低秩（low-rank）假设：大模型微调过程中 LoRA 算法中的 low-rank 假设，即模型参数的变化可以被一个低秩的矩阵近似。这个假设是 LoRA 算法的核心思想，它基于以下观察和推论：

① **参数冗余性**：深度学习模型的参数矩阵中，很多信息可能是冗余的。这意味着模型的参数矩阵可能包含大量的冗余信息，而这些冗余信息对于模型的性能提升并不是必要的。因此，我们可以假设模型参数的变化主要集中在一个低秩的子空间中。

② **低秩逼近**：基于上述观察，LoRA 算法认为模型参数的变化可以通过一个低秩矩阵来逼近。这个低秩矩阵由两个较小的矩阵相乘得到，这两个矩阵的秩远低于原始参数矩阵的秩。通过这种方式，我们可以用更少的参数来表示模型参数的变化，从而提高参数的效率。

③ **训练效率与性能平衡**：通过 low-rank 假设，LoRA 算法能够在只训练少量参数的情况下，达到与全参数微调相似甚至更好的性能。这既提高了训练效率，又降低了对硬件资源的需求。同时，由于只更新了两个低秩矩阵，模型的泛化能力也可能得到提升。

综上所述，LoRA 算法中的 low-rank 假设认为模型参数的变化可以被一个低秩矩阵逼近。这个假设基于参数冗余性和低秩逼近的观察，旨在提高训练效率、降低资源消耗并保持或提升模型的性能。这种假设在实际应用中得到了验证，使得 LoRA 算法成为了一种高效且有效的模型微调方法。

1. LoRA 原理及优势

• LoRA 是一种基于低秩适应的微调方法。它通过在预训练模型的权重矩阵上应用分解低秩矩阵，来更新模型参数。LoRA，即 low-rank adaptation，是一种针对人工智能模型调优的高效方法。其核心原理在于利用低秩矩阵分解来模拟模型参数的更新，从而实现了内存和计算资源的优化。具体来说，LoRA 认为模型在适应新任务时，其参数变化实际上可以由一个低秩矩阵来近似表示。因此，它在原始模型的线性变换部分旁边增加一个由两个小矩阵 A 和 B 构成的旁路，这两个矩阵的维度远小于原始模型参数，通过训练这两个小矩阵来模拟参数的改变量。在训练过程中，原始模型的参数保持不变，只更新这两个低秩矩阵，从而大大提高了训练效率和减少了资源消耗。此外，LoRA 算法还具有良好的扩展性，可以与多种优化器结合使用，进一步提升模型性能。总的来说，LoRA 算法通过低秩矩阵分解和更新少量关键参数的方式，实现了人工智能模型的高效调优，为大型模型的微调提供了一种切实可行的解决方案。

• 这种方法可以大幅降低模型的参数量，从而减少了计算复杂度和内存需求。

• LoRA 能够在有限的计算资源下进行高效的微调，同时保持模型的性能。

2. 工作方式

• LoRA 算法在人工智能模型调优中的具体工作方式可以整体描述为：该算法通过低秩矩阵分解技术来高效更新模型参数。在保持原始模型参数固定的前提下，LoRA 引入了两个小矩阵 A 和 B，它们的维度远低于原始模型参数矩阵。这两个矩阵通过训练来模拟模型参数的改变量，实质上是通过低秩分解来逼近模型在适应新任务时参数的变化。训练过程中，只有这两个小矩阵被更新，从而显著降低了训练的计算复杂度和资源需求。完成训练后，可以将这两个矩阵与原始模型参数结合，使得模型能够适应新的任务或数据分布，而无需对整个模型进行大规模的参数调整。这种方式不仅提高了模型调优的效率，还节省了计算资源，使得大型模型的微调变得更加灵活和高效。

具体来说：

• 在预训练的权重矩阵上添加低秩分解的矩阵，以适应新的任务或领域。

• 在训练过程中，原始的权重矩阵被冻结，不接收梯度更新，而低秩矩阵包含可训练参数，用于学习特定领域的知识。

• 通过前向传播公式，将原始权重矩阵和低秩矩阵的输出向量在坐标上求和，得到最终的输出。

3. 应用步骤

• **准备数据：**收集并预处理特定领域的中文数据集。

- **选择模型：** 确定要微调的 Llama 模型版本（如 Llama-7B、Llama-13B 等）。
- **应用 LoRA：** 在模型的基础上应用 LoRA 微调技术。
- **训练与验证：** 使用特定领域的数据集进行训练，并在验证集上评估模型的性能。
- **部署与应用：** 将微调后的模型部署到实际应用中，如中医诊断系统或法律咨询助手等。

4. 注意事项

- 在使用 LoRA 进行微调时，需要选择合适的秩 r 和 α 值（缩放因子），这可能需要一些实验和调整。
- 微调过程中要监控模型的性能变化，防止过拟合或欠拟合现象的发生。
- 为了确保微调后的模型具有良好的泛化能力，建议使用独立的验证集进行评估。
- 通过 LoRA 微调技术，我们可以有效地提高 Llama 模型在中文特定领域的性能，满足更多细分领域的需求。

（三）AdaLoRA 算法剖析

AdaLoRA 算法是对 LoRA 算法的改进，旨在更高效地进行大模型的微调。LoRA 算法本身是一种参数高效的微调方法，它允许仅调整模型中的一小部分参数，就能达到与全参数微调相近的效果。然而，LoRA 算法的一个主要限制是它预设了每个增量矩阵的本征秩（rank）必须相同，这忽略了不同层、不同类型参数对下游任务的重要程度。AdaLoRA 算法正是为了解决这一问题而提出的。

1. AdaLoRA 算法的核心思想

- AdaLoRA 算法的核心思想是根据每个参数的重要程度自动分配可微调参数的预算。它改进了 LoRA 中可微调参数的分配方式，不再是平均分配，而是根据参数的重要性进行动态分配。

2. AdaLoRA 算法的关键技术

- **SVD 形式参数更新：** AdaLoRA 直接将增量矩阵 Δ 参数化为 SVD（奇异值分解）的形式，这样做的好处是避免了在训练过程中进行 SVD 计算带来的资源消耗。通过 SVD 分解，增量矩阵可以被表示为两个较小矩阵的乘积，从而大大降低了存储和计算的复杂度。
- **基于重要程度的参数分配：** AdaLoRA 引入了一个重要性评分机制，根据该评分动态地分配参数预算到不同的权重矩阵中。重要的权重矩阵会获得更多的可微调参数，而不重要的矩阵则获得较少的参数。这种分配方式有助于提高模型的微调效果。

3. AdaLoRA 算法的优势

• **参数高效**：与 LoRA 相比，AdaLoRA 能够更精确地分配可微调参数，从而提高参数的使用效率。

• **自适应性**：AdaLoRA 能够根据不同的下游任务和模型层的重要性自动调整参数的分配，这使得它在面对不同任务时具有更好的灵活性和适应性。

• **性能提升**：通过合理分配可微调参数，AdaLoRA 有望在相同的参数预算下实现比 LoRA 更好的性能。

4. AdaLoRA 算法的应用场景

• AdaLoRA 算法适用于各种需要微调大模型的场景，特别是当资源有限或需要快速适应新任务时。例如，在自然语言处理、计算机视觉和语音识别等领域，AdaLoRA 都可以作为一种高效的微调方法。

综上所述，AdaLoRA 算法通过改进 LoRA 的参数分配方式，实现了更高效、更灵活的模型微调。这种算法在处理大规模模型微调任务时具有显著的优势，有望在未来的机器学习和人工智能领域中发挥重要作用。

三、微调所需的基础知识

微调，作为一个关键的技术手段，是通过精心调整模型参数来使模型更好地适应新任务或新领域的过程。不论是全量参数微调还是 LoRA 微调，它们的核心思想都是利用特定领域的数据对模型进行训练，使其能够更好地理解和生成该领域的文本。通过这些微调方法，我们可以将通用的大语言模型转变为针对特定领域的专用模型，从而满足各种复杂和专业的自然语言处理需求。这不仅提升了模型的实用性，也极大地扩展了其应用场景。

具体上手大模型的微调，还需要大量的基础知识，尤其是矩阵和向量的基本概念，本节着重讲述一些微调的基础知识。以下是对这些基础知识的清晰归纳：

1. 矩阵的基本概念

① **定义**：矩阵是由 $m \times n$ 个数排成的 m 行 n 列的数表。这些数称为矩阵的元素，数 a_{ij} 位于矩阵的第 i 行第 j 列，称为矩阵的 (i,j) 元。

② **类型**：

• 实矩阵：元素是实数的矩阵。

• 复矩阵：元素是复数的矩阵。

• n 阶矩阵或 n 阶方阵：行数与列数都等于 n 的矩阵。

2. 向量的基本概念

① **定义**：向量是只有一列的矩阵，也称为 n 维向量。在编程中，向量中的元素可以引用为 y_i，其中 i 表示元素的下标。

② **表示**：通常用小写字母表示向量。

3. 矩阵的基本运算

① **加法（减法）**：只有同型矩阵（即行数和列数都相同的矩阵）才可以进行加减运算。矩阵的加减法满足交换律和结合律。

② **标量乘法（数乘）**：矩阵的每个元素都乘以同一个标量。

③ **乘法**：两个矩阵的乘法仅当第一个矩阵的列数和第二个矩阵的行数相同时可以进行。矩阵的乘法满足结合律和分配律，但不满足交换律。

④ **转置**：矩阵的行和列互换得到的新矩阵称为原矩阵的转置。

⑤ **逆**：对于 n 阶方阵 A，如果存在另一个 n 阶方阵 B，使得 $AB=BA=I$（I 为单位矩阵），则称方阵 A 可逆，并称方阵 B 是 A 的逆矩阵。

在进行大模型的微调时，这些矩阵和向量的基本概念和运算规则是基础中的基础，因为它们涉及模型的参数更新、数据变换等核心操作。理解这些概念有助于更深入地掌握微调的技术和原理。

请注意，以上内容主要参考了线性代数的基本知识，并未直接引用或提及任何官方网址。在实际应用中，这些基础知识会与其他机器学习、深度学习的理论和技术相结合，以实现大模型的有效微调。

在大模型微调中，特征值和特征向量的概念主要涉及线性代数和机器学习的基础知识。以下是关于特征值和特征向量的详细解释：

1. 特征值（eigenvalue）

• **定义**：对于一个线性变换（如矩阵 A），如果存在一个非零向量 v 和一个标量 λ，使得线性变换后的向量 Av 与原始向量 v 共线（即 $Av=\lambda v$），则称 λ 为该线性变换（或矩阵 A）的特征值。

• **意义**：特征值反映了线性变换对某些特定方向（由特征向量表示）的拉伸或压缩程度。在大模型微调中，特征值可以帮助我们理解模型参数调整对模型性能的影响程度。

2. 特征向量（eigenvector）

• **定义**：对应某个特征值的非零向量 v，满足 $Av=\lambda v$ 的关系，其中 A 是线性变换的矩阵，λ 是对应的特征值，则非零向量 v 称为 A 的对应于特征值 λ 的特征向量。

• **意义**：特征向量表示了线性变换中保持不变的方向。在大模型微调中，特征向量可以帮助我们识别模型参数空间中那些对模型性能有显著影响的方向，从而指导我们进行更有效的参数调整。

总的来说，在大模型微调过程中，理解特征值和特征向量的概念有助于我们更深入地了解模型的行为和性能，并指导我们进行更有效的模型优化和调整。然而，需要注意的是，在实际应用中，直接计算和操作特征值和特征向量可能比较复杂和耗时，因此通常会使用一些高效的数学工具和算法来处理这些问题。

以 LoRA 算法为例，矩阵的应用是核心组成部分。

以下是矩阵在 LoRA 算法中的详细应用介绍：

① **低秩矩阵的引入**：LoRA 算法的关键是在模型的现有参数上引入额外的低秩矩阵，以实现对模型的微调。这些低秩矩阵的秩远低于原始权重矩阵的秩，从而在不显著增加参数量的情况下提供微调的能力。

② **权重矩阵的分解与重构**：在 LoRA 中，原始模型的权重矩阵 W 被特定结构的低秩矩阵所修改。具体来说，通过引入两个低秩矩阵 B 和 A（通常 B 的维度远小于原始权重矩阵 W），原始权重矩阵被修改为 $W' = W + BA$。这种分解允许模型在保留原始功能的同时，进行细微的调整以适应新的任务或数据。

③ **参数量的减少**：通过使用低秩矩阵进行微调，LoRA 算法能够大幅减少需要更新的参数数量。例如，假设我们有一个 100×100 的权重矩阵 W，在应用 LoRA 时，我们可能只需要引入两个 10×100 和 100×10 的小型矩阵 B 和 A，总共只需要更新 2000 个参数，而不是原始的 10000 个参数。

④ **计算效率的提升**：由于只更新了一小部分参数，LoRA 算法提高了计算效率，使得微调过程更加快速和高效。这对于需要频繁进行模型调整或适应新数据的场景非常有利。

⑤ **模型适应性的增强**：通过在原始权重上添加适应性变换，LoRA 使得模型能够更好地适应新的数据和任务。这种适应性变换可以看作是模型在原有知识基础上的一种"学习"或"调整"，使模型更加灵活和通用。

综上所述，矩阵在 LoRA 算法中扮演着至关重要的角色，它们不仅实现了参数量的显著减少，还提升了模型的微调效率和适应性。这使得 LoRA 成为一种非常有效的模型微调方法，特别适用于大型预训练模型的调整和优化。

第四节 实战：大语言模型（LLM）微调框架

Llama 的微调工具和平台很多，本书介绍很有名气的，由中国人开发的 LlamaFactory。与 ChatGLM 的 P-Tuning 相比，LlamaFactory 的 LoRA 调优可提供高达 3.7 倍的训练速度，并在广告文本生成任务上获得更好的 Rouge 分数。通过利用 4 位量化技术，LlamaFactory 的 QLoRA 进一步提高了 GPU 内存的效率。

LlamaFactory 是一个易于使用的大语言模型 (LLM) 微调框架，它集成了多种微调技术和优化方法，旨在简化大语言模型的微调过程。以下是关于 LlamaFactory 的详细介绍：

① **支持多种模型**：LlamaFactory 支持对多种大语言模型进行微调，包括但不限于 Llama、BLOOM、Mistral、Baichuan、Qwen 和 ChatGLM 等。这为用户提供了广泛的选择空间，可以根据具体需求选择合适的模型进行微调。

② **集成多种微调技术**：LlamaFactory 集成了多种微调技术，如增量预训练、指令监督微调、奖励模型训练、PPO 训练、DPO 训练和 ORPO 训练等。这些技术可以帮助用户根据具体任务对模型进行定制化的训练和调整。

③ **提供多种精度选择**：为了满足不同用户和资源环境的需求，LlamaFactory 提供了多种精度选择，包括 32 比特全参数微调、16 比特冻结微调、16 比特 LoRA 微调和基于 AQLM/AWQ/GPTQ/LLM.int8 的 2/4/8 比特 QLoRA 微调。这些选项使得用户可以在精度和效率之间找到最佳的平衡点。

④ **采用先进算法和实用技巧**：LlamaFactory 采用了多种先进算法，如 GaLore、DoRA、LongLoRA、LLaMA Pro、LoRA+、LoftQ 和 Agent 微调等，以提升微调效果和模型性能。此外，还提供了诸如 FlashAttention-2、Unsloth、RoPE scaling、NEFTune 和 rsLoRA 等实用技巧，帮助用户更好地优化和调整模型。

⑤ **实验监控与可视化**：为了方便用户监控实验过程和评估模型性能，LlamaFactory 支持多种实验监控工具，如 LlamaBoard、TensorBoard、Wandb 和 MLflow 等。这些工具可以帮助用户实时跟踪训练进度、损失函数变化以及模型在验证集上的表现等指标。

⑥ **易于使用和部署**：LlamaFactory 通过 Web UI 提供了友好的用户界面，使得用户无需编写代码即可进行模型的微调和训练。此外，用户还可以利用 LlamaFactory 提供的 API、CLI 或 Web 演示功能轻松部署微调过的模型进行推理。

总的来说，LlamaFactory 是一个功能强大且易于使用的大语言模型微调框架，适用于各种应用场景和需求。下面介绍具体的使用方法。

安装：LlamaFactory 安装非常方便，git 源代码目录如下。

```
git clone --depth 1 https://github.com/hiyouga/LLaMA-Factory.git
cd LLaMA-Factory
pip install -e ".[torch,metrics]"
```

快速开始：下面三行命令分别对 Llama3-8B-Instruct 模型进行 LoRA 微调、推理和合并。

```
llamafactory-cli train examples/train_lora/llama3_lora_sft.yaml
llamafactory-cli chat examples/inference/llama3_lora_sft.yaml
llamafactory-cli export examples/merge_lora/llama3_lora_sft.yaml
```

高级的命令，如下所示。

```
LoRA 微调
（增量）预训练
llamafactory-cli train examples/train_lora/llama3_lora_pretrain.
yaml
指令监督微调
llamafactory-cli train examples/train_lora/llama3_lora_sft.yaml
多模态指令监督微调
llamafactory-cli train examples/train_lora/llava1_5_lora_sft.yaml
奖励模型训练
llamafactory-cli train examples/train_lora/llama3_lora_reward.yaml
PPO 训练
llamafactory-cli train examples/train_lora/llama3_lora_ppo.yaml
DPO/ORPO/SimPO 训练
llamafactory-cli train examples/train_lora/llama3_lora_dpo.yaml
KTO 训练
llamafactory-cli train examples/train_lora/llama3_lora_kto.yaml
```

预处理数据集对于大数据集有帮助，在配置中使用 tokenized_path 以加载预处理后的数据集。

```
llamafactory-cli train examples/train_lora/llama3_preprocess.yaml
在 MMLU/CMMLU/C-Eval 上评估
llamafactory-cli eval examples/train_lora/llama3_lora_eval.yaml
批量预测并计算 BLEU 和 ROUGE 分数
llamafactory-cli train examples/train_lora/llama3_lora_predict.yaml
```

LlamaFactory 是由北航博士生开发的 Llama 模型的微调试平台，该项目在开源世界中引起了广泛关注，吸引了大量的开源用户。作为中国人在开源领域的一个杰出项目，LlamaFactory 不仅展现了开发者的技术实力，也彰显了中国在开源世界的崛起。

LlamaFactory 为全世界的 Llama 爱好者提供了一款优秀的工具，使得用户可以更加方便地对 Llama 模型进行微调试，以满足不同的应用场景和需求。这一平台的出现，无疑为开源社区注入了新的活力，推动了 Llama 模型的应用和发展。

第四章

中文 Llama 模型

第一节　中文数据准备

第二节　基于中文数据的模型训练

第三节　模型评测

第四节　人类反馈的集成

第五节　实战：中文应用开发

　　尽管 Llama 等大语言模型在全球范围内取得了显著的进步和广泛的应用，但在中文领域，由于中文语料的独特性和复杂性，这些模型的表现还有待提升。针对中国市场进行 Llama 的中文能力提升，无疑是一个具有巨大潜力和价值的研究方向。

　　首先，中文与英文等语言在语法、词汇、语义等方面存在显著差异，这要求模型在训练过程中需要充分考虑这些特点。通过收集更多的中文语料，特别是那些反映中国文化、历史和社会背景的语料，可以极大地丰富模型的中文知识储备，从而提高其在中文任务上的表现。

　　其次，针对中文的特性，可以研发更适合中文处理的模型结构和算法。例如，可以考虑在模型中引入中文字符的嵌入表示，或者设计专门针对中文分词、词性标注等任务的模块。这些定制化的改进有助于模型更好地理解和生成中文文本。

　　此外，还可以利用迁移学习等技术，将 Llama 等英文模型的知识迁移到中文模型上。通过这种方式，可以在保持英文模型性能的同时，提升中文模型的表现。这种跨语言的知识迁移对于构建通用的多语言模型具有重要意义。

　　最后，针对中国市场的实际需求，可以开发更多具有实际应用价值的中文 NLP 任务和解决方案。例如，可以设计针对中文社交媒体的情感分析系统、针对中文新闻的智能摘要工具等。这些应用不仅能够满足中国市场的需求，还能推动中文 NLP 技术的进一步发展。

　　综上所述，针对中国市场进行 Llama 的中文能力提升是一个充满挑战和机遇的研究方向。通过收集更多中文语料、研发适合中文处理的模型结构和算法、利用迁移学习技术以及开发实际应用价值的中文 NLP 任务和解决方案等措施，我们可以期待在不久的将来看到更加出色的中文大语言模型问世。

　　中文 Llama 模型的技术提升可以从以下几个方面进行：

1. 增加中文语料库

　　• Llama 模型的表现很大程度上依赖于训练时所使用的语料库。由于中文的语法、词汇和表达方式与英文存在显著差异，因此需要大量丰富的中文语料库来训练模型，使其更好地理解和生成中文文本。

　　• 可以通过爬取网络上的中文文章、使用开源的中文语料库等方式来增加语料库的数量和多样性。

2. 优化模型架构和参数

　　• 针对中文的特点，可以对 Llama 模型的架构进行优化，如调整模型的层数、隐藏单元数等参数，以提高模型处理中文文本的能力。

　　• 还可以考虑引入更适合处理中文的模块或机制，如中文分词、词性标注等。

3. 跨语言迁移学习

• 利用迁移学习技术，将英文模型中学到的知识迁移到中文模型上。这可以通过使用双语语料库或者对齐的英汉数据来实现，帮助模型更好地理解中文语境和表达方式。

4. 中文常识库和知识图谱的集成

• 将中文常识库和知识图谱集成到模型中，可以提供更丰富的背景知识和推理能力。这对于理解中文文本中的隐喻、典故等文化元素至关重要。

5. 针对中文 NLP 任务的优化

• 针对中文特有的 NLP 任务（如中文分词、词性标注、命名实体识别等），可以对模型进行专门优化，提高其在这些任务上的性能。

6. 增强模型的泛化能力

• 通过使用正则化技术、dropout 等方法来增强模型的泛化能力，防止过拟合现象。这有助于模型在处理未见过的中文文本时保持稳定的性能。

7. 持续学习和更新

• 随着时间的推移，中文语言和文化也在不断发展和变化。因此，需要建立一个持续学习和更新的机制，使模型能够适应这些变化并保持其先进性。

综上所述，通过增加中文语料库、优化模型架构和参数、利用跨语言迁移学习、集成中文常识库和知识图谱、针对中文 NLP 任务进行优化以及增强模型的泛化能力等措施，可以有效地提升中文 Llama 模型的技术水平。这些改进不仅有助于提高模型在中文处理领域的性能，还能推动中文自然语言处理技术的整体发展。

下面介绍两个中文 Llama 模型，Chinese-LLaMA-Alpaca 项目和 Chinese-LLaMA2 项目。

Chinese-LLaMA-Alpaca 是一个专为中文语境设计的大型预训练语言模型开源项目（目前已经商业化）。以下是对该项目的详细介绍：

1. 项目基础与目的

• Chinese-LLaMA-Alpaca 基于 Llama 模型，是一个多模态的预训练框架，能够理解文本和图像信息。

• 该项目的目的是提供一个强大、灵活且适应性强的工具，用于生成高质量的中文文本，如文章、故事和对话等。

2. 技术特点

• 采用 Transformer 架构，这是一种基于自注意力机制的深度学习网络，特别适合于处理序列数据，能够在保持语言流畅性和上下文连贯性的前提下，自动生成长度不一的文本段落。

• 针对中文进行了特定的调整和训练，使其更擅长处理中文文本的任务。

• 提供了易于使用的 API 接口，支持 PyTorch 框架，便于非专业开发者集成和应用。

3. 应用场景

• **文本生成：**创作小说、诗歌，撰写新闻稿、报告等。

• **智能问答：**理解和回答各种问题，构建智能客服系统。

• **代码辅助：**为编程任务提供代码片段建议。

• **自然语言处理研究：**作为基础模型供学术界探索新的 NLP 算法和应用场景。

4. 优势与特点

• **中文优化：**专门针对中文语言的特点进行训练，生成的文本更符合中文语法和表达习惯。

• **开放源码：**允许自由使用和贡献，促进社区间的协作和创新。

• **高效 API：**简洁的 API 接口简化了与模型的交互流程。

• **多样化应用范围：**不仅适用于文本生成，还可应用于多模态任务。

5. 项目发展

• Chinese-LLaMA-Alpaca 项目由开发者 ymcui 维护，并在开源社区中受到了广泛关注。项目持续进行更新和优化，以适应不断变化的需求和挑战。

• 2024 年 3 月，项目进一步扩展为 Chinese-LLaMA-Alpaca-2，基于 DeepSpeed 框架进行开发，提升了模型的性能和效率。

总之，Chinese-LLaMA-Alpaca 是一个强大且具有潜力的预训练语言模型，适用于开发人员、研究人员和内容创作者等各类用户。通过该项目，用户可以轻松生成高质量的中文文本，并应用于多种场景和任务中。

下面介绍由华东师范大学计算机科学与技术学院智能知识管理与服务团队完成的模型——Chinese-LLaMA2。

Chinese-LLaMA2 是一个基于 Llama2 模型优化并训练得到的中文大模型，以下是对其的详细介绍：

1. 模型特点

• **中文优化：**在 Llama2 的基础上，Chinese-LLaMA2 扩充并优化了中文词表，使用了大规模的中文数据进行增量预训练，从而进一步提升了模型对中文基础语义和指令的理解能力。

• **高效的注意力机制**：模型使用了基于 FlashAttention-2 的高效注意力机制，相较于传统注意力机制，具有更快的速度和更优的显存占用，这在处理长文本时尤为重要。

• **开源与可商用**：Chinese-LLaMA2 是一个完全开源且可商用的模型，这意味着任何人都可以查看、使用、修改和分享模型的源代码，并且可以在商业项目中使用该模型。

2. 模型表现

• 经过优化后的 Chinese-LLaMA2 在中文领域上表现优秀，更加符合中文使用者的偏好。它不仅涵盖了新闻、社交、文化等多个领域，还具有较高的可靠性和质量，这都得益于其严格的数据收集和处理流程。

3. 资源与支持

• 对于想要了解更多或使用 Chinese-LLaMA2 的开发者，可以通过访问其 GitHub 仓库获取模型的源代码、训练数据、预训练模型等资源。此外，开发者还可以在该仓库中找到关于如何训练、微调和使用模型的详细指南。

4. 影响与应用

• Chinese-LLaMA2 的出现为中文自然语言处理领域带来了新的可能性。它可以应用于多种语言处理任务，如文本分类、情感分析、命名实体识别等。同时，由于其开源和可商用的特性，它有望成为中文 NLP 领域的一个重要工具，推动相关应用的发展和创新。

总的来说，Chinese-LLaMA2 是一个针对中文进行优化的、完全开源且可商用的大模型，它在中文自然语言处理领域具有广泛的应用前景和重要的价值。

第一节　中文数据准备

尽管 Meta 开源的 Llama2 模型在设计上支持多种语言，包括中文，但在实际应用中，它可能并不是专门为中文优化的。因此，在进行中文文本生成或其他中文语言任务时，可能会遇到一些问题，比如中英文混合输出，或者倾向于生成英文内容。这些问题主要是由于模型在预训练阶段接触的语料数据中，中文文本的比重可能不够大，或者模型对中文的理解不如英文深刻造成的。

自然语言处理（NLP）是一个历史悠久的学科，专注于研究人类语言与机器之间的交互。在 NLP 的发展过程中，特别是在处理中文数据时，研究者们积累了丰富的方法和数据集。中文自然语言处理（CNLP）的研究历史可以追溯到 20 世纪，随着计算机科学和人工智能的兴起而发展。早期，研究者们主要探索基于规则的方法和简单的统计技术来解析和处理中文文本。这些方法虽然初步实现了机器对中文的基本理解，但受限于规则的复杂性和覆盖面。

进入 21 世纪，随着计算机性能的提升和大数据的涌现，中文 NLP 开始采纳更先进的统计学习方法，如隐马尔可夫模型、最大熵模型等，并利用大规模语料库进行训练，显著提高了处理效率和准确性。此后，深度学习技术的崛起为中文 NLP 带来了新的突破，尤其是循环神经网络、卷积神经网络和 Transformer 等模型的应用，使得机器能够更深入地理解中文的复杂语境和语义。

1. 隐马尔可夫模型（HMM）

隐马尔可夫模型（HMM）在中文自然语言处理中的原理和过程涉及对序列数据的建模和预测。HMM 是一种统计模型，它用来描述一个含有隐含未知参数的马尔可夫过程，即从可观察的参数中确定该过程的性质。在中文 NLP 中，HMM 常被用于词性标注、命名实体识别等任务。

其基本原理是基于一个隐藏的马尔可夫链随机生成不可观测的状态随机序列，再由各个状态生成一个观测而产生观测随机序列。模型通过初始概率分布、状态转移概率分布和观测概率分布来定义。在中文处理中，这些状态可能代表不同的词性标签，而观测序列则是中文词语或字符。

应用 HMM 进行中文自然语言处理时，首先需确定状态集合和观测集合，然后利用大量语料数据来估计模型的参数，包括初始概率、状态转移概率和观测概率。一旦模型参数被估计出来，就可以使用 Viterbi 算法来寻找最可能的状态序列，从而对给定的中文文本进行词性标注或命名实体识别等任务。

总的来说，HMM 在中文自然语言处理中的过程是通过统计学习来揭示隐藏在文本观测序列背后的状态序列，进而实现对中文文本的深入理解和分析。这种方法在处理含有大量序列数据的中文 NLP 任务时特别有效。

2. 最大熵模型

最大熵模型在中文自然语言处理中的原理和过程是基于最大熵原理的。这个原理认为，在只掌握关于未知分布的部分信息的情况下，应选择符合已知知识的概率分布中熵最大的那一个，因为这代表了最均匀的分布，从而减少了预测的风险。在中文 NLP 中，最大熵模型被广泛应用于文本分类、命名实体识别等任务。

其应用过程首先是定义问题和收集相关的中文训练数据。这些数据需要经过人工标注，以包含问题定义所需的信息。接着，定义特征函数来描述问题的特征，这些特征函数通常基于领域知识和经验来确定。然后，根据最大熵原理，建立模型的结构和参数空间，模型的输出是特征函数的线性组合，参数控制着每个特征函数的权重。

在训练阶段，最大熵模型使用训练数据来学习参数，通过最大化模型对训练数据的似然函数来得到最优的模型参数。训练过程可以采用如梯度下降、牛顿法等优化算法进行求解。一旦模型训练完成，就可以将待处理的中文文本数据转化为特征表示，并利用训练好的最大熵模型进行预测和分类。

最大熵模型的优势在于它能够整合各种信息到一个统一的模型中，同时保证模型的平滑性，使得在已知部分信息的情况下，能够做出最不确定或者说最随机的推断，从而降低了预测的风险。这种方法在处理中文自然语言处理任务时，特别是当面临歧义消解、文本分类、命名实体识别等问题时，表现出了很好的性能。

在数据集方面，研究者们也不断努力构建和丰富中文语料资源，从最初的简单句子到长文本、对话甚至多模态数据，这些数据集的多样性和规模都在不断增长。这些语料库为中文 NLP 的研究提供了坚实的基础。

总的来说，中文自然语言处理的研究历史是一个从简单规则到复杂统计模型，再到深度学习模型的演进过程，伴随着数据集的不断扩大和丰富。如今，中文 NLP 已经在文本分类、情感分析、问答系统等多个领域取得了显著成果，并继续向着更深入、更智能的方向发展。

一、中文数据处理的技术

中文自然语言处理是一个涵盖语言学、计算机科学和人工智能技术的综合性学科。在中文数据处理方面，其原理、方法和技术主要围绕文本的预处理、分词、词性标注、句法分析、语义理解以及信息抽取等关键环节展开。

首先，文本预处理是中文自然语言处理的第一步，包括去除标点符号、停用词等噪声数据，以及进行词干提取、词形还原等操作，目的是减少数据噪声，提取有用的信息，为后续处理提供清晰的数据基础。

其次，分词技术是中文自然语言处理的核心之一。由于中文词汇之间没有明显的分隔符，因此需要通过特定的算法将连续的文本切分为有意义的词汇单元。常见的分词算法包括基于字符串匹配的方法、基于统计的方法和深度学习等。这些分词技术在处理过程中还需解决歧义识别和新词识别等问题。

接下来是词性标注，即为每个词汇分配相应的词性标签（如名词、动词、形容词等），这有助于后续对文本进行更深入的分析和理解。

句法分析则旨在解析句子中词语之间的结构和关系，通常分为基于规则的方法和基于统计的方法两种。通过句法分析，可以更深入地理解句子的含义和上下文关系。

语义理解是中文自然语言处理的高级阶段，涉及词义消歧、实体识别、语义角色标注等任务。这一阶段的目标是使计算机能够真正理解文本的含义和意图。

最后，信息抽取是从非结构化文本中提取结构化信息的过程，这在智能问答、信息检索等领域具有广泛应用。

综上所述，中文自然语言处理是一个多层次、多维度的复杂过程，它结合了语言学知识、计算机科学技术和人工智能技术，旨在实现人机之间的有效沟通和理解。随着技术的不断发展，中文自然语言处理将在更多领域展现其应用价值。

一些重要的中文数据处理方法如下。

① **分词**：中文分词是将连续的中文文本切分为独立的词汇单元。由于中文句子中词与词之间没有明确的分隔符，因此分词是中文 NLP 的基础步骤。常见的分词算法包括基于规则的分词、基于统计的分词以及混合方法。

② **词性标注**：词性标注是为句子中的每个词分配一个词性标签（如名词、动词、形容词等）。这对于理解句子的语法结构和语义信息至关重要。

③ **命名实体识别（NER）**：NER 用于识别文本中的人名、地名、机构名等特定类型的实体。在中文 NLP 中，由于中文字符的复杂性，NER 任务相对更具挑战性。

④ **句法分析**：句法分析旨在确定句子中词语之间的语法关系，如主谓关系、动宾关系等。这对于理解句子的深层结构和意义非常重要。

⑤ **语义角色标注（SRL）**：SRL 旨在识别句子中谓词与其论元之间的关系，从而揭示句子的语义信息。

⑥ **情感分析**：针对中文文本的情感分析旨在判断文本所表达的情感倾向（如积极、消极或中立）。这通常需要构建针对中文的情感词典和规则。

⑦ **机器翻译**：中文到其他语言（或反之）的机器翻译是 NLP 的一个重要应用。这需要使用大量的双语语料库来训练翻译模型。

接下来详细介绍中文数据处理的一些关键点。

（一）中文分词

中文分词是将连续的中文文本切分为独立的词汇单元的过程，它是中文自然语言处理中的一个重要环节。以下是一些好的中文分词模型和算法：

1. 基于规则的中文分词

• 这种方法是按照一定的规则将文本进行切分，如正向最大匹配法、逆向最大匹配法等。这些方法的优点是简单、快速，但对于复杂和不规则的文本处理效果可能不佳。

2. 基于统计的中文分词

• **隐马尔可夫模型（HMM）**：HMM 是一种统计模型，它利用已知的词语、词性等信息来预测下一个最可能出现的词。在中文分词中，HMM 可以通过训练大量的语料库来学习分词规则。

• **条件随机场（CRF）**：CRF 是一种基于序列标注的统计学习模型，它结合了HMM 和最大熵模型的优点。在中文分词中，CRF 可以利用丰富的上下文信息来提高分词的准确性。

• **基于 N-gram 的语言模型**：这种方法通过统计 n 元词组在语料库中出现的频率来进行分词。例如，如果一个词组在语料库中频繁出现，那么它更可能是一个词。

3. 基于深度学习的中文分词

• **循环神经网络（RNN）和长短期记忆网络（LSTM）**：这些神经网络模型可以学习文本中的序列信息，从而进行准确的分词。它们能够处理复杂的文本模式，并捕捉词语之间的长期依赖关系。

• **Transformer 模型**：Transformer 模型通过自注意力机制来捕捉文本中的上下文信息，从而实现高效的分词。这种方法在处理长文本和复杂文本时表现出色。

4. 混合方法

• 在实际应用中，还可以采用基于规则和统计相结合的混合方法进行中文分词。这种方法可以结合两者的优点，提高分词的准确性和效率。

此外，还有一些开源的中文分词工具可供使用，如 jieba、THULAC、HanLP等。这些工具已经在实际应用中得到了广泛的验证和优化，可以快速地实现高质量的中文分词。

总的来说，中文分词的技术已经相当成熟，有多种方法和工具可供选择。在实际应用中，可以根据具体需求和场景选择合适的分词方法和工具。

隐马尔可夫模型（HMM）在中文分词中的应用主要基于序列标注的思想。以下是 HMM 用于中文分词的详细介绍。

1. 模型定义

• HMM 是一个关于时序的概率模型，描述由一个隐藏的马尔可夫链随机生成不可观测的状态随机序列，再由各个状态生成一个观测而产生观测随机序列的过程。

2. 状态与观测序列

• 在中文分词任务中，状态通常对应于句子中每个字符的词性标签（如：B 表示词的开始，E 表示词的结束，M 表示词的中间部分，S 表示单独成词的字符）。

• 观测序列则是输入的句子中的每个字符。

3. 模型参数

• **初始概率分布**：表示句子第一个字属于各种状态（B, E, M, S）的概率。

• **状态转移概率分布**：表示从一个状态转移到另一个状态的概率，例如从 B 状态转移到 E 状态的概率。

• **观测概率分布**：表示在给定状态下观测到某个字符的概率。

4. 分词过程

• 首先，将待分词的句子作为观测序列输入。

• 使用 HMM 模型，通过计算状态转移概率和观测概率，找到最可能的状态序列（即词性标签序列）。

• 根据得到的状态序列（词性标签），将句子切分成词。

举例说明：假设我们有一个句子"小明昨天去游泳馆学游泳了"，使用 HMM 进行中文分词的步骤如下所述。

步骤 1：定义状态集合和观测集合。

– 状态集合 Q={B, E, M, S}，分别代表词的开始、结束、中间部分和单独成词。

– 观测集合 V 是句子中的每个字符。

步骤 2：设定模型参数。

– 初始概率分布 π 可能类似于 (0.6, 0, 0, 0.4)，表示句子第一个字是 B 的概率为 0.6，是 S 的概率为 0.4。

– 状态转移概率分布 A 是一个 4×4 矩阵，表示从一种状态转移到另一种状态的概率。

– 观测概率分布 B 表示在给定状态下观测到某个字符的概率。

步骤 3：应用 Viterbi 算法。

– 输入观测序列（即句子中的每个字符）。

– 使用 Viterbi 算法找到最可能的状态序列（即词性标签序列）。这个算法通过动态规划的方式寻找最有可能产生观测序列的状态序列。

步骤 4：输出结果。

– 根据得到的状态序列（即词性标签），将句子"小明昨天去游泳馆学游泳了"

切分成词，例如："小明 / 昨天 / 去 / 游泳馆 / 学 / 游泳 / 了"。

通过以上步骤，HMM 模型能够实现对中文句子的自动分词。这种方法在处理没有明确分隔符的中文文本时非常有用，有助于提高自然语言处理的效率和准确性。

条件随机场（conditional random field，CRF）是一种给定一组输入随机变量条件下另一组输出随机变量的条件概率分布模型。其特点是假设输出随机变量构成马尔可夫随机场（即概率无向图模型）。CRF 可以用于不同的预测问题，尤其在标注问题如中文分词上有着广泛的应用，具体说明如下。

1. 模型定义

• CRF 定义了在给定输入序列（如文本）的条件下，输出序列（如词性标签或分词标签）的条件概率分布。

• 与隐马尔可夫模型（HMM）不同，CRF 是判别式模型，它直接对条件概率进行建模，而不是联合概率分布。

2. 特点

• CRF 能够考虑到整个序列的信息，而不是像 HMM 那样只依赖前一个状态。

• CRF 能够学习到标签之间的任意依赖关系，这使得它在处理复杂序列标注问题时更加灵活和准确。

3. 应用

• CRF 广泛应用于自然语言处理中的标注问题，如词性标注、命名实体识别、中文分词等。

CRF 在中文分词中的应用主要是将分词问题转化为序列标注问题。以下是如何应用 CRF 进行中文分词的详细步骤：

步骤 1：数据准备。

- 准备大量已分词的中文文本作为训练数据。

- 将文本中的每个字符标注为特定的标签，如 B（词首）、E（词尾）、M（词中）、S（单独成词）等。

步骤 2：特征提取。

- 提取字符级别的特征，如字符本身、字符的上下文、字符的 N-gram 等。

- 还可以提取更复杂的特征，如词典特征、词性特征等。

步骤 3：模型训练。

- 使用 CRF 模型对提取的特征进行训练，学习标签之间的依赖关系和条件概率分布。

－通过调整模型参数来最大化训练数据的似然函数。

步骤 4：分词预测。

－对于新的未分词的中文文本，CRF 模型会根据学到的条件概率分布对每个字符进行标注。

－根据标注结果，将连续具有相同词性的字符组合成一个词，从而实现中文分词。

举例说明：假设我们有一段中文文本"我来到北京天安门"，使用 CRF 进行中文分词的步骤如下所述。

步骤 1：标注训练数据。

－将训练数据中的每个字符标注为 B、E、M、S 等标签。例如，"我 /B 来 /E 到 /S 北 /B 京 /E 天 /B 安 /M 门 /E"。

步骤 2：提取特征并训练 CRF 模型。

－提取字符特征、上下文特征等，并使用 CRF 模型进行训练。

步骤 3：应用 CRF 模型进行预测。

－对于新的文本"我来到北京天安门"，CRF 模型会根据学到的条件概率分布对每个字符进行标注。

－假设标注结果为"我 /B 来 /E 到 /S 北 /B 京 /E 天 /B 安 /M 门 /E"。

步骤 4：输出结果。

－根据标注结果，我们可以将文本切分为"我 来到 北京 天安门"。

通过以上步骤，CRF 模型能够实现对中文文本的自动分词。CRF 在中文分词任务中通常能够取得较好的效果，因为它能够考虑到整个序列的信息和标签之间的依赖关系。

（二）词性标注

词性标注是为句子中的每个词分配一个词性标签的任务，这对于理解句子的语法结构和语义信息至关重要。在中文词性标注方面，存在多种好的模型和算法。以下是一些主要的方法和模型的归纳：

1. 基于规则的模型

• 这类方法依赖于语言学家制定的规则来进行词性标注。虽然这种方法需要大量的人力且可能不够灵活，但在早期是词性标注的主要手段。

2. 基于统计的模型

• **隐马尔可夫模型（HMM）**: HMM 是一种统计模型，在中文词性标注中应用广泛。它通过计算状态转移概率和观测概率来进行词性标注，取得了很好的效果。

- **条件随机场（CRF）**：CRF 是一种判别式概率模型，适用于序列标注问题，包括词性标注。它可以通过训练数据学习到标签之间的依赖关系，从而提高标注的准确性。
- **N 元模型**：这种模型也常被用于词性标注，它基于序列中前面出现的词来预测当前词的词性。

3. 基于机器学习的算法

- 多种机器学习算法如朴素贝叶斯分类器、支持向量机和最大熵模型等，也被应用于中文词性标注。这些算法通过从标注好的训练数据中学习，能够自动提取特征并进行预测。

4. 深度学习模型

- 近年来，深度学习在词性标注等 NLP 任务中取得了显著成果。模型如循环神经网络（RNN）、长短期记忆网络（LSTM）和 Transformer 等，能够自动学习文本中的深层次特征，进而提高词性标注的准确性。

5. 混合方法

- 在实际应用中，还可以采用规则和统计相结合的混合方法进行词性标注。这种方法能够结合规则和统计的优点，提高标注的准确性和鲁棒性。

6. 常用的词性标注工具

- 除了模型和算法外，还有一些开源的词性标注工具如 jieba、StanfordNLP、HanLP 等，这些工具内置了多种模型和算法，并提供了易用的接口供用户使用。

总的来说，中文词性标注的技术已经相当成熟，有多种模型和算法可供选择。在实际应用中，应根据具体需求和场景选择合适的模型和算法进行词性标注。同时，随着深度学习等技术的发展，未来词性标注的准确性和效率有望进一步提高。

在中文语言处理中，隐马尔可夫模型（HMM）被广泛应用于词性标注。以下是 HMM 在词性标注中的具体用法和举例说明。

1. 模型训练

- 首先，需要准备大量已标注词性的中文文本作为训练数据。
- 然后，通过训练数据学习 HMM 的模型参数，包括初始概率分布、状态转移概率分布和观测概率分布。
  - 初始概率分布表示句子第一个词属于各种词性的概率。
  - 状态转移概率分布表示从一个词性转移到另一个词性的概率。

▪ 观测概率分布表示在给定词性下观测到某个词的概率。

2. 词性标注

• 对于新的未标注词性的中文文本，HMM 会利用学到的模型参数进行词性标注。

• 具体来说，HMM 会计算每个词在给定其前一个词的词性条件下，最可能的词性标签。

• 这通常通过 Viterbi 算法实现，该算法能够在给定观测序列（即文本）的情况下，找到最可能的状态序列（即词性标签序列）。

举例说明：假设我们有以下已标注词性的训练数据。

• "他 /r 是 /v 一个 /m 学生 /n"

• "她 /r 喜欢 /v 读书 /vn"

其中，r 表示代词，v 表示动词，m 表示数量词，n 表示名词，vn 表示名动词。

通过这些训练数据，我们可以学习到 HMM 的模型参数。然后，对于新的未标注词性的文本"他喜欢打篮球"，HMM 会进行如下词性标注：

• **初始化**：根据初始概率分布，确定第一个词"他"的词性。假设根据训练数据，"他"作为代词的初始概率最高。

• **递推**：对于后续的每个词，根据前一个词的词性和状态转移概率分布，以及当前词的观测概率分布，计算当前词最可能的词性。例如，"喜欢"在"他"作为代词的条件下，最可能的词性是动词；"打篮球"在"喜欢"作为动词的条件下，最可能的词性是名动词。

• **终止**：当处理完文本中的所有词后，我们就得到了一个完整的词性标注结果："他 /r 喜欢 /v 打篮球 /vn"。

这样，我们就利用 HMM 完成了对中文文本的词性标注。需要注意的是，实际的词性标注过程可能更加复杂，需要考虑更多的特征和上下文信息。但以上示例大致说明了 HMM 在词性标注中的应用原理。

为了提升 Meta 开源的 Llama 对中文的支持，在训练之前需要准备相应的中文数据。以下是需要准备的数据类型以及对中文的处理方式：

需要准备的数据类型如下所述。

① **中文文本数据**：这是最基本的训练数据，可以包括新闻报道、文学作品、网络文章、博客、论坛讨论等各种来源的中文文本。这些数据用于训练模型理解和生成中文句子的能力。

② **双语平行语料**：即中文和其他语言（如英文）之间的对照翻译数据。这类数据有助于模型学习跨语言的对应关系，提高翻译和跨语言理解的能力。

③ **领域特定数据**：如果希望模型在特定领域（如金融、法律、医学等）有更好的表现，可以收集这些领域的专业文献和资料作为训练数据。

④ **用户生成内容**：社交媒体、电商平台等用户生成的中文评论、反馈等数据，这类数据反映了真实的语言使用习惯，有助于提高模型的实用性。

下面介绍一些比较常见的中文数据集。

① **人民日报语料库**：包含大量来自人民日报的新闻报道，常用于分词、词性标注等任务。

② **MSRA 命名实体识别数据集**：由微软亚洲研究院发布，用于命名实体识别任务。

③ **中文情感分析数据集**：如淘宝商品评论数据集、微博情感分析数据集等，用于训练和评估情感分析模型。

④ **中文问答数据集**：如百度知道、知乎等问答平台上的数据，可用于问答系统的研究和开发。

⑤ **中文机器翻译数据集**：如 CWMT（China Workshop on Machine Translation，全国机器翻译研讨会）等，用于训练和评估中文到其他语言的机器翻译模型。

二、中文数据处理的过程

在中文数据处理的一般过程中，涉及多个关键步骤。首先是语料清洗，这一环节包括去除原始文本中的噪声内容，如广告、标签、代码等不相关信息，提取出标题、摘要、正文等有价值的数据。接下来是分词，由于中文词语之间没有明显的分隔符，因此需要采用分词技术将文本切分为独立的词汇单元。分词算法多种多样，包括基于字符串匹配、统计以及深度学习等方法。

分词完成后，进一步进行词性标注，为每个词汇分配相应的词性标签，如名词、动词等，这有助于理解句子的结构和含义。随后，可以进行命名实体识别，识别和分类文本中的实体，如人名、地名等。此外，情感分析也是中文数据处理的重要一环，通过分析文本中的情感倾向，了解人们对某个主题的态度和看法。

除了上述步骤，中文数据处理还可能涉及文本分类、关键词提取、文本相似度计算等任务。这些过程都是为了从文本数据中提取有用的信息，为后续的自然语言理解、机器翻译、智能问答等应用提供支持。

综上所述，中文自然语言处理的中文数据处理过程是一个复杂而系统的工程，需要综合运用多种技术和方法来实现对文本的深入分析和理解。随着技术的不断进步，中文自然语言处理将在更多领域发挥重要作用。

总结中文数据处理的过程大致包括如下几个方面。

① **分词**：中文与英文不同，没有明显的词边界，因此需要进行分词处理，将句子划分为一个个的词语或词组。

② **去除停用词**：停用词是指在文本中出现频率很高但对文本意义贡献较小的词，如"的""是""在"等。去除这些词可以减少模型的计算负担。

③ **文本清洗**：清洗掉文本中的噪声数据，如 HTML 标签、特殊符号、广告等无关信息，确保训练数据的纯净性。

④ **标准化处理**：将文本中的繁体字转换为简体字，统一标点符号等，以确保数据的一致性。

⑤ **构建词汇表**：根据训练数据构建词汇表，以便模型能够识别和生成中文词汇。

⑥ **数据增强**：通过同义词替换、句子重组等方式增加数据的多样性，提高模型的泛化能力。

通过这些准备和处理工作，可以有效地提升 Llama 模型对中文的支持度，使其更好地理解和生成中文文本。

一般的实验性质的数据准备，都是通过抓取互联网数据，或者下载开源数据集来完成。如果是仅仅对大模型感兴趣，想快速落地的读者，以下案例不用去实践。如果是需要了解到 GPT、Llama 底层技术原理，以及 NLP 处理方法的全过程的读者，比如立志成为这个领域顶尖技术大牛的读者，一定要亲手走遍这个流程。

如果是自己抓取数据，则工作量很大。以下是一个案例，说明如何处理从中文互联网抓取的文本数据，以便用于训练。

步骤 1：数据收集。

– 从互联网上抓取数据，可能包括新闻文章、社交媒体帖子、论坛讨论、博客等。

步骤 2：数据清洗。

– 移除无用的信息，如 HTML 标签、JavaScript 代码、CSS 样式等。

– 删除重复内容和无效链接。

步骤 3：文本规范化。

– 将文本转换为统一的编码格式，如 UTF-8。

– 纠正错别字和语法错误。

步骤 4：分词（tokenization）。

– 将中文文本分割成单独的词语或子词（subwords）。由于中文没有空格分隔单词，这一步可能需要使用特定的中文分词工具，如 jieba 分词。

步骤 5：去除停用词。

－移除常见的、意义不大的词汇，如"的""和""是"等。

步骤 6：词性标注和命名实体识别。

－对文本进行词性标注，识别名词、动词等词性。

－识别并标记命名实体，如人名、地名、机构名等。

步骤 7：数据增强。

－通过同义词替换、句子重组等方法增加数据多样性。

步骤 8：构建训练集。

－将清洗和处理过的数据划分为训练集、验证集和测试集。

步骤 9：数据平衡。

－确保数据集中各类样本均衡，避免模型偏向于某一类别。

步骤 10：数据标注（如果需要）。

－对于监督学习任务，需要人工标注数据，如情感分析、文本分类等。

步骤 11：数据转换。

－将处理后的文本转换为模型能够理解的格式，如将文本转换为模型的内部表示（embeddings）。

步骤 12：数据加载。

－使用合适的数据加载器（data loader），以批量和随机的方式向模型提供数据。

步骤 13：数据安全和隐私。

－确保在数据收集和处理过程中遵守相关的数据保护法规，不使用包含个人隐私信息的数据。

通过上述步骤，可以从中文互联网抓取的原始文本数据中生成适合 Llama 模型训练的高质量数据集。这有助于提升模型对中文语言的理解能力，从而在各种中文语言任务上获得更好的性能。

这些方法和数据集的不断发展和完善，推动了中文 NLP 领域的进步，使得机器能够更准确地理解和生成中文文本。

Meta 发布的开源 Llama 对中文的支持有限。为了更好地开发中文 Llama 应用，必须经过微调。但是对于零基础入门者来说，这个部分的工作暂时可以放下，稍微了解即可。

三、中文数据处理的工具

随着技术的日益发展，中文自然语言处理领域已经涌现出大量的库和工具，这些库和工具不仅功能强大，而且使用便捷，为开发者们提供了极大的便利。它们涵盖了分词、词性标注、命名实体识别、情感分析等多个方面，使得中文文本处理变得更加高效和准确。

在当今大模型时代，这些库和工具的重要性愈发凸显。大模型虽然具有强大的学习和推理能力，但在处理中文文本时，仍可能遇到一些挑战。此时，我们可以巧妙利用这些已经开发出的中文自然语言处理库和工具，对大模型进行优化和微调。通过这些技术手段，我们可以使大模型更好地理解和处理中文文本，进而提升其性能和准确率。

这种优化和微调的过程，不仅可以增强大模型对中文的支持，还能使其更加贴近中文语境和文化背景。这对于推动中文自然语言处理技术的发展，以及促进大模型在中文领域的应用，都具有十分重要的意义。因此，我们应该充分利用这些库和工具，不断优化和完善大模型，以更好地服务于中文自然语言处理的实际需求。

在中文分词、中文词性标注等方面，有许多成熟的工具和库可供选择。以下是一些具体的例子。

1. 中文分词工具

• **jieba 分词**：jieba 是一个广泛使用的中文分词库，它支持精确模式、全模式和搜索引擎模式。jieba 分词速度快且准确性高，还支持自定义词典和关键词提取等功能。

• **THULAC**：由清华大学研发的一套中文语言处理工具包，包含中文分词、词性标注等功能，准确率高且支持多领域文本的适配。

• **HanLP**：由 HANKCS 团队开发的自然语言处理工具包，提供了丰富的功能，包括中文分词、词性标注、命名实体识别等，并支持多种分词算法和模型。

2. 中文词性标注工具

• **jieba 词性标注**：jieba 除了分词功能外，也提供了词性标注功能。它可以为分词后的每个词语标注词性，如名词、动词、形容词等。

• **THULAC 词性标注**：作为 THULAC 工具包的一部分，其词性标注功能也具有较高的准确性，能够自动为文本中的每个词语分配相应的词性标签。

• **StanfordNLP**：斯坦福大学开发的自然语言处理工具包，支持多种语言，包括中文。它提供了词性标注、命名实体识别等功能，并且性能稳定、准确率高。

这些工具在实际应用中得到了广泛的验证和优化，为中文自然语言处理的研究和应用提供了强有力的支持。无论是在学术研究、产品开发还是在实际应用中，这些工具都发挥着重要的作用。

此外，还有一些开源项目如 pkuseg，也对中文自然语言处理具有很大帮助。

pkuseg 是由北京大学语言计算与机器学习研究组研制推出的一套全新的中文分词工具包。以下是对其特点的详细介绍。

1. 多领域分词

• pkuseg 致力于为不同领域的数据提供个性化的预训练模型。根据待分词文本的领域特点，用户可以自由地选择不同的模型。

• 目前支持了新闻领域、网络领域、医药领域、旅游领域，以及混合领域的分词预训练模型。

• 如果用户明确待分词的领域，可加载对应的模型进行分词。如果无法确定具体领域，推荐使用在混合领域上训练的通用模型。

2. 高分词准确率

• 相比于其他的分词工具包，pkuseg 大幅提高了分词的准确度。根据测试结果，该工具包在示例数据集（MSRA 和 CTB8）上分别降低了 79.33% 和 63.67% 的分词错误率。

3. 支持用户自训练模型

• pkuseg 允许用户使用全新的标注数据进行训练，以满足特定需求。

4. 支持词性标注

• 除了分词功能外，pkuseg 还提供了词性标注的功能，进一步丰富了其应用场景。

5. 编译和安装

• 用户可以通过 pip 直接下载并安装 pkuseg（自带模型文件），或者从 GitHub 下载后将 pkuseg 文件放到目录下进行使用。

6. 性能对比

• 在与主流中文分词工具如 THULAC 和 jieba 的比较中，pkuseg 的准确率远超这两者，表现出了显著的优势。

7. 使用教程和示例

• pkuseg 提供了详细的使用教程和代码示例，包括如何使用默认模型及默认词典进行分词，如何进行细领域分词，以及如何在分词的同时进行词性标注等。

总的来说，pkuseg 是一个功能强大、准确率高的中文分词工具包，适用于多个领域的数据处理任务。其开源的特性和丰富的功能使得它成为了中文自然语言处理领域的一个重要工具。

第二节　基于中文数据的模型训练

为了提升开源大模型 Llama 对中文的支持度，需要经过专门的训练和微调过程。在这个过程中，可以采用一些高级训练技巧来进一步优化模型的性能和泛化能力。以下对一些高级训练技巧进行详细解释。

一、指令数据搜集和处理

在大模型微调中，指令数据扮演着至关重要的角色。指令数据是用于对预训练后的大语言模型进行参数微调的自然语言形式的数据。通过使用指令数据，可以使大语言模型更好地适应特定的任务，并展现出较强的指令遵循能力。以下是指令数据的详细介绍。

1. 指令数据的定义与作用

• 指令数据是以自然语言形式表达的，用于指导大语言模型执行特定任务的示例或说明。

• 通过指令微调，大模型能够学习到如何遵循这些指令，进而解决各种下游任务，甚至包括未见过的 NLP 任务。

2. 指令数据的构建方法

• **基于现有 NLP 任务数据集构建**：利用已有的 NLP 任务数据集，通过人工编写的任务描述来扩充，形成可用于指令微调的数据集。

• **基于日常对话数据构建**：从日常对话中提取指令数据，这种方法能够使模型更贴近实际应用场景。

• **基于合成数据构建**：例如，通过 Self-Instruct 等方法，借助大语言模型本身的数据合成能力，高效地生成大量的指令微调数据。

3. 常用的指令微调数据集

• **P3**：一个面向英文数据的指令微调数据集，由超过 270 个 NLP 任务数据集和 2000 多种提示整合而成，涵盖多种 NLP 任务。

• **FLAN**（特别是 FLAN-v2）：一个英语指令数据集，由多个 NLP 基准数据集格式化得到，包括 Muffin、NIV2、T0-SF 和 CoT 等子集。

4. 使用指令数据进行微调的步骤

• **准备数据集**：获取高质量的指令数据集。

- **数据预处理：** 包括数据清洗、分词、编码等操作。
- **模型配置：** 选择合适的大型模型作为基础模型，并根据任务需求进行配置。
- **微调训练：** 使用指令数据集对模型进行微调训练，优化算法和学习率策略可提高模型性能。
- **模型评估：** 训练结束后对模型进行评估，确保模型效果。

5. 微调时的数据量

- 在某些情况下，会使用大量的指令数据进行微调，如 "5m 指令数据" 即指 500 万条指令数据用于大模型微调。这样的数据量可以显著提升模型的适应性和指令遵循能力。

综上所述，指令数据在大模型微调中起着关键作用，它能够帮助模型更好地理解和执行自然语言指令，从而提高模型在多种 NLP 任务上的性能。其重要性主要体现在以下几个方面。

1. 直观性与针对性

指令数据通常以有问有答的形式呈现，这种方式非常直观，且接近人类的交流方式。问题以人类真实需求来表达，答案则是尽量正确且有针对性的回答。这种数据格式有助于大模型更直接地学习和理解人类的需求。

2. 提升模型性能

通过指令数据进行有监督学习，是大模型训练过程中的重要步骤。指令数据可以帮助模型更好地理解和捕捉不同的概念、语义和语法结构，进而提高模型的性能。

3. 减少模型"幻觉"

大模型有时会产生"幻觉"，即生成不正确、无意义或不真实的文本。指令数据的使用可以提高数据的质量和多样性，有助于减少这种"幻觉"现象。

4. 增强模型泛化能力

多样化的指令数据可以使模型在各种任务和领域中表现出更好的泛化能力。指令数据的来源主要包括以下几个方面。

1. 公开数据集

公开数据集是指由学术机构、政府组织或企业公开发布的数据集，如 ImageNet、Common Crawl 等。这些数据集涵盖了各种类型的数据，包括文本、图像、音频、视频等，是获取指令数据的重要来源之一。

2. 用户生成内容

随着互联网的普及，用户生成的内容，如社交媒体平台、在线论坛、博客、评论区等产生的文本、图片、视频等数据，为 AI 模型提供了丰富的现实世界情境和语境信息。这些内容中包含了大量的指令数据，是大模型训练的重要资源。

3. 自有数据集与合作伙伴提供的数据集

企业或组织自己收集、整理和标注的数据集，以及通过与其他企业、组织或个人的合作获得的数据集，也是指令数据的重要来源。这些数据集通常针对特定任务或领域进行收集和标注，具有较高的质量和针对性。

综上所述，指令数据在大模型训练中具有重要意义，其来源主要包括公开数据集、用户生成内容以及自有数据集和合作伙伴提供的数据集等。通过充分利用这些来源的指令数据进行训练，可以显著提升大模型的性能表现和泛化能力。

大模型训练中指令数据的预处理和标准化是一个关键步骤，它有助于提升模型训练的效率和性能。以下是指令数据预处理和标准化的主要步骤。

（一）预处理

1. 数据清洗

- 去除重复数据，确保数据集的独特性和多样性。
- 剔除无效或错误的数据，如格式错误、不完整或明显不符合要求的数据。

2. 文本正则化

- 将全角字符转换为半角字符，以确保数据格式的一致性。
- 将繁体中文转换为简体中文，以减少字符集的复杂性。

3. 文本清洗

- 剔除超文本标记语言（HTML）标签、表情符号（emoji）等非文本内容。
- 对标点符号进行统一和规范，例如将全角的标点符号转换为半角。

4. 分词

- 将句子拆分成单个的词或词组，便于模型更好地理解文本结构。

5. 停用词去除

- 去除常用的但对文本意义不大的词，如"的""是""在"等，以减少噪声。

（二）标准化

1. 中心化

- 每个特征维度都减去其均值，实现数据的中心化，使得数据的均值为 0。

2. 标准化

- 在中心化后，通过除以标准差将数据标准化，使得新数据的分布接近标准高斯分布。
- 另一种做法是将每个特征维度的最大值和最小值按比例缩放到 −1 到 1 之间，这被称为 min-max 标准化或离散标准化。

3. 白噪声处理

- 类似 PCA，数据被投影到一个特征空间，然后每个维度都除以特征值来标准化数据。
- 这会增强数据中的所有维度，包括一些较小的、不相关的维度。

4. 数据编码

- 对于分类数据，可以采用独热编码（one-hot encoding）或标签编码（label encoding）等方式进行转换。

5. 数据划分

- 将数据集划分为训练集、验证集和测试集，以确保模型能够在不同的数据集上进行评估和优化。

（三）注意事项

在进行预处理和标准化时，应确保使用的训练集、验证集和测试集采用相同的处理步骤和参数，以保持数据的一致性。

预处理和标准化的具体方法可能因数据集和任务的不同而有所差异，因此需要根据实际情况进行选择和调整。

通过以上步骤对指令数据进行预处理和标准化，可以提升大模型训练的效果和性能，使模型能够更好地理解和处理指令数据。

二、AdaLoRA 算法剖析

AdaLoRA 算法是一种针对大型预训练模型的参数高效微调方法。下面是对 AdaLoRA 算法的详细剖析。

1. 背景与动机

- **LoRA 的局限性**：LoRA（low-rank adaptation）是一种有效的低资源微调方法，它仅仅微调一小部分参数就能达到全量参数微调的效果。然而，LoRA 的局限性在于它将可微调参数平均分布在每个权重矩阵上，忽略了不同权重参数的重要程度，因此微调效果可能不是最优的。

2. AdaLoRA 的改进

• **基本原理**：AdaLoRA 改进了 LoRA 中可微调参数的分配方式，根据每个参数的重要程度自动分配可微调参数的预算。它主要包含两个模块：SVD 形式参数更新（SVD-based adaptation）和基于重要程度的参数分配（importance-aware rank allocation）。

• **SVD 形式参数更新**：AdaLoRA 直接将增量矩阵 Δ 参数化为 SVD 的形式，即 $\Delta=USV^{\mathrm{T}}$，其中 U 和 V 是正交矩阵，S 是对角矩阵。这种方式可以避免在训练过程中进行密集的 SVD 计算，从而节省资源。

• **基于重要程度的参数分配**：AdaLoRA 通过裁剪一些冗余的奇异值来降低增量过程中的资源消耗。它根据每个权重矩阵的重要程度来动态分配参数预算，重要的权重矩阵会获得更多的可微调参数。

3. AdaLoRA 的优势

• **参数高效**：AdaLoRA 通过优化参数分配，使得在有限的参数预算下能够获得更好的微调效果。

• **自适应性**：AdaLoRA 能够自动识别并优化重要权重矩阵的参数分配，提高了微调的效率和准确性。

• **资源节约**：通过避免密集的 SVD 计算和裁剪冗余奇异值，AdaLoRA 降低了微调过程中的资源消耗。

4. 实验结果与应用

• 在自然语言处理、问答和自然语言生成等方面的实验中，AdaLoRA 表现出显著的改善效果，特别是在低预算设置下。这证明了 AdaLoRA 算法的有效性和实用性。

总的来说，AdaLoRA 算法通过优化参数分配和采用 SVD 形式参数更新，提高了大型预训练模型的微调效率和准确性，同时降低了资源消耗。这使得 AdaLoRA 成为一种具有广泛应用前景的参数高效微调方法。

三、大模型指令微调之量化

大模型指令微调技术中的量化（quantization）是一种优化手段，旨在减少模型的存储需求、加快推理速度，并降低模型部署的硬件要求，同时尽量保持模型的性能。

量化是让大模型在边缘端运行的核心技术。以下是关于量化的详细介绍。

1. 量化的基本原理

• **数据类型的转换**：量化的核心思想是将模型中的高精度数据类型（如32位浮点数）转换为较低精度的数据类型（如8位整数）。这种转换可以显著减少模型的存储空间，降低计算复杂度。

• **映射关系**：在量化过程中，需要建立一个从原始高精度数据到低精度数据的映射关系。这个映射关系需要确保在量化后的模型中，数据的相对大小关系和信息损失尽可能小。

2. 量化的优势

• **减小模型大小**：通过量化，模型的大小可以显著减小。例如，将32位浮点数转换为8位整数，模型的大小理论上可以减小到原来的1/4。

• **加快推理速度**：低精度数据类型（如8位整数）的计算速度通常比高精度数据类型（如32位浮点数）快得多。因此，量化后的模型可以更快地进行推理。

• **降低硬件要求**：量化后的模型对硬件的要求更低，这使得模型可以在更多的设备上运行，包括一些资源受限的设备。

3. 量化的挑战与限制

• **精度损失**：量化过程中不可避免地会有一定的精度损失。这种损失可能会导致模型性能的下降。因此，在量化过程中需要仔细调整参数，以找到精度和性能之间的平衡点。

• **量化粒度的选择**：量化粒度（即量化的步长或分辨率）的选择也是一个挑战。如果量化粒度太粗，可能会导致较大的精度损失；如果量化粒度太细，则可能无法充分利用量化的优势。

4. 量化的应用场景

• **边缘计算**：在资源受限的边缘设备上，量化后的模型可以更有效地运行，提供实时的推理结果。

• **物联网**：物联网设备通常具有有限的计算能力和存储空间，量化技术可以帮助这些设备更好地运行机器学习模型。

• **移动端应用**：在手机上运行复杂的机器学习模型时，量化可以减少电池的消耗并提高响应速度。

总的来说，量化是一种有效的大模型优化技术，它可以在保持模型性能的同时，显著减少模型的存储需求和计算复杂度。这使得量化后的模型更适合在资源受限的设备上运行，并扩大了机器学习技术的应用范围。

四、大模型压缩技术

大模型压缩（compression）技术主要是为了减小模型的体积、提升推理速度以及优化模型性能。以下是对这一技术的详细介绍。

1. 模型压缩的背景与目的

•背景：随着大数据时代的到来，数据规模和质量的提升使得模型变得越来越复杂。这导致了模型占用的存储空间增大，推理速度变慢，对硬件资源的需求也日益增长。

•目的：模型压缩的主要目的是在保持模型性能的同时，减小模型的大小和推理时间，从而提高 AI 算法的计算性能。这有助于降低计算成本，有效处理大数据集，并为实际应用提供支撑。

2. 模型压缩的技术类型

•技术性模型压缩：通过改变模型结构、超参数等方式来减少模型的复杂度。例如，通过裁剪模型权重、删除冗余层等方法来缩小模型规模。

•算法性模型压缩：通过改变模型的参数取值、神经元激活函数等因素来减小模型误差，提升精度。具体技术包括剪枝、量化等。

•工程性模型压缩：对原始模型进行改进、压缩、优化或部署，以减少模型大小、延迟时间等。这可能涉及对量化后的模型进行优化或部署等工程实践。

3. 模型压缩的优势

•节省存储空间：模型压缩技术可以显著减小模型体积，从而节省大量的存储空间。这对于存储资源有限的设备（如智能手机、物联网设备等）尤为重要。

•提高推理速度：压缩后的模型需要更少的计算资源，因此可以加快推理速度，提高应用的实时性。

•降低计算资源消耗：模型压缩有助于减少训练和推理过程中的计算资源消耗，进而降低运行成本。

4. 模型压缩的劣势与挑战

•信息丢失：模型压缩可能会导致一定程度的信息丢失，从而影响模型性能。在对精度要求极高的应用中，这种信息丢失可能带来严重后果。

•压缩算法的复杂性：模型压缩技术通常需要复杂的算法和模型结构，这增加了模型设计和优化的难度。同时，压缩算法的复杂性也可能会抵消部分压缩所带来的优势。

•专业技术要求高：模型压缩技术的实施需要较高的专业知识和技术水平，

这对于一般开发者和工程师来说可能是一个挑战。

综上所述，模型压缩技术在解决大型模型存储、计算和传输问题方面具有一定优势，但同时也面临着信息丢失、算法复杂和专业技术要求高等挑战。在实际应用中，需要权衡利弊并根据具体场景选择是否采用模型压缩技术。

五、大模型蒸馏技术

大模型蒸馏技术是一种模型压缩和优化的方法，旨在通过训练一个较小的模型（学生模型）来模仿一个较大的模型（教师模型）的行为，从而在保持较高性能的同时，降低计算和存储需求。以下是对大模型蒸馏技术的详细介绍：

1. 基本概念

• **教师模型与学生模型**：在模型蒸馏中，通常有一个表现优秀的大型模型作为教师模型，和一个相对较小的模型作为学生模型。教师模型提供丰富的知识，而学生模型则通过模仿教师模型的行为来学习这些知识。

• **蒸馏过程**：蒸馏是将教师模型的知识传递给学生模型的过程。这通常通过最小化学生模型和教师模型在相同输入上的输出差异来实现。

2. 技术原理

• **训练教师模型**：首先，需要使用大量的训练数据和计算资源来训练一个性能优秀的大型模型，即教师模型。

• **蒸馏过程**：在蒸馏过程中，学生模型被训练去模仿教师模型的输出。这通常涉及对学生模型进行训练，以使其在教师模型给出的软标签（即教师模型输出的概率分布）上进行学习。通过这种方式，学生模型可以学习到教师模型的复杂知识。

• **部署学生模型**：完成蒸馏后，学生模型将代替教师模型进行部署。由于学生模型较小，因此具有更低的计算和存储需求，更适合在资源受限的环境中运行。

3. 应用场景与优势

• **边缘设备部署**：在边缘计算环境中，设备通常具有有限的计算资源。模型蒸馏技术可以将复杂模型的知识蒸馏到简化模型中，从而在边缘设备上实现高效推理和应用。

• **数据中心与云平台**：在数据中心或云平台上，对计算资源和能耗有较高要求。模型蒸馏技术可以提高模型的推理速度和效率，降低能耗。

• **性能提升**：通过蒸馏技术，学生模型可以在保持较高性能的同时，具有更低的计算和存储需求。这有助于提升整体系统的性能和效率。

4. 挑战与未来发展

• **知识蒸馏的精度问题**：如何更有效地将教师模型的知识蒸馏到学生模型中，同时保持高精度，是一个持续的研究挑战。

• **模型泛化能力**：虽然蒸馏技术可以提升学生模型的性能，但如何确保学生模型具有良好的泛化能力仍是一个关键问题。

• **多模态蒸馏与跨领域应用**：随着多媒体和跨模态数据的增多，如何将蒸馏技术应用于多模态数据和跨领域任务中也是一个值得研究的方向。

总的来说，大模型蒸馏技术是一种有效的模型压缩和优化方法，通过训练较小的学生模型来模仿大型教师模型的行为，从而在保持高性能的同时降低计算和存储需求。这一技术在边缘设备部署、数据中心与云平台等场景中具有广泛的应用前景。

第三节　模型评测

在提升 Meta 开源的 Llama 对中文的支持过程中，针对中文数据进行模型的训练和优化是至关重要的。而在训练过程中，如何有效地评价模型对中文支持能力的提升，则是一个需要细致考虑的问题。

首先，我们可以从模型的准确率与召回率入手进行评估。通过使用中文测试集对模型进行反复的测试，观察模型在处理中文文本时的准确率和召回率的变化情况。如果随着训练的深入，这两个指标均有所提高，那么可以初步判断模型对中文的支持能力在逐渐增强。

其次，困惑度也是一个重要的评价指标。困惑度反映了模型预测下一个词时的平均不确定性。在训练过程中，如果困惑度逐渐降低，那么说明模型对中文的预测能力在逐步提升。

除此之外，我们还可以通过设计一些针对中文特性的任务来进一步验证模型的性能提升情况。例如，中文分词、词性标注和命名实体识别等任务，都是检验模型对中文支持能力的重要手段。如果模型在这些任务上的表现越来越好，那么无疑可以证明其对中文的支持在不断改善。

同时，人类评估者的主观评价也是不可或缺的。他们可以对模型生成的中文文本进行评分，从而更直观地了解文本的流畅性、准确性和语义连贯性是否有所提升。

另外，训练损失和验证损失的变化情况也是评价模型性能的重要依据。在训练过程中，如果训练损失和验证损失均呈现逐渐降低的趋势，那么说明模型在中文数据上的泛化能力在不断提高。

最后，我们还可以考察模型处理长中文文本以及理解复杂中文语境的能力。如果模型在这方面表现得越来越好，那么无疑可以证明其对中文的支持能力在持续增强。

综上所述，通过多种评价指标的综合运用，我们可以全面而准确地评估出 Meta 开源的 Llama 模型在训练过程中对中文支持能力的提升情况。这不仅有助于我们及时了解模型的训练效果，还能为后续的模型优化提供有力的数据支持。

评测的主要指标包括以下几个方面。

（一）准确率

1. 准确率概念

• 准确率是指模型在测试集上预测正确的样本数占总样本数的比例。它是评估模型性能的基本指标之一，能够直观地反映模型的预测能力。

2. 计算方式

• 准确率的计算公式为：准确率＝预测正确的样本数 / 总样本数。在二分类问题中，准确率可以进一步细分为真正例（true positive，TP）、真反例（true negative，TN）、假正例（falsc positive，FP）和假反例（false negative，FN）的组合计算。但在多分类问题中，计算方式类似，只是需要对每个类别的预测情况进行统计。

3. 适用范围

• 准确率适用于分类问题，尤其是当各类别样本数量相对均衡时。然而，在类别不平衡的数据集中，单纯依赖准确率可能会产生误导，因为它可能无法真实反映模型对于较少出现类别的预测能力。

4. 注意事项

• **数据质量**：准确率的可靠性很大程度上取决于测试集的质量。因此，在使用准确率进行模型评估时，应确保测试集具有代表性、无偏见且足够大。

• **类别平衡**：如前所述，当数据集中各类别的样本数量不平衡时，准确率可能不是最佳的评估指标。在这种情况下，可以考虑使用其他指标（如精确率、召回率、F1 值等）来更全面地评估模型性能。

• **与其他指标结合使用**：为了更全面地评估模型性能，建议将准确率与其他评价指标（如困惑度、训练 / 验证损失等）结合使用。

综上所述，准确率是一个直观且重要的模型评价指标，但在使用时也需要注意其局限性，并结合其他指标进行综合评价。这样我们才能更准确地了解模型在中文支持方面的性能表现，并据此进行进一步的训练和优化。

（二）精确率和召回率

1. 精确率

• **定义**：精确率是指在所有被模型预测为正样本的实例中，真正为正样本的比例。换句话说，它衡量了模型预测为正样本且实际为正样本的能力。

• **计算公式**：精确率 =TP/(TP+FP)。其中，TP（真正例）表示实际为正样本且被模型正确预测为正样本的实例数量；FP（假正例）表示实际为负样本但被模型错误预测为正样本的实例数量。

• **意义**：精确率越高，说明模型在预测正样本时越准确，误报率越低。在中文支持的场景中，这意味着模型能够更准确地识别和理解中文文本或语境。

2. 召回率

• **定义**：召回率是指在所有实际为正样本的实例中，被模型正确预测为正样本的比例。它衡量了模型找出所有正样本的能力。

• **计算公式**：召回率 =TP/(TP+FN)。其中，FN（假反例）表示实际为正样本但被模型错误预测为负样本的实例数量。

• **意义**：召回率越高，说明模型在找出所有正样本方面的能力越强，漏报率越低。在提升中文支持的过程中，高召回率意味着模型能够更全面地捕捉和理解中文相关的特征和信息。

3. 综合应用

• **平衡精确率和召回率**：在实际应用中，通常需要平衡精确率和召回率。提高精确率可能会降低召回率，反之亦然。因此，需要根据具体应用场景来权衡这两个指标。

• **使用 F1 值综合评价**：为了综合评价模型的性能，可以使用 F1 值，它是精确率和召回率的调和平均数。F1 值较高，说明模型在精确率和召回率上都表现较好。

在针对中文数据进行模型训练和优化时，通过不断监控和调整模型的精确率和召回率，可以有效地提升 Llama 对中文的支持能力。

（三）F1 值

在模型评测中，F1 值是一个非常重要的综合性指标，它结合了精确率和召回率，为评估模型的性能提供了一个全面的视角。特别是在提升 Meta 开源的 Llama 对中文支持的过程中，F1 值能够帮助我们了解模型在处理中文数据时的准确性和完整性。

1. 定义

• F1 值是精确率和召回率的调和平均数。它旨在提供一个单一的数值来平衡模型的精确度和召回率，从而全面评估模型的性能。

2. 计算公式

F1 值的计算公式为对于给定的测试集 W。

• $F1 = 2 * [(Precision \times Recall) / (Precision + Recall)]$。

• 这个公式确保了只有当精确率和召回率都较高时，F1 值才会高。

3. 意义

• 在中文支持方面，一个高的 F1 值意味着模型在处理中文数据时既准确（高精确率）又全面（高召回率）。换句话说，模型不仅能够精确地识别出相关的中文信息，还能尽可能地找出所有相关的信息，避免遗漏。

4. 应用场景

• F1 值在多种 NLP 任务中都有广泛应用，如文本分类、命名实体识别、情感分析等。在提升 Llama 对中文的支持时，F1 值可以帮助我们判断模型是否在中文语境下保持了高水准的精确性和完整性。

5. 与其他指标的关系

• 虽然 F1 值是一个综合指标，但它并不替代精确率和召回率。这三个指标应该一起使用，以更全面地了解模型的性能。例如，如果 F1 值较高但精确率较低，这可能意味着模型在找出所有相关信息方面做得很好，但其中也包含了一些不相关的信息。

6. 优化方向

• 为了提高 F1 值，模型需要在保持高精确率的同时提高召回率，或者反之。这通常需要通过调整模型的参数、改进特征提取方法或使用更先进的算法来实现。

综上所述，F1 值是一个非常重要的模型评测指标，它能够帮助我们全面评估模型在处理中文数据时的性能。通过不断优化模型以提高 F1 值，我们可以确保 Llama 在处理中文时既准确又全面。

（四）困惑度

进行模型的训练和优化这个过程中，困惑度是一个非常重要的评价指标。困惑度主要用于衡量语言模型的质量，下面将详细介绍和说明困惑度。

1. 定义

• 困惑度是衡量语言模型好坏的一个常用指标。语言模型是用来预测句子中下一个词的概率分布，并计算一个句子的概率。困惑度的定义是基于测试集的概率进行计算的。

2. 计算公式

对于给定的测试集 W，困惑度 (PPL) 的计算公式为：$PPL(W) = P(w\_1, w\_2, \cdots, w\_N)^{-(1/N)}$，其中，$P(w\_1, w\_2, \cdots, w\_N)$。

• 是模型赋予测试集中词序列的概率；N 是测试集中的单词总数。为了避免数值下溢，通常使用对数概率进行计算。

3. 意义

困惑度实际上表示的是模型对于测试集的"困惑程度"。并获取这些键的值。

• 一个较低的困惑度意味着模型能够较好地预测测试集中的词序列，即模型对数据的拟合程度较好。反之，较高的困惑度则表明模型对于测试集的预测能力较差。

4. 应用场景

• 困惑度广泛应用于自然语言处理领域，特别是在语言模型的训练和评估、机器翻译、语音识别等方面。它可以帮助研究人员比较不同语言模型的性能，或者评估同一模型在不同数据集上的表现。

5. 优化方向

• 为了降低困惑度，可以通过优化模型的架构、增加训练数据、改进训练算法等方式来提升模型的预测能力。这些优化措施有助于模型更好地拟合数据，从而降低困惑度。

总的来说，困惑度是衡量语言模型性能的重要指标之一。在提升 Llama 对中文的支持过程中，通过不断监控和降低困惑度，可以有效地评估模型的训练效果，并指导模型的优化方向。

在训练过程中，评价模型支持中文能力是否提高，可以通过以下几个方面来进行衡量：

① **准确率与召回率：** 使用中文测试集对模型进行测试，观察模型对于中文文本的准确率和召回率。随着训练的进行，如果准确率和召回率都有所提高，那么可以认为模型对中文的支持能力在增强。

② **困惑度**：困惑度是评价语言模型性能的一个指标，它表示模型预测下一个词时的平均不确定性。随着模型对中文数据训练的增加，困惑度应该逐渐降低，表明模型对中文的预测能力在提升。

③ **中文特定任务的表现**：设计一些针对中文特性的任务，如中文分词、词性标注、命名实体识别等，观察模型在这些任务上的表现。如果模型在这些任务上的性能有所提高，那么可以说明模型对中文的支持在改善。

④ **人类评估**：让人类评估者对模型生成的中文文本进行评分，以判断文本的流畅性、准确性和语义连贯性。这种主观评估可以提供关于模型生成中文文本质量的直接反馈。

⑤ **训练损失（training loss）和验证损失（validation loss）**：监控训练过程中的损失函数值。随着训练的进行，训练损失和验证损失应该逐渐降低。如果验证损失在训练过程中持续下降，这表明模型在中文数据上的泛化能力在提升。

⑥ **长上下文处理能力**：评估模型在处理长中文文本时的性能。例如，可以测试模型在生成长段落或理解复杂中文语境下的能力。如果模型在这方面表现得更好，说明其对中文的支持在加强。

⑦ **词嵌入质量**：通过评估中文词汇的词嵌入向量质量来衡量模型对中文的理解能力。可以使用诸如词向量相似度、类比推理等任务来测试词嵌入的质量。

综上所述，通过这些定量和定性的评估方法，我们可以全面地评价 Meta 开源的 Llama 模型在训练过程中对中文支持能力的提升情况。

第四节　人类反馈的集成

在大模型的微调过程中，人类反馈的重要性不言而喻。举个例子，假设我们有一个大语言模型，它用于生成新闻报道。在初始阶段，模型可能会生成一些语法正确但内容不准确或存在偏见的报道。这时，我们就需要通过人类编辑的反馈来纠正这些问题。

人类编辑会仔细审查模型生成的报道，并标记出不准确的信息、偏见言论或需要改进的表达方式。比如，如果模型错误地报道了某个政治事件的细节，人类编辑会指出这个错误并提供正确的事实。或者，如果模型在描述某个群体时使用了不恰当的刻板印象，人类编辑会提醒模型避免这种偏见。

这些反馈随后被整合到模型的微调过程中。通过调整模型的参数和权重，使其能够更好地理解并生成准确、客观且公正的新闻报道。这种微调不仅提高了模型的性能，还确保了模型输出的内容符合人类的价值观和道德标准。

总的来说，人类反馈在大模型微调中扮演着至关重要的角色。它不仅帮助模型纠正错误和偏见，还使模型能够更深入地理解人类语言的复杂性和多样性。通过整合人类反馈，大模型能够更好地适应实际应用场景，并为用户提供更加准确、有用和负责任的服务。

在大模型的微调过程中，人类反馈是一个不可或缺的环节，它对大模型的优化和提升具有多个方面的好处。以下是对这些好处的详细阐述：

① 提高模型的准确性：人类反馈可以帮助纠正模型在理解和生成文本时的偏差。当模型生成的内容与人类期望不符时，人类可以提供正确的信息或指导，使模型在后续的训练中逐渐调整其预测和生成策略，从而提高输出的准确性。

② 增强模型的鲁棒性：通过引入人类反馈，模型可以更好地处理各种复杂的语言现象和边缘情况。人类反馈往往包含了对语言细微差别的理解，这有助于模型在面对不常见或复杂的语言结构时做出更稳健的预测。

③ 提升模型的适应性：人类反馈可以反映实际使用场景中的需求和偏好。通过收集并分析这些反馈，模型可以更好地适应不同的用户群体和应用场景，提供更加个性化和符合用户需求的服务。

④ 促进模型的持续学习：人类反馈为模型提供了一个持续学习的机会。在实际应用中，语言和文化是不断发展的，通过持续的人类反馈，模型可以不断更新和优化其知识库，保持与时俱进。

⑤ 加强模型的安全性：人类反馈有助于及时发现并纠正模型可能产生的有害或偏见输出。通过人类的监督和反馈，可以确保模型在生成内容时遵循道德和法律准则，降低潜在的风险和负面影响。

⑥ 优化用户体验：人类反馈是提升用户体验的关键。通过了解用户对模型输出的满意度和需求，开发者可以针对性地改进模型，使其更加符合用户期望，从而提高用户对产品的满意度和忠诚度。

综上所述，人类反馈在大模型微调中发挥着至关重要的作用，它不仅有助于提高模型的准确性、鲁棒性和适应性，还能促进模型的持续学习、加强安全性和优化用户体验。因此，在开发和优化大模型时，充分利用人类反馈是非常必要的。

在大模型的微调过程中，人类反馈环节的实现通常遵循以下详细步骤：

步骤 1：数据收集。

－首先，需要收集大量的人类反馈数据。这可以通过多种方式实现，例如，让用户对模型的输出进行评分、提供修改建议或直接给出正确的输出。

－这些数据可以是文本、语音或其他形式的输入，关键是要确保它们能够反映人类对模型性能的真实评价和改进意见。

步骤 2：数据预处理。

－收集到的人类反馈数据需要进行预处理，以便模型能够理解和使用。

－预处理可能包括数据清洗、标准化和格式化等步骤，以确保数据的质量和一致性。

步骤 3：反馈整合。

－将预处理后的人类反馈整合到模型的训练过程中。这通常涉及将反馈数据与原始训练数据相结合，以创建一个更丰富的数据集。

－在整合过程中，可能需要采用特定的算法或技术来确保人类反馈能够有效地指导模型的训练。

步骤 4：模型微调。

－使用整合了人类反馈的数据集对模型进行微调。这个过程旨在调整模型的参数和权重，以使其更好地适应人类的需求和期望。

－微调过程中可以采用各种优化算法和学习率调整策略来加速训练并提高模型的性能。

步骤 5：验证与评估。

－在微调完成后，需要对模型进行验证和评估，以确保其性能得到了提升并且符合人类的期望。

－这可以通过使用独立的验证数据集或进行交叉验证来实现。评估指标可能包括准确率、召回率、F1 值等，具体取决于任务的需求。

步骤 6：迭代与优化。

－根据验证和评估的结果，可能需要对模型进行进一步的迭代和优化，包括调整模型架构、增加数据多样性或采用更先进的训练技术等。

－通过不断地迭代和优化，模型可以逐渐逼近人类的期望并提高性能。

需要注意的是，人类反馈在大模型微调中的具体实现方式可能因模型、任务和数据集的不同而有所差异。但总的来说，上述步骤提供了一个通用的框架来指导如何有效地将人类反馈整合到模型的微调过程中。

虽然 Llama2 官方资料中未提供具体的官方网址或数字信息来直接支持这些步骤，但这些步骤是基于广泛认可的机器学习和自然语言处理原理以及实践经验总结而成的。在实际应用中，可以根据具体的情况和需求进行相应的调整和优化。

微调模型并使其接受超过 100 万个人类注释的训练，这一复杂而精细的过程对 Llama2 模型的安全性和指令理解能力带来了革命性的进步。现在，让我们更深入地探讨这一过程。

微调，这是一个对模型进行精雕细琢的环节。它不仅仅是对预先训练好的模型进行简单的调整，更是一个全面而细致的再训练过程，目的是使模型更加适应特定的应用场景或数据集。对于 Llama2 这样的大语言模型而言，微调的意义远不止于性能的提升，它更是为了赋予模型更高的安全性和对人类指令的深刻理解。

在这一微调过程中，超过 100 万个人类注释的训练数据发挥了至关重要的作用。这些注释不仅仅是简单的文字标记，它们蕴含了丰富的语境信息和人类思维的精髓。每一条注释，都是人类对语言、情感和意图的细致刻画。它们为模型构建了一个庞大的语言环境，帮助 Llama2 更深入地理解和解析人类的复杂指令。

这些注释中所包含的信息量之大，令人叹为观止。其中不仅有对日常用语的精准描述，还有对情感、态度和观点的细致刻画。更重要的是，这些注释中还融入了大量的安全性和道德准则相关的内容。这使得 Llama2 在处理涉及敏感或争议性话题时，能够展现出更高的审慎度和责任感，坚决避免产生任何不恰当或有害的内容。

正是这种对安全性和道德准则的高度重视，使得 Llama2 在保护用户隐私、防止滥用行为以及确保模型行为合规性方面表现出色。这也是大语言模型在现代社会中不可或缺的重要品质。

此外，通过这一微调过程，Llama2 不仅在安全性和指令理解能力上取得了显著进步，还在实际应用中展现出了更高的灵活性和适应性。无论是在智能对话系统、自动化文本生成，还是其他各种自然语言处理任务中，Llama2 都能迅速而准确地理解和执行人类的指令，为用户提供更加精准、流畅和个性化的服务体验。

值得一提的是，这种微调并不是一次性的工作。随着技术的不断进步和应用场景的不断变化，Llama2 还将根据实际应用中的反馈和需求进行持续的优化和调整。这意味着，随着时间的推移和经验的积累，Llama2 的安全性和指令理解能力将会得到进一步的提升和完善，为用户带来更加卓越和高效的服务体验。

总的来说，通过微调模型并引入超过 100 万个人类注释的训练数据，Llama2 模型在安全性方面取得了显著的突破，同时也大幅提升了其对人类指令的理解和执行能力。这一过程不仅彰显了数据驱动和模型优化的巨大价值，更为大语言模型在实际应用中的性能提升和安全性保障奠定了坚实的基础。

第五节　实战：中文应用开发

一、基于 Llama 的医学大模型的开源项目

"本草"是一个基于中文医学知识的大语言模型，其原名是"华佗"。该项目由哈尔滨工业大学的研究团队开发，并采用了深度学习技术中的微调方法，对预训练语言模型进行改进，以更好地适应中文医学文本数据的处理。这一模型的构

建主要利用了中文医学知识图谱 CMeKG，该图谱包含了丰富的疾病、药物、症状和诊疗技术的结构化知识描述。此外，"本草"团队还结合了关于肝癌疾病的中文医学文献，构造了问答数据和多轮对话训练数据，用于模型的训练。这种结合专业知识图谱和具体医学文献的方法，使得"本草"模型在理解和回答中文医学问题方面具有较高的准确性和适用性。

值得注意的是，"本草"模型并非仅专注于中医知识，而是涵盖了更广泛的中文医学领域，这使得它在处理各类医学文本数据时具有更大的灵活性和通用性。作为一个开源项目，"本草"为医学研究人员和从业者提供了一个强大的工具，有助于推动中文医学领域的自然语言处理和数据挖掘技术的发展。

虽然"本草"模型在中文医学文本处理方面取得了显著的成果，但研究团队仍在不断探索和优化模型，以提高其在复杂医学问题上的处理能力和准确性。随着技术的不断进步和数据的日益丰富，"本草"模型有望在中文医学领域发挥更大的作用。

以下是关于该模型的详细介绍：

1. 模型概述

• "本草"是一个中文医学大模型，它并非专门针对中医，而是涵盖了更广泛的中文医学知识。该模型由哈尔滨工业大学的研究团队训练，并通过指令微调来优化其在医学领域的应用效果。

2. 数据来源与构建

• **主要数据来源**：中文医学知识图谱（CMeKG）。这是一个由北京大学、郑州大学等机构科研人员利用自然语言处理与文本挖掘技术构建的医学知识图谱。

• **知识图谱内容**：CMeKG 包含 1 万余种疾病、近 2 万种药物、1 万余个症状、约 3000 种诊疗技术的结构化知识描述，实现了广泛的知识关联。

3. 技术特点

• **基座模型**：采用 Llama-7B 作为基座模型，同时也尝试了 Alpaca-Chinese-7B、Bloom-7B 等基座模型进行指令微调。

• **微调方法**：通过构造问答数据和多轮对话训练数据，在 Llama-7B 基座模型上进行有监督的微调，从而构建了"本草"中文医学大模型。

4. 应用与效果

• **应用场景**："本草"模型可以处理中文医学文本，进行医学知识问答、医学文本生成、医学术语提取等任务。它特别适合处理中文医学文本，因其针对医学领域进行了专门的处理和优化。

• **效果提升**：与通用的语言模型相比，"本草"在医学领域的问答效果有明显提升，能够更准确地理解和回答与中文医学相关的问题。

具体程序如下。

安装

```
pip install -r requirements.txt
```

推理

```
#基于医学知识库
bash ./scripts/infer.sh
#基于医学文献
#单轮
bash ./scripts/infer-literature-single.sh
#多轮
bash ./scripts/infer-literature-multi.sh
```

微调

```
bash ./scripts/finetune.sh
```

总的来说，"本草"是一个基于中文医学知识的语言模型，通过指令微调在 Llama-7B 等基座模型上进行了优化，使其在医学领域的应用效果显著提升。它能够处理各种中文医学文本数据，并完成医学知识问答、文本生成和术语提取等任务。

二、基于 Llama 的法律大模型的开源项目

Lawyer LLaMA 项目是一个很有意义的尝试，它专注于提升 Llama 模型在法律领域的应用能力。通过在大规模法律语料上进行持续的预训练（continual pre-training），该项目使模型能够系统地学习和理解中国的法律知识体系，这是一个重要的基础步骤。

在此基础之上，利用 ChatGPT 来收集关于国家统一法律职业资格考试（简称"法考"）客观题的分析和法律咨询的回答，是一个非常巧妙的做法。这些数据不仅丰富多样，而且紧密联系实际法律应用场景，对于提高模型的实用性和准确性至关重要。

通过指令微调（instruction tuning）的方式，Lawyer LLaMA 进一步训练模型，使其能够将学到的法律知识应用到具体场景中。这种微调方法有助于模型更好地

理解用户提问的意图，并生成更加精准、专业的法律解答。

以下是 Lawyer LLaMA 微调和优化过程的详细介绍：

1. 预训练阶段

步骤 1：多语言通用语料训练。

− 在初始阶段，Lawyer LLaMA 使用多语言通用语料（包括中文和英文）进行预训练，以提升模型对中文的理解能力。这一步骤确保了模型在理解中文法律文本的同时，保持了英文的理解能力。

步骤 2：中文法律语料训练。

− 随后，模型使用大量的中文法律文章、司法解释和人民法院的司法文件等法律领域的文本进行进一步的预训练，以注入法律领域的专业知识。

2. 指令精调（SFT）阶段

步骤 1：通用 SFT 数据训练。

− 使用通用的 SFT（supervised fine-tuning）数据，如 Alpaca-GPT4 等，进行训练，以提升模型完成指令的能力。

步骤 2：法律领域 SFT 数据训练。

− 进一步使用法律领域的 SFT 数据，包括国家法考数据和法律咨询数据，进行训练，以增强模型在法律领域的推理和回答能力。

3. 检索模块增强

步骤 1：检索模块训练。

− 训练一个基于 RoBERTa 的检索模块，通过人工标注的法律咨询问题及其相关法条，教会模型如何检索和利用相关的法律知识。

步骤 2：检索模块整合。

− 将检索模块与生成模型结合，使模型在生成法律咨询回答时，能够检索并引用相关的法律条文，提高回答的准确性和可靠性。

4. 实验与评估

步骤 1：通用能力评估。

− 使用多个数据集对模型的通用能力进行评估，如语言理解、逻辑推理等。

步骤 2：垂直领域评估。

− 通过罪名预测、判断题等法律领域的特定任务，评估模型在法律领域的专业能力。

5. 结果与观察

实验结果表明，通过上述微调和优化过程，Lawyer LLaMA 在法律领域的专业能力得到了显著提升，同时保持了较好的通用能力。

6. 开源与社区贡献

Lawyer LLaMA 项目将开源一系列法律领域的指令微调数据和基于 Llama 训练的中文法律大模型的参数，以促进中文法律大模型的开放研究和进一步发展。

通过这一微调和优化过程，Lawyer LLaMA 能够更好地理解和生成中文法律内容，为法律专业人员提供更加精准和高效的辅助服务。

总的来说，Lawyer LLaMA 项目的创新之处在于它结合了大规模法律语料的预训练和针对特定任务的指令微调，从而显著提升了 Llama 模型在法律领域的应用效果。这种方法不仅有助于提高法律服务的智能化水平，也为其他专业领域的知识问答系统提供了有益的参考和借鉴。

由于推理和微调方法已经讲过，读者可自行下载数据集，动手实战本项目。

三、基于 Llama 的金融大模型的开源项目

基于中文金融知识的 LLama 微调模型是一个专注于提升 Llama 模型在金融领域应用能力的开源项目。该项目位于 GitHub 上，由贡献者 jerry1993-tech 开发和维护，名为 Cornucopia-LLaMA-Fin-Chinese。

该项目主要完成了对 Llama-7B 模型的微调工作，特别是针对中文金融知识进行了指令精调（instruct tuning）。为了构建这一微调模型，开发者利用了多种数据来源，包括中文金融公开数据和通过网络爬虫获取的金融数据，从而构建了一个丰富的指令数据集。这个数据集不仅涵盖了广泛的金融知识，还反映了金融市场的实时动态，为模型的微调提供了坚实的基础。

通过对 Llama 模型进行微调，该项目成功地提高了模型在金融领域问答任务中的表现。这意味着，经过微调的 Llama 模型能够更准确地理解和回答与金融相关的问题，包括但不限于市场分析、投资策略、金融产品比较等。

此外，该项目还计划利用 GPT-3.5 API 构建更高质量的数据集，以进一步提升模型的性能。同时，开发者也打算在中文知识图谱 - 金融领域进一步扩充高质量的指令数据集，这将有助于模型更深入地理解金融市场的复杂性和多样性。

以下是基于 Llama 的金融大模型的微调过程。

基于 LLama 的金融领域大模型微调过程，以 Cornucopia-LLaMA-Fin-Chinese 为例，涉及以下几个关键步骤：

步骤 1：数据收集与预处理。

－公开金融数据：收集公开的中文金融相关数据，这可能包括金融新闻、报

告、法规等。

－爬取数据：使用网络爬虫技术从金融网站和论坛爬取数据，以增加数据多样性。

－数据清洗：对收集到的数据进行清洗，移除无关内容和噪声，确保数据质量。

步骤 2：构建指令数据集。

－指令数据生成：根据金融知识构建指令数据集，这些指令可能包括金融产品解释、市场分析、投资建议等。

－数据标注：对生成的指令数据进行标注，明确每条指令的目的和预期的回答格式。

步骤 3：预训练模型选择。

－选择基座模型：选择一个合适的预训练 Llama 模型作为基座，例如 Llama-7B。

步骤 4：指令微调（instruct tuning）。

－微调策略：设计微调策略，决定是在模型的某一层进行微调或是全模型微调。

－训练过程：使用构建的指令数据集对选定的 Llama 模型进行微调，优化模型在金融领域的问答效果。

步骤 5：质量控制与评估。

－评估指标：确定评估模型性能的指标，如准确率、召回率、F1 值等。

－模型测试：在独立的测试集上评估微调后的模型，确保其在金融领域的问答能力得到提升。

步骤 6：模型优化。

－超参数调整：根据评估结果调整模型的超参数，如学习率、批次大小等，以进一步提高模型性能。

－错误分析：分析模型在测试中的错误，识别模型的不足之处，并针对性地进行改进。

步骤 7：知识图谱的整合。

－金融知识图谱：利用中文金融知识图谱来扩充指令数据集，增加模型对金融概念和实体的理解。

－图谱融合：将知识图谱与模型结合，可能通过特征融合或作为检索组件，以增强模型的知识性和准确性。

步骤 8：高质量数据集构建。

－利用 GPT-3.5 API：使用 GPT-3.5 API 生成或校正数据，以构建更高质量的训练数据集。

－数据迭代：不断迭代和优化数据集，以适应金融领域的快速变化。

步骤 9：模型部署与应用。

—模型部署：将训练和优化后的模型部署到服务器或云平台，以供应用使用。

—应用开发：开发金融领域的应用程序，如智能客服、投资顾问等，利用微调后的模型提供服务。

步骤 10：社区贡献与开源。

—开源模型：将微调后的模型参数和相关代码开源，供社区使用和进一步研究。

—协作与反馈：鼓励社区贡献，通过反馈进行模型的持续改进。

通过上述步骤，Cornucopia-LLaMA-Fin-Chinese 项目旨在创建一个专门针对中文金融领域的 Llama 模型，以提高金融专业人士和普通用户的金融信息服务体验。

具体程序如下。

项目安装依赖

```
pip install -r requirements.txt
```

项目加载模型

```
# 下载7B模型到本地
bash ./base_models/load.sh
```

加载权重

```
Fin-Alpaca-LoRA-7B-Meta/
    - adapter_config.json    # LoRA权重配置文件
    - adapter_model.bin      # LoRA权重文件
```

项目推理

```
# 单模型推理
bash ./scripts/infer.sh

# 多模型对比
bash ./scripts/comparison_test.sh
```

项目微调

```
bash ./scripts/finetune.sh
```

总的来说，Cornucopia-LLaMA-Fin-Chinese 是一个值得关注的开源项目，它展示了如何将大语言模型如 Llama 微调以适应特定领域（如金融）的需求，从而提供更准确、专业的回答和服务。

四、基于 Llama 的科技论文大模型的开源项目

北京理工大学团队开源了一种名为"墨子"的科学大语言模型。该模型是专门为科学论文领域设计的大语言模型，具有问答和情感支持等功能，这在语言模型领域中尚属首例。

模型主要特点如下。

问答功能："墨子"模型借助大规模语言和证据检索模型 SciDPR，可以针对用户对特定论文的问题做出简洁准确的回答。这种能力使得学术研究人员在查询专业资料时能够更高效地获取所需信息。

情感支持：除了提供信息检索和问答功能外，"墨子"还能为学术研究人员提供情感支持。这一特点在高压的学术环境中尤为重要，有助于缓解研究人员的压力。

需要注意的是，虽然"墨子"模型在科学论文领域展现出了强大的潜力，但其在实际应用中仍可能面临诸多挑战。例如，如何确保模型回答的准确性和权威性，以及如何在不同学科领域实现广泛应用等。"墨子"安装使用方法如下。

1）安装

```
pip install -r requirements.txt
```

2）使用

Mozi 模型权重（在科学语料库上预训练）由预训练的大规模语言和 LoRA 权重组成。

首先，下载 Llama-7B 检查点和 Baichuan-7B 检查点。然后，从表 4.5.1 中所示的位置下载这两个模型的 LoRA 权重。

表 4.5.1　权重地址

LoRA 检查点	Hugging face Delta 权重地址
百川七号 B delta weight	mozi_baichuan_7b
Llama-7B delta weight	mozi_llama_7b

3）本地部署

```
./scripts/deploy.sh
# #!/bin/bash # CUDA_VISIBLE_DEVICES=0 python deploy.py </span>
# --model scillm-sft</span>
# --model_path baichuan-inc/baichuan-7B</span>
# --delta_model_path ../ckpt/scillm-emotional-sft/18</span>
# --port 23333
```

该脚本在端口 23333 上运行 Mozi 模型情感模型。

4）使用

运行 Mozi 模型情感模型后，比如 HTTP 监听 23333 端口，可以用协议输入 POST 请求应：

```
{
    "decoding_method": "greedy",
    "top_p": 0.7,
    "top_k": 10,
    "penalty_alpha": 0.5,
    "max_new_tokens": 128,
    "history": [ "Human：最近科研压力真的好大啊" ]
}
```

第五章

实战大语言模型应用

第一节　大模型的基础设施创新

第二节　基于大模型的应用创新

第三节　大模型的优化和发展创新

第四节　Agent 技术

在当前的开源社区中，基于开源大模型的各种应用如雨后春笋般涌现，其种类繁多，功能各异。这些应用虽然质量上存在差异，但它们无疑为我们提供了丰富的思路和灵感，展现了机器学习大模型在多个领域中的广泛应用潜力。从智能推荐系统到自动化流程管理，从复杂数据分析到自然语言处理，这些应用场景不仅拓宽了我们的视野，更为我们实际落地和应用大模型提供了宝贵的参考和启示。每一个新的应用都像是一颗种子，在我们的思维土壤中生根发芽，激发出更多的创新点子和实施方案。这无疑为我们进一步探索大模型的应用领域，提升其在实际业务场景中的效能和价值，注入了强大的动力和信心。

在开源社区中，基于开源大模型的应用层出不穷，这些应用虽然为我们提供了丰富的灵感和思路，但很多项目仍处于初级阶段，需要进一步的深度优化才能打造出精品应用。

本章选取一些开源项目，讲解如何基于开源大模型的应用进行深度优化，从而打造出高质量的精品应用。需要说明的是：由于绝大多数开源项目为项目作者的兴趣爱好，虽然他们付出巨大的努力和辛苦的劳动，但绝大多数开源项目是简单、粗糙的，读者需加强甄别。

第一节 大模型的基础设施创新

一、数据库创新开源项目

随着大型模型如 GPT 的火爆和广泛应用，一股新的技术潮流应运而生，那就是向量数据库。这种新兴的数据库技术不仅受到了业界的热烈关注，更在实际应用中展现出了其强大的潜力和价值。

向量数据库，顾名思义，是一种特殊类型的数据库，它专门用于存储、查询和操作向量数据。这类数据库的出现，实际上是人工智能技术发展的必然产物。在人工智能时代，数据的形式和种类变得日益复杂多样，传统的关系型数据库已经难以满足高效处理这些新型数据的需求。而向量数据库，凭借其独特的设计和优化的性能，成为了处理这些复杂数据的理想选择。

更重要的是，向量数据库可以被视为人工智能时代的基础设施。在机器学习、深度学习等领域，大量的数据需要以向量的形式进行表示和处理。而向量数据库则能够提供高效、灵活的数据存储和查询功能，从而大大加速了人工智能应用的开发和部署过程。

此外，向量数据库还具备出色的可扩展性和灵活性，这使得它能够轻松应对人工智能应用中不断增长的数据量和处理需求。无论是自然语言处理、图像识别还是智能推荐等场景，向量数据库都发挥着不可或缺的作用，为人工智能技术的广泛应用提供了坚实的支撑。

Lantern 是一个开源 PostgreSQL 数据库扩展，用于存储矢量数据、生成嵌入和处理矢量搜索操作。

它为向量列提供了一种新的索引类型，lantern_hnsw 可以加快 ORDER BY ... LIMIT 查询速度。

Lantern 构建并使用 usearch，这是一种先进的单标头 HNSW 实现。

（一）Lantern 的特点

- 流行用例的嵌入生成（CLIP 模型、Hugging Face 模型、自定义模型）。
- 与 pgvector 数据类型的互操作性，因此任何使用 pgvector 的人都可以切换到 Lantern。
- 通过外部索引器创建并行索引。
- 能够在数据库服务器外部生成索引图。
- 支持在数据库外部和另一个实例内部创建索引，使用户可以在不中断数据库工作流程的情况下创建索引。
- 用户可以查看所有的辅助功能，以更好地支持工作流程。

（二）docker 安装

```
docker run --pull=always --rm -p 5432:5432 -e "POSTGRES_USER=$USER"
-e "POSTGRES_PASSWORD=postgres" -v ./lantern_data:/var/lib/postgresql/
data lanterndata/lantern:latest-pg15
```

（三）向量数据库 Lantern 的使用

Lantern 保留了标准 PostgreSQL 接口，因此它与 PostgreSQL 生态系统中所有受用户喜欢的工具兼容。

首先，在 SQL 中启用 Lantern（例如通过 psqlshell）：

```
CREATE EXTENSION lantern;
```

注意：运行上述命令后，Lantern 扩展仅在当前 postgres 数据库上可用（单个 postgres 实例可能有多个此类数据库）。连接到不同的数据库时，请确保也为新数据库运行上述命令。例如：

```
CREATE DATABASE newdb;
\c newdb
CREATE EXTENSION lantern;
```

创建一个包含向量列的表并添加数据：

```
CREATE TABLE small_world (id integer, vector real[3]);
INSERT INTO small_world (id, vector) VALUES (0, '{0,0,0}'), (1, '{0,
0,1}');
```

通过以下方式在表上创建 hnsw 索引 lantern_hnsw：

```
CREATE INDEX ON small_world USING lantern_hnsw (vector);
```

根据矢量数据自定义 lantern_hnsw 索引参数，例如距离函数（如 dist_l2sq_ops）、索引构建参数和索引搜索参数：

```
CREATE INDEX ON small_world USING lantern_hnsw (vector dist_l2sq_ops)
WITH (M=2, ef_construction=10, ef=4, dim=3);
```

开始查询数据：

```
SET enable_seqscan = false;
SELECT id, l2sq_dist(vector, ARRAY[0,0,0]) AS dist
FROM small_world ORDER BY vector <-> ARRAY[0,0,0] LIMIT 1;
```

（四）总结

Lantern 是一个专为 PostgreSQL 数据库设计的开源扩展，它极大地增强了数据库在矢量数据处理和搜索方面的能力。作为一个功能强大的矢量数据解决方案，Lantern 允许用户将地理空间数据、图像数据或其他类型的矢量数据直接存储在 PostgreSQL 数据库中，并通过高效的索引和查询机制来管理和检索这些数据。

矢量数据，如点、线、多边形等，通常用于描述地理空间信息，但也可以用于其他需要精确空间定位的领域。通过 Lantern，用户可以将这些矢量数据作为数据库的一部分进行管理，而无需依赖外部的文件系统或专门的地理空间数据库系统。

二、将自然语言问题转换为 SQL 查询

Defog.ai 是一家人工智能开源公司，位于美国加利福尼亚州山景城。Defog 的核心技术是 sqlcoder：将自然语言问题转换为 SQL 查询。

（一）项目安装

```
$env:CMAKE_ARGS = "-DLLAMA_BLAS=ON -DLLAMA_BLAS_VENDOR=OpenBLAS"

pip install "sqlcoder[llama-cpp]"
```

（二）项目详细介绍

将自然语言通过大模型转化为 SQL 查询的技术，是当今人工智能领域的一项重要创新。这项技术主要依赖于深度学习模型，如 Transformer 和 BERT 等，这些模型通过训练能够从自然语言文本中提取关键信息，并精准地将其转化为 SQL 查询语句。在实际应用中，用户只需以自然语言形式描述问题或需求，系统便能自动生成对应的 SQL 语句，进而实现对数据库的查询。

这项技术的应用场景极为广泛，不仅简化了数据库查询操作，还大大提高了数据分析的效率。在智能制造领域，设备维护与故障诊断、供应链管理、质量管理以及定制化生产等多个方面都可以应用这项技术。例如，在设备维护方面，利用自然语言转 SQL 技术，维护团队能迅速查询设备的性能数据，从而进行精准的故障诊断和预测性维护。在供应链管理中，企业可以通过自然语言查询快速追踪库存水平、订单状态等关键数据，为决策提供有力支持。

此外，在商业智能、客户服务、金融分析、医疗健康以及教育与研究等领域，这项技术也展现出了巨大的应用潜力。它降低了数据分析的门槛，使得更多非技术背景的人员能够轻松地进行数据查询和分析，从而推动了各行业的数字化转型和升级。

总的来说，将自然语言通过大模型转化为 SQL 查询的技术为现代社会带来了极大的便利和效益，它正逐渐成为连接人类语言与机器语言之间的重要桥梁。

Defog.ai 的核心技术是 SQLCoder，它具有以下特点和功能。

• **核心功能**：SQLCoder 是 Defog.ai 开发的一款先进模型，它的核心功能是将自然语言问题转化为 SQL 查询。这意味着用户可以使用日常语言来查询数据库，而无需具备专业的 SQL 编程知识。

• **性能与优化**：SQLCoder 在通用 SQL 架构中表现出色，并且在对特定数据库架构进行优化时，其性能甚至可以超过 GPT-4。这使得 SQLCoder 在处理复杂的数据库查询时具有高效和准确的优势。

• **定制化与灵活性**：SQLCoder 模型可供个人和商业使用，并且可以根据程序需求进行定制化修改。这为用户提供了更大的灵活性，可以根据自身需求调整和优化模型。

• **应用场景**：SQLCoder 已经在多个领域进行了应用，包括医疗保健、金融服务和政府部门等。对于不希望敏感数据离开其服务器的客户来说，SQLCoder 提供了一个自托管模型的选择，增强了数据的安全性。

• **学习与支持**：SQLCoder 还提供了交互式学习功能，通过提供 SQL 查询的逐步提示和解释，帮助用户理解和学习 SQL 语法。这对于初学者和需要提升 SQL 技能的用户来说是一个有价值的学习资源。

总的来说，Defog.ai 通过其核心技术 SQLCoder 提供了一个高效、灵活且安全的数据查询解决方案，适用于各种行业和场景。

三、将大模型数据查询 SQL 化

开源数据库项目 MindsDB，增强了 SQL 语法，以实现人工智能驱动的应用程序的无缝开发和部署。此外，用户可以通过 SQL 操作，还可以通过 REST API、Python SDK、JavaScript SDK 和 MongoDB-QL 与 MindsDB 交互。

比如 MindsDB 支持像写 SQL 一样微调大模型。对大模型的操作变成了标准化的 SQL（图 5.1.1），这对于没有学习掌握大模型的程序员来说，也能很方便地与传统产品集成。

解决方案	SQL 查询示例
微调	FINETUNE mindsdb.hf_model FROM postgresql.table;
知识库	CREATE KNOWLEDGE_BASE my_knowledge FROM (SELECT contents FROM drive.files);
语义搜索	SELECT * FROM rag_model WHERE question='What product is best for treating a cold?';
实时预测	SELECT * FROM binance.trade_data WHERE symbol = 'BTCUSDT';
代理	CREATE AGENT my_agent USING model='chatbot_agent', skills = ['knowledge_base'];
聊天机器人	CREATE CHATBOT slack_bot USING database='slack',agent='customer_support';
时间驱动的自动化	CREATE JOB twitter_bot (<sql_query1>, <sql_query2>) START '2023-04-01 00:00:00';
事件驱动的自动化	CREATE TRIGGER data_updated ON mysql.customers_data (sql_code)

图 5.1.1 将大模型操作 SQL 化

以下是关于 MindsDB 的详细介绍。

① **SQL 语法的增强**：MindsDB 通过增强 SQL 语法，使得开发者能够在使用

熟悉的 SQL 语言的同时，无缝地集成人工智能功能。这意味着开发者无需学习新的编程语言或工具，就可以轻松地开发和部署 AI 驱动的应用程序。

② **多接口交互能力**：除了标准的 SQL API 外，MindsDB 还提供了 REST API、Python SDK、JavaScript SDK 以及 MongoDB-QL 等多种交互方式。这种多样化的接口支持使得开发者可以根据自己的需求和技能选择合适的工具与 MindsDB 进行交互。

③ **大模型的微调**：一个独特的功能是，MindsDB 允许开发者像编写 SQL 语句一样微调大模型。这种能力简化了机器学习模型的调优过程，使得非专业的数据科学家和开发人员也能轻松进行模型优化。

④ **广泛的应用场景**：MindsDB 适用于各种应用场景，包括但不限于数据库中的机器学习、预测分析、自动化决策支持系统等。通过 MindsDB，开发者可以轻松地将 AI 功能集成到现有的数据库系统中，提升应用的智能化水平。

⑤ **开源与社区支持**：作为开源项目，MindsDB 拥有活跃的社区支持和丰富的文档资源。这意味着开发者在使用过程中遇到问题或需要进一步的定制时，可以获得及时的帮助和解决方案。

综上所述，MindsDB 凭借其创新的 AI 集成方式、多样化的接口支持以及强大的大模型微调能力，为开发者提供了一个无缝开发和部署 AI 驱动的应用程序的平台。

第二节　基于大模型的应用创新

自从 ChatGPT 凭借其强大的自然语言处理能力赢得了全球的关注，人们开始意识到大模型在 AI 应用中的巨大潜力。而 Llama 大模型的开源，更是将这股热潮推向了一个新的高度。作为一个功能强大且易于使用的开源模型，Llama 迅速在开发者社区中流行开来。它的开源性质使得开发者能够轻松地在其基础上进行二次开发，从而催生了大量基于大模型的应用。

一、基于 LLM 的开源代码编写助手

Continue 是一个为 VS Code 和 JetBrains IDE 设计的开源扩展，它简化了使用大语言模型（LLM）进行编码的过程。Continue 通过其强大的功能，让开发人员能够更流畅、更高效地编写代码。

以下是 Continue 提供的一些主要功能：

① **代码理解与解释**：通过 Continue，开发者可以轻松理解代码的各个部分。只需选中代码，即可让 Continue 解释其功能或重构方式。

② **代码建议与自动完成**：Continue 提供了类似 Tab 键的代码建议功能，能够基于开发者当前的输入，智能推荐代码补全选项。

③ **函数重构**：如果开发者正在编写的函数需要优化或修改，Continue 可以帮助重构该函数，使其更加高效和清晰。

④ **代码库查询**：开发者可以通过 Continue 询问有关代码库的问题，例如特定函数的作用、某个变量的定义等。

⑤ **快速文档上下文**：Continue 允许开发者快速使用文档作为上下文，从而更好地理解代码背后的逻辑和设计。

⑥ **斜杠命令操作**：通过斜杠命令，开发者可以启动各种操作，如添加类、文件等到上下文中，以便更好地理解整个项目结构。

⑦ **终端错误解析**：当开发者在终端中遇到错误时，Continue 可以帮助快速理解并解释这些错误信息。

此外，Continue 的灵活性还体现在它支持多种模型配置。开发者可以为作业选择最合适的模型，无论是开源的还是商业的、本地运行的还是远程的，以及用于聊天、自动完成或嵌入的。Continue 提供了丰富的配置选项，以便开发者能够自定义扩展来适应他们现有的工作流程。

总的来说，Continue 通过其强大的功能和灵活的配置选项，为开发者提供了一个更加智能、高效的编程环境。无论是初学者还是经验丰富的开发者，都可以从 Continue 的助力中获益良多。

GitHub 推出的 Copilot 是一款基于人工智能的代码自动补全工具，其主要功能包括以下几点：

① **自动代码补全**：Copilot 能够基于上下文提供自动代码补全建议。当用户开始键入代码时，Copilot 会根据之前的代码和注释，推荐接下来可能的代码片段，从而加速编程过程。

② **错误检查与修复**：Copilot 可以检查代码中的语法错误，并提供修复建议，帮助开发者减少 bug 和提高代码质量。

③ **代码片段建议**：除了基本的语法补全，Copilot 还能根据用户需求和上下文，提供更复杂的代码片段建议，如函数、变量或完整的逻辑结构。

④ **多语言支持**：Copilot 支持多种编程语言，包括但不限于 Python、JavaScript、TypeScript、Ruby 和 Go 等，使其适用于不同编程背景的开发者。

⑤ **注释转化为代码**：开发者只需写一条注释，描述想要实现的逻辑，Copilot 便能"理解"并写出相应功能的代码。

⑥ **个性化建议**：Copilot 具有学习模式，能够逐渐适应开发者的编码风格，并提供更加个性化的代码建议。

⑦ **减少样板代码编写**：Copilot 可以帮助开发者快速生成重复性或样板代码，如初始化、错误处理等，从而减轻开发者的工作量，使其更专注于核心逻辑的实现。

⑧ **集成开发环境支持**：Copilot 可以集成到 VS Code 等流行的集成开发环境中，为开发者提供无缝的使用体验。

此外，Copilot 还提供了定制化的 GPT 功能，如"编程教练"，这表明其在专业领域的应用潜力。

需要注意的是，虽然 Copilot 为编程提供了便利，但开发者仍然需要对生成的代码进行仔细检查和测试，以确保其正确性和可靠性。同时，对于涉及敏感信息的编程任务，使用者需要谨慎处理，以防信息泄露。

二、开源数据交互工具

PandasAI 是一个前沿的 Python 库，它为流行的数据分析和操作工具 pandas 添加了生成式 AI 功能。PandasAI 旨在与 pandas 结合使用。它使 pandas 具有对话性，允许用户用自然语言向数据提出问题。这个库并不是为了取代广受欢迎的 pandas 工具，而是作为它的有力补充，共同为用户提供更高效、更便捷的数据处理和分析体验。

PandasAI 被精心设计为与 pandas 无缝集成，这意味着用户可以充分利用 pandas 强大的数据处理功能，同时享受到 AI 带来的智能化便利。这一结合使得原本复杂的数据分析工作变得更加直观和高效。

最为引人注目的是，基于大语言模型的能力，PandasAI 赋予了 pandas 对话性。用户不再需要精通复杂的编程或查询语言，而是可以通过自然语言直接向数据提出问题。例如，如果你想了解中国和美国在过去五年里 GPT 相关数据的对比情况，只需简单地输入："对比一下中美过去五年的 GPT 数据。"PandasAI 就会理解你的意图，并自动执行相应的数据分析操作。

这种对话式的数据分析方式极大地简化了数据分析的流程，降低了数据分析的门槛。无论是数据分析初学者还是资深专家，都能从中受益。PandasAI 不仅提高了数据分析的效率，还使得数据分析变得更加亲民和易用。

开源数据分析和操作工具 pandas 的更多介绍如下：

（一）基本概述

① **定义**：pandas 是一个开源的数据分析和数据处理库，它基于 Python 编程

语言，提供了易于使用的数据结构和数据分析工具。

② **创建背景**：pandas 最初由 AQR Capital Management 于 2008 年 4 月开发，并于 2009 年底开源出来。当时由 PyData 开发团队继续开发和维护，它是 PyData 项目的一部分。

③ **名称由来**：Pandas 的名称来自面板数据（panel data）和 Python 数据分析（data analysis）。

（二）主要功能与特点

1. 数据结构

- **Series**：一维数组，能保存不同数据类型，如字符串、布尔值、数字等。
- **DataFrame**：二维的表格型数据结构，类似于 Excel 表格，可以理解为 Series 的容器。
- 同时，pandas 还提供了三维的数组 Panel，以及更高维度的数据结构。

2. 数据操作与分析

- **数据清洗**：处理缺失数据、重复数据等。
- **数据转换**：改变数据的形状、结构或格式。
- **统计分析**：进行聚合、分组等操作。
- **数据可视化**：可以整合 matplotlib 和 seaborn 等库进行数据可视化。

3. 数据导入导出

- 支持多种数据格式的导入导出，如 CSV、Excel、SQL 等。

4. 时间序列分析

- 为时间序列分析提供了很好的支持，如日期范围生成、频率转换、移动窗口统计等。

（三）应用领域

① **金融领域**：金融机构使用 pandas 来处理和分析股票市场数据、财务数据等。
② **科学研究**：在天文学、生物学等领域用于大量的实验数据、观测数据的处理和分析。
③ **企业数据分析**：处理和分析销售数据、客户数据等，以支持决策和战略规划。
④ **社交媒体分析**：分析用户行为、趋势等。
⑤ **医疗保健**：处理和分析医疗数据，包括患者数据、临床试验数据等。

（四）安装和使用

安装方法如下。

```
pip install pandasai
```

使用案例如下。我们可以要求 PandasAI 查找 DataFrame 中某列值大于 5 的所有行，并且它将返回仅包含这些行的 DataFrame：

```
import pandas as pd
from pandasai import SmartDataframe
#数据样例
df = pd.DataFrame({
"country": ["United States", "United Kingdom", "France", "Germany",
"Italy", "Spain", "Canada", "Australia", "Japan", "China"],
"gdp": [19294482071552, 2891615567872, 2411255037952,
3435817336832, 1745433788416, 1181205135360, 1607402389504,
1490967855104, 4380756541440, 14631844184064],
"happiness_index": [6.94, 7.16, 6.66, 7.07, 6.38, 6.4, 7.23, 7.22,
5.87, 15.12]
})
# I初始化大模型 LLM ，比如OpenAI
from pandasai.llm import OpenAI
•lm = OpenAI(api_token="YOUR_API_TOKEN")
df = SmartDataframe(df, config={"llm": llm})
df.chat('哪个国家最幸福?')
```

可以直接用自然语言去查询：

```
df.chat('哪个国家最幸福?')
```

（五）总结

pandas 作为 Python 的一个数据分析包，凭借其强大的数据结构和丰富的功能，在金融、科研、企业数据分析等多个领域得到了广泛应用。它能够高效地处理和分析结构化数据，为数据科学家和分析师提供了便捷的工具。

三、领先的文档 GPT 开源项目

DocsGPT 是一种前沿的开源解决方案，专为简化在项目文档中查找信息的过程而设计。通过深度集成 GPT 模型，DocsGPT 为开发者提供了一种全新的文档搜索与理解体验，开发人员可以轻松提出有关项目的问题并获得准确的答案。

（一）DocsGPT 的主要特点和优势

① **智能问答**：开发人员可以直接向 DocsGPT 提出问题，系统会基于项目文档的内容给出准确、相关的答案。这极大地减少了在庞大文档中手动搜索信息的时间。

② **深度理解**：GPT 模型的强大之处在于其深度理解能力。DocsGPT 不仅仅能查找关键词，还能理解文档的上下文，从而提供更精确的解答。

③ **自然语言处理**：支持自然语言提问，无需学习特定的查询语法或使用关键词组合，使得信息查询更加直观和自然。

④ **快速集成**：DocsGPT 设计为易于集成到现有的开发环境中，无论是本地还是云端，都能快速部署并投入使用。

⑤ **开源与可定制**：作为开源项目，DocsGPT 允许开发者根据具体需求进行定制和优化，以满足不同项目的特定要求。

⑥ **持续学习与优化**：随着 GPT 模型的持续训练和优化，DocsGPT 的性能也将不断提升，为用户提供更加准确和高效的服务。

（二）安装和使用

DocsGPT 提供了 docker 安装方法，十分方便。

```
docker compose -f docker-compose-dev.yaml build
docker compose -f docker-compose-dev.yaml up -d
```

使用方法很简单，上传 Docs，本地训练后可以和文档"聊聊天"。

（三）应用场景与影响

① **软件开发**：在复杂的软件项目中，DocsGPT 可以帮助开发人员快速找到 API 文档、系统架构图、数据流图等关键信息，加速开发过程。

② **技术支持**：对于技术支持团队来说，DocsGPT 可以作为一个智能助手，快速回答客户关于产品文档的问题，提升客户满意度。

③ **知识管理**：在大型企业或组织中，DocsGPT 可以作为知识管理系统的一部分，帮助员工快速获取公司政策、流程和其他重要信息。

（四）总结与展望

DocsGPT 通过集成 GPT 模型，为开发者提供了一种全新的、智能化的文档搜索与理解方式。它不仅提高了信息检索的效率，还通过自然语言处理和深度理解技术，提升了用户体验。随着技术的不断进步和应用场景的拓展，DocsGPT 有望在更多领域发挥其价值，成为开发者和知识工作者不可或缺的工具。

第三节 大模型的优化和发展创新

一、开源的大模型用户分析平台

Nebuly 是一款专为大语言模型（LLM）设计的用户分析平台，它还支持 Azure OpenAI、Hugging Face、Cohere、Anthropic、VertexAI 和 Bedrock。

安装方法如下。

```
pip install nebuly
```

使用方法如下。

```
import nebuly
import openai
nebuly.init(api_key="<nebuly_api_key>")
openai.api key = "<your_openai_api_key>"
response = openai.ChatCompletion.create(
model="gpt-3.5-turbo",
messages=[
{
"role": "system",
"content": "You are an helpful assistant"
},
{
"role": "user",
"content": "Hello, I need help with my computer"
}
],
user_id="test_user",
)
```

Nebuly 是一个针对大模型的开源用户分析平台，其主要功能是将大模型用户的提示转化为有价值的用户见解，以优化和改善大语言模型（LLM）的响应。具体来说，Nebuly 可以分析每一次与大语言模型的互动，实时监控用户行为，并从中提炼出关键的用户见解。

对于大模型开发者来说，Nebuly 提供了一个强大的工具，可以帮助他们更好地理解用户需求，并根据这些需求动态地改进他们的大语言模型。通过使用 Nebuly，开发者可以更有效地收集和处理用户反馈，从而更精确地优化模型的响应。

Nebuly 将每个用户的提示都视为关键的反馈，这些反馈为开发者提供了宝贵的洞察，有助于他们改善 LLM 的响应质量，提高用户满意度，并推动业务的成功。总的来说，Nebuly 是一个强大的用户分析平台，它能够帮助人工智能开发者更好地理解和优化他们的大语言模型，以满足用户的实际需求。

此外，Nebuly 可能还提供以下功能：

① **数据可视化**：Nebuly 可能会提供数据可视化工具，帮助开发者更直观地理解用户行为和模型性能。

② **实时监控**：通过实时监控用户与 LLM 的互动，Nebuly 可以帮助开发者及时发现问题并作出调整。

③ **自定义报告**：开发者可能可以根据需要生成自定义的报告，以便更深入地了解用户行为和模型表现。

④ **集成与扩展**：Nebuly 可能提供 API 或插件，以便与其他工具或平台进行集成，从而实现更广泛的功能和应用。

请注意，以上内容是基于对 Nebuly 功能的合理推测，具体功能可能会因实际产品版本和更新而有所变化。为了获取最准确的信息，建议直接查阅 Nebuly 的官方文档或联系其开发者团队。

二、低代码方式搭建大模型

Ludwig 是用于构建自定义 LLM、神经网络和其他人工智能模型的低代码框架。

它可以用一个命令来训练大模型，非常方便。

项目安装方法如下。

```
pip install ludwig
```

项目使用方法如下。

```
export HUGGING_FACE_HUB_TOKEN = "<api_token>"
ludwig train --config model.yaml --dataset "ludwig://alpaca"
```

文件的配置方法如下。

```
model_type: llm
base_model: meta-llama/Llama-2-7b-hf

quantization:
  bits: 4
adapter:
  type: lora
prompt:
  template: |
    Below is an instruction that describes a task, paired with an
input that may provide further context.
    Write a response that appropriately completes the request.
    ### 指令集
    {instruction}
    ### 输入
    {input}

input_features:
  - name: prompt
    type: text

output_features:
  - name: output
    type: text
trainer:
  type: finetune
  learning_rate: 0.0001
  batch_size: 1
  gradient_accumulation_steps: 16
  epochs: 3
  learning_rate_scheduler:
    decay: cosine
    warmup_fraction: 0.01

preprocessing:
  sample_ratio: 0.1

backend:
  type: local
```

Ludwig 是一个低代码框架，旨在为用户提供一个简便、高效且灵活的平台来构建自定义的 AI 模型，特别是 LLM（大语言模型）和其他深度神经网络。以下是关于 Ludwig 的详细分析：

（一）主要特征与优势

1. 轻松构建自定义模型

• **声明性 YAML 配置**：用户只需通过编写 YAML 配置文件，即可轻松定义和训练先进的 LLM。这种方式简化了模型构建过程，降低了技术门槛。

• **多任务和多模态学习支持**：Ludwig 允许在一个模型中同时处理多个任务和多种数据模态，这提升了模型的通用性和适应能力。

• **全面的配置验证**：通过验证配置文件中的参数组合，Ludwig 能够预防潜在的运行时故障，确保模型的稳定性和可靠性。

2. 针对规模和效率的优化

• **自动化批量大小选择**：Ludwig 能够自动选择最合适的批量大小，以优化训练效率和资源利用。

• **分布式训练技术**：支持分布式数据并行（DDP）和 DeepSpeed 等分布式训练技术，使得在大规模数据集上的训练更加高效。

• **参数高效微调（PEFT）**：通过 PEFT 技术，Ludwig 能够在不大幅增加计算资源的情况下，对模型进行精细调整。

• **4 位量化和 8 位优化器**：这些技术减少了模型训练时的内存占用，降低了计算复杂度，同时保持了模型的性能。

3. 专家级控制

• **对模型的完全控制**：用户可以根据需要调整模型的各个层面，包括激活函数等，以满足特定的应用需求。

• **超参数优化支持**：Ludwig 提供了超参数优化的工具，帮助用户找到最佳的模型配置。

• **可视化和可解释性**：通过丰富的指标可视化和可解释性工具，用户可以更深入地理解模型的行为和性能。

4. 模块化和可扩展性

• **灵活的模型配置**：通过简单地在配置文件中更改参数，用户可以轻松尝试不同的模型架构、任务、功能和模式。

• **深度学习的构建模块**：Ludwig 将深度学习模型分解为可重用的构建模块，

这有助于加速新模型的开发和部署。

5. 专为生产环境设计

• **预构建的 Docker 容器**：Ludwig 提供了预构建的 Docker 容器，简化了在生产环境中的部署和管理。

• **Kubernetes 和 Ray 支持**：原生支持在 Kubernetes 上使用 Ray 运行，使得在大规模集群上部署和管理模型变得更加容易。

• **模型导出和上传**：Ludwig 可以将模型导出为 Torchscript 格式，便于在其他平台上使用。同时，它还支持将模型直接上传到 HuggingFace 等平台上进行分享和协作。

（二）应用前景

随着低代码和自动化技术的兴起，Ludwig 有望成为企业和研究人员快速构建和部署深度学习模型的首选工具之一。其灵活性和可扩展性使得它能够适应各种应用场景和需求，从自然语言处理到图像识别等多个领域都有潜在的应用价值。同时，Ludwig 不断优化性能和用户体验的努力也将进一步推动其在深度学习领域的应用和发展。

三、开源搜索增强 RAG 项目

Trieve 致力于开发用于混合搜索、推荐和 RAG 的高级相关性 API。

Trieve 专注于提升大模型在 RAG 方面的专业能力。其致力于通过先进的混合搜索、推荐和 RAG 技术，为用户提供高级相关性 API，以增强大模型在生成内容时的准确性和专业性。

1. Trieve 的主要功能

• **混合搜索**：Trieve 集成了搜索功能，使用户能够在大规模的数据集中快速、准确地检索到相关信息。

• **推荐系统**：通过先进的推荐算法，Trieve 能够根据用户的兴趣和行为，提供个性化的内容推荐。

• **RAG 技术**：Trieve 的核心技术是 RAG，这是一种结合搜索和生成模型的技术。通过从大量文档中检索相关信息，并将其融入生成模型中，从而提高生成内容的准确性和专业性。

2. Trieve 与 YC 的关系

• Trieve 是 YC 投资孵化的创业公司之一。YC 作为全球知名的创业孵化器，为 Trieve 提供了资金、资源和指导，帮助其在初创阶段快速发展并实现商业化。通过 YC 的孵化，Trieve 得以专注于技术研发和产品创新，为用户和市场带来更具价值的解决方案。

通过访问 GitHub 仓库，可以深入了解 Trieve 的技术实现和最新更新情况。

第四节　Agent 技术

Agent 技术，作为一种使计算机程序能够自主调用大模型以完成特定任务的技术，具有巨大的潜力和广阔的应用前景。通过 Agent，我们可以实现与大语言模型的高频、高效交互，从而解锁一系列复杂且富有创造力的应用。

首先，Agent 技术可以显著提高与大模型的交互频率和效率。相较于人类用户，Agent 能够以更快的速度、更大的规模与大模型进行交互。例如，人类可能只能与模型进行少数几次的交互，而 Agent 则可以在短时间内完成上万次的交互。这种交互频率和规模的提升，使得 Agent 能够处理更加复杂、细致的任务。

畅想 Agent 技术的未来，我们可以预见几个可能的发展趋势和应用场景：

① **自动化内容生成**：Agent 可以调用大语言模型来自动生成各种类型的内容，如文章、报告、故事等。由于 Agent 能够进行高频交互，它可以快速地生成和修改内容，直到达到满意的效果。这可以极大地提高内容生产的效率和质量。

② **智能助手与个性化服务**：Agent 可以作为智能助手，根据用户的需求和偏好，调用大模型提供个性化的建议和服务。例如，在购物网站上，Agent 可以根据用户的浏览历史和购买记录，推荐最适合的商品；在教育领域，Agent 可以根据学生的学习进度和理解能力，提供定制化的学习资源和辅导。

③ **复杂任务自动化**：对于需要多次迭代和优化才能完成的任务，如编写工具书或进行科学研究，Agent 可以发挥巨大作用。通过不断地与大模型交互，Agent 可以逐步优化和完善工作成果，从而减轻人类的负担并提高工作效率。

④ **创新应用探索**：随着 Agent 技术的不断发展，我们可以期待更多创新应用的出现。例如，在艺术创作领域，Agent 可以调用大型模型生成独特的艺术作品；在游戏设计领域，Agent 可以帮助设计师快速生成和测试游戏关卡和角色设计。

Agent 的崛起，将意味着可以更高效、更智能地利用 GPT 的能力，从而推动人工智能在各个领域的应用深度和广度。无论是自然语言处理、智能推荐，还是自动化客户服务，Agent 与 GPT 的结合都将开启新的可能性。

一、微软开源的强大 Agent——AutoGen

AutoGen 是微软开源的一个 Agent 框架，很多程序员已经在利用 AutoGen 写程序。这个框架，支持使用多个代理来开发 LLM 应用程序，这些代理可以相互对话来解决任务。AutoGen 代理是可定制的、可对话的，并且无缝地允许人类参与。

以下是关于 AutoGen 的详细介绍。

1. 多代理对话框架

• AutoGen 通过使用多个可以相互对话的代理来共同处理任务，这些代理之间可以进行灵活的对话以解决各种任务。

• 代理之间可以通过自然语言和计算机代码进行交互，使得开发者能够轻松地定义代理的交互行为，并根据需要构建复杂的工作流程。

2. 可定制与可对话的代理

• AutoGen 提供的代理是可定制的，开发者可以根据应用程序的需求来设计代理的功能和角色。

• 这些代理是可对话的，能够无缝地与人类用户或其他代理进行交互，从而实现人机协同工作。

3. 支持多种模式运作

• AutoGen 框架支持法学硕士（此处可能是指法律领域的大语言模型应用，但原文表述存在疑义，因此保留原表述）、人力投入和工具组合的各种模式运作。

• 这意味着开发者可以根据实际需求，灵活地将人力、工具和大语言模型结合起来，共同完成任务。

4. 简化工作流程

• AutoGen 能够帮助开发者自动化创建、优化和编排基于 LLM 的工作流程，从而显著提高开发效率。

• 通过使用 AutoGen，开发者可以减少在复杂工作流程中的手动操作和人为错误。

5. 广泛应用

• AutoGen 提供了一系列工作系统，涵盖了来自各个领域的广泛应用，如自动翻译、自动摘要、智能建议等。

• 这些系统展示了 AutoGen 在支持不同对话模式方面的灵活性和实用性。

6. 增强的 LLM 推理

• AutoGen 还支持增强型大语言模型推理 API，这有助于提高推理性能并降低成本。

•通过简单的性能调整以及 API 统一和缓存等实用程序，AutoGen 为开发者提供了更高效、更便捷的 LLM 应用开发体验。

总的来说，AutoGen 是一个强大的多代理对话框架，它简化了基于 LLM 的应用程序的开发过程，提高了开发效率，并为开发者提供了丰富的定制选项和灵活的工作流程编排功能。这使得 AutoGen 成为开发复杂 LLM 应用程序的有力工具。

下面通过一个实例讲解 AutoGen 的应用。

【实践目标】要求代理分析特定农产品价格，并制作农产品价格图表。

为了实现这一目标，创建以下代理并协同工作：

◇ 商品分析师：分析师的任务是获取农产品价格数据，进行分析，然后将数据传递给 UI 设计人员以创建图表。它还负责执行 UI 设计器的代码来生成和显示图表，并且可以在必要时请求丢失的数据。

◇ 软件工程师：软件工程师的主要角色是检索由财务分析师指定的所需天数的农产品价格信息的函数。

◇ UI 设计师：UI 设计师的主要职责是使用 Amcharts 股票图表库创建股票图表。这包括生成完整的代码，无缝地集成金融分析师提供的农产品价格数据，并准备立即执行的代码。

安装方法如下。

```
pip install pyautogen
```

创建配置文件 OAI_CONFIG_LIST。

```
[
    {
        "model": "gpt-4-32k",
        "api_key": "",
        "api_base": "",
        "api_type": "azure",
        "api_version": "2024-05-16-preview"
    }
]
```

加载配置文件。

```
config_list = autogen.config_list_from_json(
    "OAI_CONFIG_LIST",
    filter_dict={
```

```
        "model": ["gpt-4", "gpt-4-0314", "gpt4", "gpt-4-32k", "gpt-
4-32k-0314", "gpt-4-32k-v0314"],
    },
)
```

设置商品分析师。

```
analyst = AssistantAgent(
    name = "analyst",
    system_message = analyst_system_message,
    llm_config=llm_config,
    is_termination_msg=is_termination_msg,
    code_execution_config=False
)
```

设置软件工程师。

```
engineer = AssistantAgent(
    name="engineer",
    system_message=engineer_system_message,
    llm_config=llm_config,
    function_map={"fetch_prices": fetch_prices},
    code_execution_config=False
)
```

设置 UI 工程师。

```
uidesigner = AssistantAgent(
    name = "uidesigner",
    system_message=uidesigner_system_message,
    code_execution_config=False, # set to True or image name like
"python:3" to use docker
    llm_config=llm_config
)
```

设置一个人类管理员。

```
user_proxy = UserProxyAgent(
    name="admin",
    system_message="Human Admin",
    code_execution_config=False, # set to True or image name like
"python:3" to use docker
```

```
    human_input_mode="NEVER",
    is_termination_msg=is_termination_msg
)
```

将这些角色都加入到一个讨论群组。

```
groupchat = autogen.GroupChat(
    agents=[user_proxy, analyst, uidesigner, engineer], messages=[],
max_round=20
 )
 manager=autogen.GroupChatManager(groupchat=groupchat, llm_
config=llm_config)
```

最后调用。

```
user_proxy.initiate_chat(manager, clear_history=True, message=message)
```

用户可以从外部调用，输入 prompt。

```
admin (to chat_manager):
 Analyze Goods price for GRAB for the last 30 days and create a chart.
```

自此我们利用 AutoGEN 完成了一个多角色的任务系统。

二、让 Agent 去完成 RPA

RPA（robotic process automation，机器人流程自动化）已经广泛应用在各行各业。而 Agent 可以说是智能化的 RPA，是在大模型领域的 RPA。

Agent 与 RPA 在大模型领域的应用确实有一些相似之处，尤其是在自动化和智能化方面。关于未来 RPA 将更广泛使用的观点，可以从以下几个方面进行归纳：

① **自动化的需求增长**：随着企业对于效率提升和成本优化的不断追求，自动化的需求将持续增长。RPA 作为一种能够自动执行重复性、规则性任务的技术，将越来越受到企业的青睐。

② **技术成熟与易用性**：RPA 技术已经相当成熟，并且很多 RPA 工具提供了直观的用户界面，使得业务用户能够配置和管理机器人，而无需深入的编程知识。这将进一步推动 RPA 的广泛应用。

③ **与 AI 的结合**：Agent 作为 RPA 与 AI 的结合体，将使得自动化流程更加智能和灵活。例如，通过引入 AI 的决策和预测能力，RPA 可以处理更复杂、非规则性的任务，甚至能够在执行任务的过程中学习和调整，以适应变化。这种结合

将大大扩展 RPA 的应用范围。

④ **行业应用的拓展**：目前，RPA 已经在金融、保险、医疗、客户服务等多个行业中得到了广泛应用。随着技术的不断进步和应用场景的不断拓展，RPA 将在更多行业中发挥作用，助力企业实现业务流程的自动化和智能化。

综上所述，未来 RPA 确实有望更广泛地应用于各个领域，为企业带来更高效、智能的业务流程。而 Agent 作为 RPA 与 AI 的结合体，将进一步推动这一趋势的发展。

三、让 Agent 去标注数据——Adala

人工智能时代，数据的重要性无与伦比。每个人工智能模型，都需要大量的标注好的数据作为训练素材。在人工智能发展的过程中第一波的数据，都是人工标注的。有了 Agent，就可以让 Agent 去完成枯燥的数据标注。下面介绍一个 Agent 开源项目——Adala，这个开源项目，是完全自主的 AI 代理，可以使用终端、浏览器和编辑器执行复杂的任务和项目。

安装方法如下。

```
pip install adala
```

准备大模型的 KEY 的方法如下。

```
export OPENAI_API_KEY='your-openai-api-key
```

使用方法如下。

Adala 是一个智能体，可以这么理解：如果在数据处理过程中有一个更好的结果，则进行数据标注，加入数据集。

```
import pandas as pd
from adala.agents import Agent
from adala.environments import StaticEnvironment
from adala.skills import ClassificationSkill
from adala.runtimes import OpenAIChatRuntime
from rich import print

#训练数据
train_df = pd.DataFrame([
["It was the negative first impressions, and then it started
working.", "Positive"],
```

```
["Not loud enough and doesn't turn on like it should.", "Negative"],
["I don't know what to say.", "Neutral"],
["Manager was rude, but the most important that mic shows very flat
frequency response.", "Positive"],
["The phone doesn't seem to accept anything except CBR mp3s.",
"Negative"],
["I tried it before, I bought this device for my son.", "Neutral"],
], columns=["text", "sentiment"])
#标注数据
test_df = pd.DataFrame([
"All three broke within two months of use.",
"The device worked for a long time, can't say anything bad.",
"Just a random line of text."
], columns=["text"])
agent = Agent(
# 连接到数据集
environment=StaticEnvironment(df=train_df),
  }
)
print(agent)
print(agent.skills)
agent.learn(learning_iterations=3, accuracy_threshold=0.95)
print('\n=> 运行测试 ...')
predictions = agent.run(test_df)
print('\n => 测试结果:')
print(predictions)
```

Adala 是一个专注于数据处理的自动化代理框架，它特别适合处理多样化的数据标记任务。以下是关于 Adala 框架的详细介绍：

① **自主学习能力**：Adala 代理具备自主学习能力，它们可以通过迭代学习独立获得一项或多项技能。这种学习过程受到操作环境、观察和反思的影响，使得代理能够不断优化其性能。

② **环境定义**：用户可以通过提供地面实况数据集来定义环境。这些数据集构成了代理学习的基础，使其能够在特定的数据标记任务中表现出色。

③ **运行时（runtime）**：在 Adala 中，"运行时"是一个关键组件，它基本上是一个大语言模型（LLM）。代理在这个环境中学习并应用其技能。运行时执行代理指定的任务，并返回响应。

④ **可靠性与可控性**：Adala 代理基于基准数据构建，因此能够提供一致且可

信的结果。同时，用户可以配置输出，设定具有不同灵活度的特定约束，以满足各种数据处理需求。

⑤ **广泛适用性**：Adala 不仅适用于数据标注任务，还可以定制用于广泛的数据处理需求。这使得它成为一个灵活且可扩展的工具，可以适应不同的应用场景。

⑥ **安装与配置**：用户可以通过简单的 pip 命令安装 Adala，并设置 OPENAI_API_KEY 以便使用。此外，Adala 还提供了丰富的功能，包括文本分类、文本概括、问题回答、翻译和文本生成等。

总的来说，Adala 为实施专门从事数据处理的代理提供了一个强大的框架。其重点在于各种数据标记任务，并通过自主学习能力、可靠性与可控性、广泛适用性以及简单的安装与配置等特点，使得它成为数据处理领域的一个有力工具。

第六章

开源文生图

第一节　文生图技术概述

第二节　开源文生图模型介绍

第三节　开源文生图模型技术要点

第四节　实战：打造基于开源的文生图应用

在当今这个信息时代，人工智能技术日新月异，不断突破着我们的想象。其中，文生图大模型作为一项前沿技术，以其将文字转化为图片的神奇能力，引起了广泛的关注和讨论。这一技术的发展，不仅展示了人工智能在创意领域的潜力，更预示着一场技术与艺术的完美融合。

文生图大模型的工作原理，简单来说，就是通过深度学习算法，将文字描述转化为图像输出。用户只需输入一段描述或关键词，模型便能根据这些语义信息，生成一张与之相匹配的图片。这种从抽象到具象的转化，不仅令人惊叹，更在实际应用中展现出了巨大的价值。

对于设计师和艺术家而言，这项技术无疑是一把双刃剑。一方面，它提供了一个强大的创作工具，能够快速生成符合特定主题的视觉作品，极大地提高了创作效率。另一方面，它也引发了关于创意原创性的讨论。当机器能够自动生成图像时，我们如何界定艺术的原创性和创作的本质？

然而，不可否认的是，文生图大模型在多个领域都展现出了其实用性。在广告设计中，设计师可以利用这一技术快速生成符合品牌调性的视觉元素；在新闻报道中，记者可以通过输入关键词，快速生成新闻事件的现场示意图；在教育领域，教师可以利用这项技术制作生动有趣的教学材料，提高学生的学习兴趣。

当然，这项技术目前还处于不断发展和完善阶段。随着技术的进步，我们可以期待文生图大模型在未来能够生成更加细腻、逼真的图像，甚至可能达到以假乱真的程度。同时，我们也需要警惕技术被滥用或用于不正当目的的风险。

总的来说，文生图大模型作为一项前沿的人工智能技术，正以其独特的魅力改变着我们的创作方式和视觉体验。它不仅仅是一项技术革新，更是艺术与科技结合的典范。在未来，我们有理由相信，这项技术将在更多领域发挥其独特的作用，为我们的生活增添更多色彩和可能性。

第一节　文生图技术概述

GPT 技术成熟后，文生图技术也相应成熟。文生图技术分两部分，第一部分是理解用户的文本输入，第二部分是人工智能生成图片。

在 GPT 飞速发展后，注意力机制已经非常成熟，无论用户输入什么，注意力机制都能抓住重点，理解用户的文本输入。通过将用户输入的文本向量化，生成"条件"，去影响图像生成。所以 GPT 的成熟，使得文生图、文生 SQL、文生 UI 成为可能。

理解用户文本之后，就是图像生成。多年来，很多学者在图像生成领域做了细致深入的研究。

传统的图像生成的技术原理，其深厚的基础在于深度学习和生成对抗网络（GANs）的精湛运用，其中深度学习发挥着举足轻重的作用，尤其是卷积神经网络（CNNs）和生成对抗网络（GANs）的深入应用。

卷积神经网络和生成对抗网络能够高效地学习和理解海量的图像数据，精准地把握图像的内容和风格，进而创造出全新的图像。在训练过程中，模型会先通过巨量的图像数据和相关的文本描述进行预训练，逐步学习如何将文字描述与图像特征精准对应。

生成对抗网络由生成器和判别器两个核心部分组成，它们以一种相互对抗、共同进化的方式运作。生成器的任务是依据文本描述，生成看似真实、难以辨别的图像，而判别器则负责以专业的眼光去评估这些生成的图像是否足够真实。

经过一系列的对抗训练，生成器会持续地尝试生成更为逼真的图像，以"欺骗"愈发精明的判别器，而判别器也在不断学习如何更准确地区分生成图像与真实图像。这种持续的对抗与进化，使得生成器逐渐掌握了创作出更高质量图像的技巧。

此外，条件生成模型在这一过程中也扮演着关键的角色。在图像生成时，该模型会充分考虑输入的文本描述，确保生成的图像能够严格按照这些描述的指导，形成具有特定内容、风格和特征的图像。

训练一旦完成，这个 AI 模型就能够根据任何给定的文本描述，迅速生成相应的图像。这些图像既可以是完全新颖的创作，也可以是对现有图像的巧妙变体。而且，生成的图像还可以通过一系列精细的后处理和优化步骤，进一步提升其整体的质量和真实感。

综上所述，文生图片的技术原理其实就是利用深度学习和生成对抗网络的强大能力，再结合大量的图像和文本数据，训练出一个能够精准地将文本描述转化为视觉图像的模型。这项技术不仅展示了人工智能在图像处理领域的惊人能力，也为我们的创作和生活带来了前所未有的可能性。

一、生成对抗网络（GANs）介绍

生成对抗网络（generative adversarial networks，GANs）是一种深度学习算法，由伊戈尔·古德勒（Ian J. Goodfellow）等人在 2014 年提出。GANs 通过生成器（generator）和判别器（discriminator）两个神经网络进行训练。这两个网络在训练过程中形成一种"对抗"关系，以实现生成更逼真的数据。

生成器（generator）：负责生成数据，它接收随机噪声作为输入，并输出一个与训练数据类似的样本。生成器的目标是使得输出的样本尽可能地接近真实数据的分布。

判别器（discriminator）：负责判断输入样本是否为真实数据。它接收一个样本作为输入，并输出一个表示该样本是真实还是生成的概率。判别器的目标是尽可能地区分出真实数据和生成数据之间的差异。

GANs 的主要应用包括图像生成、图像增强、文本生成、语音合成等。

二、GANs 在图片生成方面的应用

GANs 在图片生成方面具有广泛的应用，以下是一些具体案例。

① **图像超分辨率**：GANs 可以通过学习低分辨率图像与高分辨率图像之间的映射关系，实现图像的超分辨率重建。生成器负责生成高分辨率图像，而判别器则判断生成的图像与真实高分辨率图像的差异，从而指导生成器的训练。

② **图像风格转换**：GANs 可以学习不同风格图像之间的映射关系，实现图像的风格转换。例如，通过生成器将输入图像转换为目标风格图像，判别器则判断生成的图像与目标风格图像之间的差异。这种方法在艺术创作和图像编辑等领域有着广泛的应用。

③ **图像生成与编辑**：GANs 可以生成逼真的图像，并且具有一定的可控性，可以实现对生成图像的编辑。通过对生成器的输入进行调整，可以控制生成图像的特定属性，如颜色、形状、姿态等。

④ **图像纹理生成**：GANs 也可以应用于图像纹理生成，即生成具有自然和生动纹理特征的新图像。这种技术在虚拟现实、游戏开发和设计等领域具有重要的应用价值。

总的来说，GANs 在图像生成方面的应用展示了其强大的能力和潜力，为图像处理和计算机视觉领域带来了新的突破和创新。

下面是一个生成对抗网络 (GANs) 的代码实现方法示例。

```
import torch
import torch.nn as nn
import torch.utils.data
import torch.utils.data
from labml_helpers.module import Module
class DiscriminatorLogitsLoss(Module):
    def __init__(self, smoothing: float = 0.2):
        super().__init__()
```

```python
        self.loss_true = nn.BCEWithLogitsLoss()
        self.loss_false = nn.BCEWithLogitsLoss()
        self.smoothing = smoothing
        self.register_buffer('labels_true', _create_labels(256, 1.0
- smoothing, 1.0), False)
        self.register_buffer('labels_false', _create_labels(256, 0.0,
smoothing), False)
    def forward(self, logits_true: torch.Tensor, logits_false:
torch.Tensor):
        if len(logits_true) > len(self.labels_true):
            self.register_buffer("labels_true",
                                  _create_labels(len(logits_true),
1.0 - self.smoothing, 1.0, logits_true.device), False)
        if len(logits_false) > len(self.labels_false):
            self.register_buffer("labels_false",
                                  _create_labels(len(logits_false),
0.0, self.smoothing, logits_false.device), False)
        return (self.loss_true(logits_true, self.labels_
true[:len(logits_true)]),
                self.loss_false(logits_false, self.labels_
false[:len(logits_false)]))


class GeneratorLogitsLoss(Module):

    def __init__(self, smoothing: float = 0.2):
        super().__init__()
        self.loss_true = nn.BCEWithLogitsLoss()
        self.smoothing = smoothing

        self.register_buffer('fake_labels', _create_labels(256, 1.0
- smoothing, 1.0), False)

    def forward(self, logits: torch.Tensor):
        if len(logits) > len(self.fake_labels):
            self.register_buffer("fake_labels",
                                  _create_labels(len(logits), 1.0 -
self.smoothing, 1.0, logits.device), False)

        return self.loss_true(logits, self.fake_
labels[:len(logits)])
```

```
def _create_labels(n: int, r1: float, r2: float, device: torch.device
= None):

    return torch.empty(n, 1, requires_grad=False, device=device).
uniform_(r1, r2)
```

三、GANs 图片应用的说明和原理

（一）分辨率模型

生成对抗网络（GANs）是一种深度学习模型，它由生成器（generator）和判别器（discriminator）组成。在图像超分辨率（super-resolution，SR）任务中，GANs 可以通过学习低分辨率（low-resolution，LR）图像和高分辨率（high-resolution，HR）图像之间的映射关系，来生成高分辨率的图像。以下是使用 GANs 进行图像超分辨率重建的一些典型例子：

1. SRGAN(super-resolution generative adversarial network，超分辨率生成对抗网络）

• SRGAN 是一种专门用于图像超分辨率的 GAN 架构，它不仅提高了图像的分辨率，还增强了纹理细节，使得重建的图像更加逼真。SRGAN 引入了一个感知损失函数（perceptual loss function），它基于深度学习特征，帮助模型更好地捕捉到高分辨率图像的视觉内容。

2. ESRGAN (enhanced super-resolution generative adversarial network，增强的超分辨率生成对抗网络）

• ESRGAN 是 SRGAN 的改进版本，它通过改进网络结构和训练策略，进一步提高了图像超分辨率的性能和图像质量。ESRGAN 使用了更深的网络结构和残差块（residual blocks），以及更有效的训练策略，如渐进式增长（progressive growing）和注意力机制（attention mechanism）。

3. EDSR (enhanced deep super-resolution，增强的深度超分辨率）

• 虽然 EDSR 不是一个典型的 GAN 架构，但它采用了类似的残差学习框架。EDSR 通过使用更深的残差网络，直接学习从低分辨率到高分辨率的映射，而不使用生成对抗的框架。然而，它展示了 GANs 在图像超分辨率任务中可以采用的深度学习技术。

4. GAN-based real-time super-resolution(基于 GAN 的实时超分辨率)

• 在实时应用中，如视频游戏或视频流，需要快速进行图像超分辨率处理。一些研究工作通过优化 GAN 模型，如减少网络的复杂度或使用更轻量级的网络结构，实现了实时的图像超分辨率重建。

5. CycleGAN for SR

• CycleGAN 是一种无需成对数据的 GAN，它可以在不同域之间进行转换。在图像超分辨率的上下文中，CycleGAN 可以用来学习不同分辨率图像之间的映射关系，即使没有直接的低分辨率和高分辨率图像配对。

6. DualGAN for SR

• DualGAN 是一种改进的 GAN 架构，它通过引入额外的损失函数和正则化项，提高了生成图像的质量和多样性。在图像超分辨率任务中，DualGAN 可以帮助生成更加清晰和多样化的高分辨率图像。

这些例子展示了 GANs 在图像超分辨率重建任务中的应用和潜力。通过不断改进网络结构和训练策略，GANs 能够生成更加逼真和高质量的高分辨率图像。

（二）图像风格转化

生成对抗网络（GANs）在图像风格转换任务中非常有用，它们可以学习不同风格图像之间的映射关系，并将一种风格应用到另一张图像上。以下是一些使用 GANs 实现图像风格转换的例子：

1. CycleGAN

• CycleGAN 是一种无需成对训练样本的 GAN 架构，它允许模型学习两个不同域（例如，不同艺术风格或不同类型图像）之间的转换关系。CycleGAN 通过引入循环一致性损失（cycle consistency loss）来确保转换过程的可逆性，从而在没有成对数据的情况下实现风格转换。例如，CycleGAN 可以用于将马转换成斑马，或将夏天的照片转换成冬天的风格。

2. StarGAN

• StarGAN 是一种多域转换的 GAN，它可以在多个不同的风格或域之间进行图像转换。StarGAN 的核心是将多个转换任务整合到一个统一的框架中，通过一个单独的生成器和判别器来实现。例如，StarGAN 可以用于面部属性的编辑，如改变发型、眼镜、胡须等，同时保持面部的自然和一致性。

3. DiscoGAN

• DiscoGAN（discrete conditional GAN）是另一种用于图像到图像转换的 GAN

架构，它特别适用于具有明确条件的风格转换任务。DiscoGAN 通过使用离散的标签来指导生成器生成特定风格的图像。例如，DiscoGAN 可以用于将白天的照片转换成夜晚的风格，或者将草图转换成彩色图像。

4. pix2pix

• 虽然 pix2pix 最初是为图像到图像的转换设计的，但也可以用于风格转换任务。pix2pix 使用成对的数据集来训练模型，使得模型能够学习从一个图像到另一个图像的精确映射。在风格转换的上下文中，pix2pix 可以用于将一种艺术风格应用到另一张图像上，例如将一张照片转换成梵高或毕加索的绘画风格。

5. StyleGAN

• StyleGAN 是一种高度先进的 GAN 架构，专门用于生成高分辨率、逼真的人脸图像。StyleGAN 的一个关键特性是它允许用户通过调整所谓的"风格代码"（style codes）来控制图像的特定风格特征。这意味着用户可以利用 StyleGAN 进行风格混合，将一种风格应用到另一张图像上，或者创建具有特定风格特征的新图像。

6. AdaIN (adaptive instance normalization) 风格转换

• 虽然这种方法不是直接使用 GAN，但它在风格迁移领域非常流行。AdaIN 是一种风格转换技术，它通过调整目标图像的特征映射的实例归一化参数来模仿源图像的风格。这种方法可以与 GAN 结合使用，以增强风格转换的效果。

这些例子展示了 GANs 在图像风格转换任务中的多样性和灵活性。通过不同的网络架构和训练策略，GANs 能够实现从简单的风格混合到复杂的属性编辑的各种风格转换任务。

（三）图像生成和编辑

生成对抗网络（GANs）因其能够生成高分辨率且逼真的图像而闻名，并且它们在生成图像的可控性方面也取得了显著进展。以下是一些例子，展示了GANs 如何用于生成逼真图像并实现对生成图像的编辑。

1. StyleGAN 系列

• **StyleGAN**：允许用户通过调整"风格代码"（style codes）来控制生成图像的特定特征，如形状、纹理和颜色。

• **StyleGAN2**：在 StyleGAN 的基础上进行了改进，提供了更高质量的图像生成，并且改进了对生成图像的控制能力。

• **StyleGAN-ADA**：进一步增强了对生成图像的控制，允许更精细的编辑，如特定的面部特征调整。

2. cGANs (controlled generation with conditional GANs)

• cGANs 通过在训练过程中引入条件变量，可以生成特定类型的图像。例如：

① **DCGAN（deep convolutional generative adversarial networks）**：使用标签向量作为条件，生成与标签相对应的图像。

② **InfoGAN**：使用隐变量作为条件，可以生成具有特定属性的图像，如指定的发型、眼镜或表情。

3. editing with generative adversarial networks（利用生成对抗网络进行编辑）

• **AttnGAN**：通过注意力机制，允许对生成的图像进行更精确的编辑，如改变图像中对象的位置或属性。

• **GAN Dissection**：通过将 GAN 的每一层与输入图像的特定部分关联起来，实现了对生成图像的像素级控制。

4. interpretable and controllable GANs（可解释和可控的 GANs）

• **ProGAN（progressive growing of GANs）**：通过逐步增加网络的复杂性，生成高分辨率的图像，同时保持对生成过程的控制。

• **BigGAN**：通过使用更大的网络和更复杂的架构，生成更多样化和逼真的图像，同时提供了一定程度的可控性。

5. zero-shot learning with GANs（结合 GANs 的零样本学习）

• **GANs for zero-shot learning**：在没有直接样本的情况下，通过学习类别级别的描述，生成属于特定类别的图像。

6. interactive image generation（交互式图像生成）

• **interactive image synthesis（交互式图像合成）**：通过用户输入的草图或部分图像，GAN 可以生成与用户输入相匹配的完整图像。

7. text-to-image synthesis（文本到图像的合成）

• **DALL-E**：一个由 OpenAI 开发的模型，可以根据文本描述生成相应的图像，展示了 GAN 在文本到图像合成任务中的可控性。

8. few-shot learning with GANs（结合 GANs 的少样本学习）

• 在只有少量样本的情况下，通过学习样本的特征，生成新的图像实例。

这些例子展示了 GANs 在生成逼真图像的同时，如何通过各种技术实现对生成图像的精细控制和编辑。随着 GANs 技术的不断进步，对生成图像的控制能力也在不断增强，使得 GANs 在艺术创作、游戏开发、电影制作等领域具有广泛的应用潜力。

第二节　开源文生图模型介绍

GPT 的核心技术之一，注意力机制，现已变得异常成熟。这一机制如同一个高效的编辑，能够迅速而准确地捕捉到用户输入文本的重点和精髓。当用户输入一段文字时，注意力机制会自动分析并识别出其中的关键信息，为后续的处理提供精确的指引。

具体来说，注意力机制首先将用户的文本输入转化为一种数学表达，即向量化。这一过程巧妙地将人类语言转化为计算机能够理解的数字格式，为后续的数据处理和分析打下了坚实的基础。这些向量不仅包含了文本的语义信息，还反映了文本中的情感、语境等多重维度，从而确保了信息的完整性和准确性。

更为重要的是，这些向量化的"条件"成为了影响其他生成任务的关键因素。以图像生成为例，这些"条件"可以指导图像生成模型创作出与文本内容高度匹配的图像，实现文本到图像的转化。同样地，在文本生成 SQL 语句、文本生成 UI 设计等场景中，这些"条件"也发挥着至关重要的作用。

因此，GPT 的成熟不仅推动了自然语言处理技术的进步，还为跨领域的应用提供了无限可能。文生图、文生 SQL、文生 UI 等创新应用的诞生，正是 GPT 技术深厚积累的直观体现。在未来，随着 GPT 技术的不断演进，我们有理由期待更多前所未有的应用场景和创新成果的出现。

文生图片领域涌现了许多引人注目的开源项目，这些项目不仅推动了技术的进步，还为创作者和开发者提供了强大的工具。以下是对其中一些项目的详细介绍。

① **Stable Diffusion**：这是一个完全开源的文生图模型，由 Compvis、Stability AI 和 LAION 等公司联合研发。它基于潜在扩散模型（latent diffusion models, LDMs），并引入了文本条件（text condition）来实现基于文本生成图像的功能。该模型在图像生成过程中，主要接受两种输入：提示词（prompt）和种子（用于生成噪声图）。通过这个模型，用户可以输入一段文字描述，然后模型会根据这段描述生成一张对应的图片。

② **DALL-E（虽未开源，但是影响力大）**：由 OpenAI 推出的生成式人工智能系统，它得名于艺术家达利（Dalí）和电影角色沃力（WALL-E）。该系统能够根据书面文字生成与之相对应的图像，不仅可以创建逼真的图像，还精通各种艺术风

格。通过输入简单的描述，DALL-E 便能生成细节丰富、清晰度高的图片，从而为人们提供了一个全新的创意工具，激发了无限的想象力。此外，它还可以根据文本指令改变和转换现有图片风格，这一功能使其在众多人工智能系统中脱颖而出。

③ **EmojiGen**：这是一个开源的表情符号生成器，用户只需在输入框中输入一个词或短语，EmojiGen 就会立即生成相关的表情符号。这个项目展示了文生图片技术在创作个性化、有趣内容方面的潜力。

④ **AI Comic Factory**：这是一个免费开源的 AI 漫画生成器，它使用 LLM+SDXL 开发。用户可以提供提示词，然后 AI Comic Factory 会根据这些提示词生成漫画，并支持无损放大、保存和打印。这个项目将文生图片技术应用于漫画创作，为艺术家和创作者提供了新的创作手段。

⑤ **AnimateDiff**：这是一个能够将个性化的文本转换为图像的扩展模型，它可以在 Stable Diffusion 中制作稳定的 gif 动图。这个项目展示了文生图片技术在动态图像创作方面的应用。

⑥ **DreamCraft3D**：这是一个深度求索开源的文生 3D 算法，它可以根据一句话生成高质量的三维模型。比如，用户输入"奔跑在树林中，搞笑的猪头和孙悟空身体的混合形象"，DreamCraft3D 可以成功将以上概念组合起来，生成相应的 3D 模型。这个项目将文生图片技术从 2D 扩展到了 3D 领域，为游戏、电影等行业的 3D 内容创作提供了极大的便利。

这些开源项目不仅展示了文生图片技术的多样性和灵活性，还为开发者和创作者提供了丰富的资源和工具。通过这些项目，我们可以看到文生图片技术在创意表达、艺术创作、娱乐产业等多个领域都有着广泛的应用前景。

一、Stable Diffusion 介绍

Stable Diffusion 的出现对图像生成领域产生了深远的影响。

Stable Diffusion 类似于中国的文字出现过程。中国的文字是象形文字，古人将看见的图像不断地抽象，直至抽象为象形文字，比如"山"，这就是 Stable Diffusion 前向扩散的过程。而我们看见汉字"山"，就能理解，并且在脑海中出现自己的山，这就是反向扩散的过程。Stable Diffusion 的工作原理，类似整个象形文字抽象又还原的过程，我们可以从这个角度来理解 Stable Diffusion 模型。

（一）Stable Diffusion 模型的核心思想

Stable Diffusion 模型的核心思想是通过扩散过程生成图像，这个过程包括两个主要部分：编码（扩散）和解码（逆扩散）。

　　编码（扩散）： Stable Diffusion 模型首先将高维的图像数据编码到一个低维的潜在空间中，这个过程类似于汉字的创造过程，将复杂的图像信息抽象化。

　　解码（逆扩散）： 然后，模型通过逆扩散过程，从这个低维的潜在空间重建出高维的图像数据，这个过程则类似于中国人看到汉字"山"时，能够在脑海中构建出山的形象。

（二）Stable Diffusion 模型的工作原理

　　Stable Diffusion 的核心是基于潜在扩散模型（latent diffusion models，LDMs）。 LDMs 通过使用一个自编码器（auto encoder）将高维的像素空间数据压缩到一个低维的潜在空间，然后在这个潜在空间上应用扩散模型（diffusion model，DM）进行数据生成。

　　这个过程可以概括为以下几个步骤：

　　步骤 1： 前向扩散（forward diffusion）。

　　−将真实数据逐步添加噪声，使其过渡到一个简单的分布。比如把一幅山水之画，不断简化，直至简化为三笔画的"山"字。

　　步骤 2： 模型训练。

　　−利用变分推断和神经网络，学习从噪声数据恢复到原始数据的过程。

　　步骤 3： 反向扩散（reverse diffusion）。

　　−在生成数据时，从简单分布开始，逐步去除噪声，最终得到生成的数据。比如出现"山"字，不断扩散，从而描绘出一幅山水画。

　　图 6.2.1 所示是 LDMs 的核心结构。

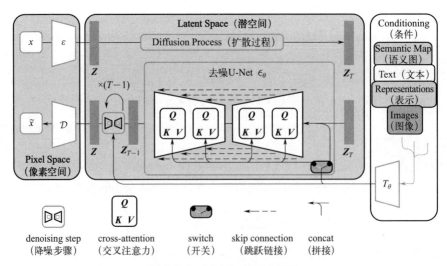

图 6.2.1　LDMs 的核心结构

如图 6.2.1 所示，Stable Diffusion 的核心结构分为三个部分，分别是像素空间（pixel space）、潜在空间（latent space）和条件（condition）部分。

Stable Diffusion 的核心在于 LDMs，它运用扩散模型与潜在空间的概念，在数据中添加随机噪声并逐步学习如何从噪声中恢复原始数据来生成样本。这一过程在预训练的自动编码器潜在空间中进行，有效地减少了计算复杂性和训练时间。同时，该技术还引入了交叉注意力（cross-attention）机制，使模型能根据特定条件（如文本或布局）生成相应的图像。整体架构融合了像素空间、潜在空间和条件部分，其中潜在空间是扩散过程的核心，而条件部分则用于精确控制图像的生成，以满足各种条件需求。

整个 Stable Diffusion 有三个主要组成部分：

1. 变分自编码器（variational auto-encoders，VAE)

• VAE 由编码器（encoder）和解码器（decoder）组成。

• 编码器可以对图像进行压缩，可以理解为它能忽略图片中的高频信息，只保留重要的深层特征，将其压缩到一个潜在空间，然后我们可以在这个潜在空间中进行扩散过程，将其结果作为 U-Net 的输入。

• 解码器负责将去噪后的潜在图像恢复到原始像素空间。

• 这个就是所谓的"感知压缩"（perceptual compression），它将高维特征压缩到低维，然后再在低维空间上进行操作的方法具有普适性，可以很容易地推广到文本、音频、视频等不同模态的数据上。

2. 条件编码器（condition-encoder）

• 以文生图（Text-to-Image）为例，条件（condition）为文本，条件编码器是一个基于 Transformer 的编码器，它将 prompt 序列映射至潜在文本嵌入序列，使得输入的文字被转换为 U-Net 可以理解的嵌入空间以指导模型对潜表示的去噪。

• 在 Latent Diffusion 中用的是 BERT，Stable Diffusion 中用的是 CLIP，这是从模型结构上它俩唯一的不同。

3. U-Net

• 这部分主要是以 cross-attention 和 residual 模块组成。

• cross-attention 的作用是指导图像的生成。

• residual 模块是为防止 U-Net 在下采样时丢失重要信息，所以添加了跳跃连接。

• U-Net 在低维空间上操作，与像素空间中的扩散相比，降低了计算复杂度与内存消耗。

1）感知压缩：将高维数据压缩，去除无用信息感知压缩在 LDMs 中是一种关键技术，它涉及将图像从原始的像素空间转换到一个潜在空间（latent space），在此过程中实现数据的压缩和特征的提炼。这种压缩方式并非简单地剔除数据，而是通过编码器将图像中的重要特征转换为一种更紧凑的表示，从而忽略掉不必要的细节，尤其是高频信息，同时保留对图像整体感知至关重要的特征。在 LDMs 的上下文中，感知压缩允许模型在较低维度的潜在空间中操作，这大大降低了训练和采样的计算复杂度，使得生成高分辨率图像成为可能，且不需要庞大的计算资源。

具体来说，感知压缩通过自编码器实现，这类自编码器通常由编码器和解码器两部分组成。编码器负责将输入图像压缩成一个低维的潜在表示，而解码器则负责从这个潜在表示中重建原始图像。在 LDMs 中，这个过程被用于提取图像的关键特征，并在后续的扩散模型中利用这些特征来生成高质量的图像。通过这种方式，感知压缩不仅提高了计算效率，还保留了足够的信息以供模型生成逼真的图像。

引入感知压缩的核心理念是通过使用像 VAE 这样的自编码模型，对原始的高分辨率图片进行降维处理。这一过程中，图像中的高频、非关键信息被筛选掉，而重要的、具有代表性的特征则被保留下来。这种做法的显著优势在于，它可以显著降低模型在训练和采样过程中的计算复杂度，从而使得高级图像处理技术更加易于在实际应用中落地实施。

感知压缩的核心是一个经过预训练的自编码器，它结合了感知损失和基于图像块的对抗训练方式，从而训练出了一个高效的 VAE。为了简化说明，我们将这个复杂的系统称为 VAE。这个 VAE 能够学习并生成一个在感知上与原始图像空间等价的潜在空间表示。为了确保这种潜在空间表示不会出现过度的差异化，作者在训练过程中采用了两种正则化方法：KL-reg 和 VG-reg。在 Stable Diffusion 模型中，主要采用了 AutoencoderKL 来实现这一目标。

具体来说，当我们面对一张 RGB 空间的图像时，首先利用 VAE 的编码器部分，将这张图像编码为一个潜在空间的表示。随后，再利用解码器从这个潜在空间中重构出原始的像素空间图像。

事实上，基于之前的研究，我们已经清楚地认识到，图像中的许多像素其实并不包含太多有价值的信息。这些像素往往不包含与视觉相关的重要细节，或者与给定的提示条件（prompt condition）紧密相关的信息。然而，传统的扩散模型通常是在像素空间上进行训练的，这意味着模型需要学习如何恢复和生成每一个像素。这样的处理方式无疑给模型带来了巨大的计算负担，同时也需要大量的计算资源来支持。通过引入感知压缩和 VAE，我们可以有效地解决这一问题，使模型更加高效、轻便。

2）条件控制

在 LDMs 中，条件控制是一个重要的功能，它使得模型能够根据特定的条件生成相应的图像。通过引入条件信息，如文本描述、类别标签或其他形式的指导，LDMs 能够在潜在空间中根据这些条件进行扩散过程，从而生成与条件相匹配的图像。这种条件控制机制大大增强了模型的灵活性和实用性，使得用户可以通过简单的条件输入来指导模型生成符合特定要求的图像。在技术上，这通常通过引入 cross-attention 机制或其他条件嵌入方法来实现，确保模型能够准确地理解和响应给定的条件。

模型如何根据文本的 prompt 来生成图像？如何将 prompt 转换成 condition（条件），让模型去生成？

在 NLP 中，tokenizer 首先会将 prompt 中的每个单词转换为 token，然后通过 text encoder（文本编码器）进行 embedding（嵌入），比如转为 768 维的向量，供噪声预测网络使用。当然 condition 不仅限于文本，通过一个 condition encoder（条件编码器）将条件进行 embedding（嵌入），然后以 cross-attention 的形式融入 U-Net 中。在 Stable Diffusion 中是以 ViT-L/14 Clip 作为文本编码器的。

举个例子，比如 text prompt 为 "a man with blue eyes"，对应图片是一个蓝色眼睛的男人，通过注意力机制会将 "blue" "eyes"，以及图片中蓝色眼睛区域进行配对，因此它会生成一个蓝眼睛的人，而不是穿蓝色衬衣的人。

3）U-net

在 LDMs 中，U-net 是一个关键的组成部分。U-net 是一种特殊的卷积神经网络结构，最初是为医学图像分割任务设计的，但后来在多种图像处理任务中表现出色，包括在 LDMs 中的应用。

以下是关于 U-net 的详细介绍。

1. 网络结构

• U-net 采用了一种对称的 U 形结构，由编码器（收缩路径）和解码器（扩张路径）组成。

• 编码器部分通过多个卷积层和最大池化层逐渐降低图像的空间分辨率，同时增加特征通道的数量。每个卷积层通常包括两个卷积操作，后跟非线性激活函数（如 ReLU）。

• 解码器部分通过上采样过程逐步恢复图像的空间分辨率和细节。上采样层通常由转置卷积层实现。

2. 跳跃连接

• U-net 的一个显著特点是其跳跃连接（skip connections），它将编码器中的特征图与解码器中对应层的特征图连接起来。这种连接有助于在上采样过程中恢复细节信息，使网络能够进行更精确的像素级预测。

3. 性能和应用

• U-net 因其出色的性能和有效的数据利用能力在医学图像分割领域被广泛采用。其对称结构和跳跃连接有效地结合了低层次和高层次的特征，使其在精确定位方面特别有效。

• 在 LDMs 中，U-net 的作用是在潜在空间中进行条件扩散过程，生成与给定条件相匹配的图像。这使得 LDMs 能够生成高质量、多样化的图像输出。

总的来说，U-net 在 LDMs 中扮演着核心角色，其强大的特征提取和图像恢复能力为 LDMs 提供了高效的图像生成和条件控制能力。

二、LDMs 介绍

LDMs 是 Stable Diffusion 的核心。

LDMs 是一种用于高分辨率图像合成的生成模型，它在计算机视觉和自然语言处理等领域有广泛应用。LDMs 的核心原理是将扩散过程应用于数据的潜在表示，而不是直接在图像像素空间上进行操作。这种方法可以有效降低模型的计算复杂度，并提高图像生成的质量。

LDMs 通过以下步骤实现图像生成。

步骤 1：特征 Reshape。

− 将输入数据的高维特征映射到低维的潜在空间。

步骤 2：扩散过程。

− 在潜在空间中，模型通过逐步迭代地对噪声进行扩散和反向传播来生成样本。

步骤 3：条件生成。

− LDMs 可以结合不同的条件信息（如文本描述、类别标签等）来控制生成图像的内容和风格。

LDMs 的关键贡献包括以下几个方面。

① 提出了在潜在空间上使用 diffusion 学习特征分布的方法，降低了模型的难度并提高了计算效率。

② 利用 cross-attention 机制实现条件生成，其中条件编码器随着 LDMs 学习，提供了更灵活的生成控制。

③ 实现了在多项任务和多个数据集上的优秀性能，包括无条件图像生成、图像修复、超分辨率等，并显著降低了计算量。

LDMs 的这些特性使其成为了图像生成领域的一个重要里程碑，为后续的模型如 Stable Diffusion 提供了理论基础和技术支持。通过将高维图像数据压缩到低维潜在空间，LDMs 不仅提高了生成效率，还避免了在图像像素上的过度训练，从而显著提升了生成图像的质量。

总的来说，LDMs 通过在数据的潜在表示上应用扩散过程，实现了高效率和高质量的图像生成，为深度学习在视觉艺术创作和图像处理领域的应用开辟了新的可能性。

Stable Diffusion 方法在图像合成领域具有广泛的应用前景，其影响力介绍如下。

① **图像生成质量的提升**：Stable Diffusion 通过采用先进的扩散模型和技术，显著提升了图像生成的质量。它能够生成至少 512×512 像素的高质量图像，甚至在最新的 XL 版本中，可以在 1024×1024 像素的级别上生成可控的图像。

② **生成效率的提高**：与传统的 Diffusion 扩散模型相比，Stable Diffusion 的生成效率提高了 30 倍。这使得它在处理大量图像生成任务时更加高效，适用于实际应用场景。

③ **应用领域的拓展**：虽然 Stable Diffusion 最初主要应用于图像生成领域，但其强大的生成能力和灵活性使得它也被广泛应用于自然语言处理、音频生成等多个领域。这种跨领域的应用展示了 Stable Diffusion 的广泛适用性和潜力。

④ **推动 AI 技术的发展**：Stable Diffusion 的出现推动了 AI 技术，特别是生成模型的发展。它的成功应用激发了更多研究者对扩散模型和生成对抗网络等技术的兴趣，促进了相关领域的研究和创新。

⑤ **产业影响力**：Stable Diffusion 在实际应用中的表现也引起了产业界的关注。许多公司和机构开始尝试将这一技术应用于产品设计、广告创意、艺术创作等领域，以提升工作效率和创作质量。

综上所述，Stable Diffusion 的出现不仅提升了图像生成的质量和效率，还拓展了其应用领域，对 AI 技术的发展和产业应用都产生了深远的影响。

三、DALL-E 和 Stable Diffusion

DALL-E 不是开源的，但是鉴于 DALL-E 的影响力，还是要介绍一下。

（一）DALL-E 介绍

DALL-E，全称为 "DALL-E: Creating Images from Text"，是由 OpenAI 推出的一款革命性的生成式人工智能模型。它得名于超现实主义和魔幻现实主义艺术家萨尔瓦多·达利（Salvador Dalí）和皮克斯动画工作室的《机器人总动员》中的主角 WALL-E，象征着这一模型能够将文字与图像创造性结合的能力。

1. 工作原理

• DALL-E 基于深度学习技术，特别是生成对抗网络（GAN）和卷积神经网络（CNN），在编码阶段，它首先将输入的图像转化为一个潜在向量，这个向量蕴含了输入图像的所有信息。随后，在解码阶段，DALL-E 利用这个潜在向量和文本描述来生成与描述相匹配的图像。

2. 功能特点

• **文字到图像的生成**：DALL-E 可以根据简单的文字描述生成高质量的图像，如"一个用长得像奇美拉的乌龟做的长颈鹿"这样复杂的描述也能被准确转化为图像。

• **风格转换与图片编辑**：除了生成新图像，DALL-E 还能根据文本指令改变和转换现有图片的风格，例如将一张照片中的猫转换成手绘草图。

• **高度创新的图像生成**：DALL-E 生成的图像往往是新颖的，并非对互联网上现有图像的简单操作或复制。

3. 应用前景

• DALL-E 在多个领域有广泛的应用潜力，包括但不限于服装设计、室内设计、广告创意和艺术创作等。其强大的细节属性操控能力和完全自动化的特点使其在模特图生成和场景设计中具有显著优势。

4. DALL-E 的出现过程

• DALL-E 的出现是基于 OpenAI 在深度学习和生成式对抗网络方面的持续研究。OpenAI 的研究团队通过不断改进和优化模型结构，最终开发出了这一能够根据文本描述生成高质量图像的先进模型。DALL-E 的推出标志着人工智能在图像生成领域取得了重大突破。

（二）影响力论文

关于 DALL-E 具有影响力的论文主要是"DALL-E: Creating Images from Text"。该论文详细介绍了 DALL-E 的工作原理、训练方法、实验结果和应用前景，为图像生成和人工智能领域的研究者提供了宝贵的参考和启示。DALL-E 的出现不仅在学术界引起了广泛关注，也在工业界激发了对于人工智能在图像生成和创意设计方面应用的热烈讨论。

1. 背景与引言

• 该论文由 OpenAI 的研究团队发布，介绍了名为 DALL-E 的神经网络模型。

DALL-E 名称的灵感来源于艺术家萨尔瓦多·达利（Salvador Dalí）和《机器人总动员》中的角色 WALL-E，象征着模型在图像创作方面的能力。

2. 模型概述

• DALL-E 是一个基于文本的图像生成模型，其核心功能是根据自然语言文本描述来生成对应的图像。这一功能打破了自然语言与视觉之间的壁垒，为图像生成领域带来了新的突破。

3. 技术细节

• **整体架构**：DALL-E 采用了自回归变换器的架构，将文本和图像作为单个数据序列进行建模。它首先通过训练一个 dVAE（离散变分自编码器）模型来降低图像的分辨率，从而解决计算量的问题。

• **文本与图像编码**：当输入文本后，DALL-E 利用 BPE encoder 对文本进行编码，得到最多 256 个文本标记。随后，这些文本标记与 1024 个图像标记进行拼接，形成长度为 1280 的数据序列，再输入到自回归变换器中进行训练。

• **训练过程**：DALL-E 的训练过程使用了大量的图像 - 文本对数据，这些数据来源于互联网上的公开资源。通过训练，模型学会了根据文本描述生成相应的图像。

• **推理阶段**：在推理阶段，DALL-E 通过预训练好的 CLIP 模型计算出文本和一系列候选图片的匹配分数。通过采样越多数量的候选图片，CLIP 可以得到不同采样图片的分数排序，最终找到与文本最匹配的图片。

4. 实验与评估

• 论文中展示了 DALL-E 在多个数据集上的表现，并与其他方法进行了比较。实验结果表明，DALL-E 在足够的数据和规模下表现良好，能够在零样本评估中与以前的特定领域模型相竞争。此外，论文还展示了 DALL-E 生成的一些图像示例，以证明其从文本生成图像的能力。

5. 结论与影响

• "DALL-E: Creating Images from Text" 这篇论文介绍了一种简单而有效的方法，用于从文本生成图像。该方法基于自回归变换器架构，并通过大量的图像 - 文本对数据进行训练。实验结果表明，DALL-E 在图像生成方面具有出色的性能，为图像生成领域带来了新的可能性。此外，DALL-E 的推出也激发了人们对于人工智能在图像创作方面应用的关注和讨论。

（三）比较 DALL-E 和 Stable Diffusion

DALL-E 和 Stable Diffusion 都是先进的人工智能图像生成模型，但它们在技术实现和一些关键特性上存在差异。

1. 模型架构

• **DALL-E**：基于 Transformer 架构，特别是使用了 CLIP 模型的文本编码器部分来生成图像。DALL-E 3 目前是该系列的最新版本，它通过合成图像的文本描述（caption）来提升模型的生成能力，但具体的模型架构和实现细节并没有完全公开。

• **Stable Diffusion**：采用了 Diffusion Transformer（DiT）架构，这是一种新型的扩散模型，它提高了模型的效率和生成图像的质量。Stable Diffusion 3 进一步采用了多模态扩散 Transformer（MMDiT）架构，使用独立的权重集合来处理图像和语言表示，改善了文本理解和拼写能力。

2. 生成能力

• DALL-E 3 在生成图像中文本以及手部等人体细节方面有显著的改进，能够根据复杂的文本提示生成图像。

• Stable Diffusion 3 在多主题提示、图像质量和拼写能力方面的性能都有很大提高，尤其是在遵循复杂的文本提示方面表现出色。

3. 训练策略

• DALL-E 3 的具体训练细节未完全公开，但已知它采用了合成长 caption 和原始 caption 混合训练的方式。

• Stable Diffusion 3 使用了重新加权的矩形流形式，以改善模型性能，并结合了 DiT 和矩形流（RF）形式，使用两个独立的变换器来处理文本和图像嵌入。

4. 模型规模和灵活性

• DALL-E 3 的模型规模和具体参数未公开详细信息。

• Stable Diffusion 3 提供了不同规模的模型，参数量从 800M 到 8B 不等，使得它能够在多种设备上运行，包括便携式设备。

5. 开源和商业化

• DALL-E 由 OpenAI 开发，其商业化和产品定位以 B 端用户为主，具体的开源策略未明确。

• Stable Diffusion 由 Stability AI 开发，已经发布了技术报告，并且有意向以开放形式发布，提供了免费下载的技术报告，展现了更开放的开源策略。

6. 版权和安全性

• DALL-E 3 在版权方面存在争议，OpenAI 在官网澄清说，他们的模型在不断改进，并不完美，并且在努力解决版权问题。

• Stable Diffusion 3 虽然也面临版权和安全性的挑战，但 Stability AI 已经在预览版中采取措施提高其质量和安全性。

这些差异体现了两种模型在设计理念、技术实现，以及开放性和商业化的不同取向。随着技术的发展，两者都可能在图像生成领域发挥重要作用。

第三节　开源文生图模型技术要点

一、LDMs 的源代码导读

LDMs（latent diffusion models，潜在扩散模型）的技术细节可以从以下几个方面进行详细讲解：

项目需要的 Python 包如下。

```
pip install transformers==4.19.2 scann kornia==0.6.4 torchmetrics==0.6.0
pip install git+https://github.com/arogozhnikov/einops.git
```

下载权重方法如下。

```
mkdir -p models/rdm/rdm768x768/
wget -O models/rdm/rdm768x768/model.ckpt
https://ommer-lab.com/files/rdm/model.ckpt
```

使用方法如下（通过一个 prompt 生产图片）。

```
python scripts/knn2img.py  --prompt "a happy bear reading a newspaper,
oil on canvas"
```

这里会生成 "a happy bear reading a newspaper, oil on canvas"。

原理解读：通俗来讲，扩散模型（diffusion model）的训练包括两个过程——正向扩散过程（在图像中添加噪声，如图 6.3.1 所示）；反向扩散过程（去除图像中的噪声，如图 6.3.2 所示，这个过程也被称为去噪、采样）。

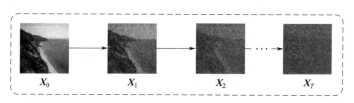

图 6.3.1　正向扩散图示

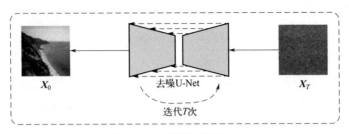

图 6.3.2　反向扩散图示

去除细枝末节，正向扩散的核心代码为：

```python
class DDPM(nn.Module):

    def forward(self, x0):
        t = torch.randint(0, T, shape=B)

        return p_losses(x0, t)

    def p_losses(self, x0, t, noise=torch.rand_like(x0)):
        x_t = q_sample(x0, t, noise)
        pred = UNet(x_t, t)
        loss = get_loss(pred, noise).mean()

        return loss
```

二、用一个案例说明 Stable Diffusion

为了理解 Stable Diffusion 的技术，我们用一个案例来进行说明，如果用户想要生成一张"未来城市"的图像，Stable Diffusion 会首先将这个文本描述编码成嵌入向量，然后在潜在空间中生成一个随机张量作为起始点。通过训练有素的 U-Net 结构，模型逐步从这个噪声张量中减去噪声，最终生成一个视觉上与"未来城市"描述相匹配的高分辨率图像。

生成"未来城市"图像的过程涉及几个关键步骤，下面详细描述 Stable Diffusion 如何实现这一过程：

步骤 1：文本处理。

－用户输入的文本描述"未来城市"首先被处理，转换为一系列的 token（例如，"未来""城市"等）。这些 token 随后被转换成嵌入向量，这些向量是高维空间中的点，能够捕捉文本描述的语义信息。

步骤 2：生成随机潜在张量。

－Stable Diffusion 在潜在空间中生成一个随机张量，这个张量是生成图像的起点。这个随机张量可以被视作是图像的"种子"，决定了生成图像的基本内容。

步骤 3：条件化扩散过程。

－在生成过程中，文本嵌入向量被用来条件化扩散模型。这意味着扩散过程不仅受到随机张量的指导，还受到文本描述的影响。通过这种方式，生成的图像将更有可能反映文本中描述的内容。

步骤 4：U-Net 结构的逆向扩散。

－Stable Diffusion 使用基于 U-Net 的神经网络作为其核心的噪声预测器。U-Net 结构包括一个编码器和一个解码器，通过训练学习如何从噪声数据中恢复出原始图像。在逆向扩散过程中，U-Net 逐步预测并减去噪声，从而生成越来越清晰的图像。

步骤 5：迭代细化。

－逆向扩散是一个迭代过程，通常需要多个步骤来完成。在每一步中，U-Net 都会对当前的潜在张量进行更新，逐渐从噪声图像转变为清晰的图像。

步骤 6：潜在空间到像素空间的转换。

－经过一系列迭代后，潜在空间中的图像已经足够清晰，可以被转换回像素空间。这一步骤通常由 VAE 的解码器完成，它将潜在空间的表示转换为可被人类视觉识别的像素图像。

步骤 7：后处理。

－生成的图像可能需要一些后处理来优化其质量，例如调整颜色、对比度或进行图像锐化。

通过这一系列步骤，Stable Diffusion 能够根据文本描述生成具有未来感的城市景观图像，这些图像可能包含光滑的摩天大楼、飞行汽车，或者具有科技感的城市基础设施等元素。这个过程展示了 Stable Diffusion 如何结合文本信息和强大的生成模型来创造出符合用户创意的图像。

代码实例：创建一个完整的 LDMs 案例，包括自编码器和扩散模型。这是一个复杂的任务，通常需要深入的机器学习和深度学习知识，以及大量的计算资源。这里只提供一个简化的 Python 伪代码示例，以展示这个过程的基本原理。

步骤 1：定义自编码器（auto encoder）。

－自编码器包括一个编码器（encoder）和一个解码器（decoder）。编码器负责将图像压缩到潜在空间，而解码器则将潜在表示恢复成图像。

```python
import torch
import torch.nn as nn
```

```
class Encoder(nn.Module):
    def __init__(self, input_dim, latent_dim):
        super(Encoder, self).__init__()
        self.fc = nn.Linear(input_dim, latent_dim)


    def forward(self, x):
        return self.fc(x)

class Decoder(nn.Module):
    def __init__(self, latent_dim, output_dim):
        super(Decoder, self).__init__()
        self.fc = nn.Linear(latent_dim, output_dim)


    def forward(self, z):
        return self.fc(z)

# 假设我们有一个64×64的图像，且使用256维的潜在空间
input_dim = 64 * 64 * 3   # 假设图像是RGB三通道
•atent_dim = 256
output_dim = input_dim


encoder = Encoder(input_dim, latent_dim)
decoder = Decoder(latent_dim, output_dim)
'''
```

步骤 2：定义扩散模型（diffusion model）。

－扩散模型通常由多个小的去噪步骤组成，每个步骤都试图从噪声数据中恢复出原始数据。

```python
'''python
class DiffusionModel(nn.Module):
    def __init__(self, latent_dim):
        super(DiffusionModel, self).__init__()
        # 这里使用一个简单的全连接层作为示例
        self.fc = nn.Sequential(
            nn.Linear(latent_dim, 4 * latent_dim),
            nn.ReLU(),
            nn.Linear(4 * latent_dim, latent_dim)
        )
```

```python
    def forward(self, z, t):
        # t是去噪步骤的索引
        return self.fc(z) + z * torch.exp(-t)

# 实例化扩散模型
diffusion_model = DiffusionModel(latent_dim)
'''
```

步骤 3：训练模型。

－ 训练过程涉及训练自编码器和扩散模型，以便能够从噪声数据中恢复出原始的潜在表示。

```python
'''python
# 假设我们有一些图像数据
images = torch.randn(10, 64, 64, 3)   # 10个随机生成的64×64图像

# 训练自编码器
for _ in range(epochs):
    latent = encoder(images.view(-1, input_dim))
    reconstructed_images = decoder(latent)
    # 计算损失并优化
    loss = nn.MSELoss()(reconstructed_images, images.view(-1, input_dim))
    loss.backward()
    optimizer.step()

# 训练扩散模型
for t in range(num_steps):
    # 在这里，我们需要模拟一个噪声过程来逐步加入噪声
    noisy_latent = latent + noise * torch.randn_like(latent)
    noised_images = decoder(noisy_latent)
    # 计算损失并优化
    loss = nn.MSELoss()(noised_images, images)
    loss.backward()
    optimizer.step()
'''
```

步骤 4：生成图像。

－ 使用训练好的模型，从噪声开始生成新的图像。

```python
'''python
# 从随机噪声开始
```

```
z = torch.randn(1, latent_dim)

# 应用扩散模型的逆过程来生成图像
for t in range(num_steps, 0, -1):
    z = diffusion_model(z, t)
image = decoder(z).view(64, 64, 3)

# 显示生成的图像
# 这里需要使用图像处理库，如matplotlib或PIL
'''
```

请注意，这个示例非常简化，并没有展示所有必要的细节，比如噪声的添加和去除、损失函数的选择、优化器的定义、模型参数的初始化等。在实际应用中，LDMs 的实现会更加复杂，并且需要大量的数据和计算资源来训练。此外，扩散模型通常包含数百到数千个去噪步骤，每个步骤都需要精心设计。

三、实战：部署开源项目 stable-diffusion-webui

项目安装方法如下。（Linux 上的自动安装）
安装依赖项：

```
# Debian-based:
sudo apt install wget git python3 python3-venv libgl1 libglib2.0-0
# Red Hat-based:
sudo dnf install wget git python3 gperftools-libs libglvnd-glx
# openSUSE-based:
sudo zypper install wget git python3 libtcmalloc4 libglvnd
# Arch-based:
sudo pacman -S wget git python3
```

导航到想要安装 Stable Diffusion web UI 的目录并执行以下命令：

```
wget -q https://raw.githubusercontent.com/AUTOMATIC1111/stable-
diffusion-webui/master/webui.s
```

运行 webui.sh。
检查 webui-user.sh 选项，则可以在安装服务器上使用。
stable-diffusion-webui 是一个开源项目，旨在提供一个基于浏览器的用户界面，以便用户可以轻松体验和使用 Stable Diffusion 模型。Stable Diffusion 是一种深度学习模型，通常用于文本到图像的生成任务，即根据给定的文本提示生成相应的图像。通过 stable-diffusion-webui，用户可以轻松地上传文本提示，并调整各种参数来影响生成的图像。这些参数可能包括迭代次数、学习率、噪声强度等，它们都会影响图像生成的质量和速度。

此外，通过调整这些参数并观察生成图像的变化，用户还可以更深入地了解 Stable Diffusion 的基本原理。例如，增加迭代次数可能会提高图像的细节和清晰度，但也会增加计算时间和资源消耗。同样，调整学习率可以影响模型学习新信息的速度和稳定性。总的来说，stable-diffusion-webui 是一个非常有用的工具，它不仅可以提供一个易于使用的界面来体验 Stable Diffusion ，还可以帮助用户更深入地了解这个深度学习模型的工作原理。

如果你对深度学习和生成对抗网络（GANs）感兴趣，那么通过 stable-diffusion-webui 来实验和调整参数将是一个很好的学习方式。同时，由于该项目是开源的，你也可以参与到其开发中，为社区作出贡献。

以下是 stable-diffusion-webui 项目的一些关键特性。

① **图像生成模式**：支持文本到图像（txt2img）和图像到图像（img2img）的生成模式。

② **参数调整**：用户可以通过调整多个参数来定制生成的图像，例如风格、变体、种子大小等。

③ **实时预览**：提供进度条和实时图像生成预览，让用户可以即时看到生成过程。

④ **负向提示**：允许用户指定不希望在生成图像中出现的元素。

⑤ **样式保存**：用户可以保存提示的一部分，并在以后通过下拉菜单轻松应用这些样式。

⑥ **批量处理**：支持对一组文件进行批量处理。

⑦ **高分辨率修复**：提供便利选项，可以一键生成高分辨率图片，减少常见的扭曲问题。

⑧ **自定义脚本**：支持社区开发的多个扩展脚本。

⑨ **多语言支持**：项目有中文版本，方便中文用户使用。

⑩ **模型训练与评估工具**：一些版本还提供了模型训练与评估工具，专注于扩散模型的研究和应用。

⑪ **安装简便**：项目提供了详细的安装和运行指南，支持在 Windows 和 Linux 上自动安装。

⑫ **社区贡献**：由于是开源项目，它允许社区成员贡献代码，不断改进和更新项目。

通过使用 stable-diffusion-webui，用户不仅能够快速体验 Stable Diffusion 模型

的强大功能，还可以通过调整不同的参数来深入理解模型的工作原理和图像生成过程。需要注意的是，为了运行 stable-diffusion-webui 的一些高级功能，你可能需要具备一定的编程和深度学习基础知识，以及一台配置较好的计算机（特别是显卡），因为深度学习模型的训练和推理通常需要大量的计算资源。

第四节　实战：打造基于开源的文生图应用

【项目目标】打造自己的文生图网站。

【项目安装】

① 下载 Opendream 项目源代码。

② 在终端中导航到该项目并运行 sh ./run_opendream.sh. 大约 30 秒后，Opendream 系统的前端和后端都应该启动并运行。

Opendream 为 Stable Diffusion 工作流程带来了多项重要的功能和改进，这些功能和改进显著提升了用户体验和工作效率。以下是关于 Opendream 所带来的主要优势的详细解释：

① **分层功能**：Opendream 引入了图层的概念，这在传统的扩散模型中并不常见。通过图层，用户可以在不同的层次上进行编辑和修改，从而实现更为精细和灵活的图像处理。这种分层功能类似于图像处理软件（如 Photoshop）中的图层管理，使得用户可以在保持图像其他部分不变的情况下，对特定区域进行编辑。

② **非破坏性编辑**：与传统的破坏性编辑方式不同，Opendream 支持非破坏性编辑。这意味着用户在编辑图像时，原始图像数据不会被改变或破坏。用户可以在不覆盖之前工作的情况下进行调整和修改，从而轻松地在同一张图像上进行多个实验，极大地提升了创造性探索的可能性。

③ **可移植性**：Opendream 允许用户将当前工作流保存为可移植的文件格式。这不仅便于用户以后重新打开项目进行继续编辑，还方便与合作者共享项目文件，实现高效的协作。

④ **易于编写的扩展**：Opendream 支持用户根据需要编写自己的图像处理逻辑，这些扩展程序易于编写和安装。这为用户提供了极大的灵活性，他们可以根据具体需求选择某些操作的实现方式，或者自定义新的图像处理功能。

综上所述，Opendream 通过引入分层、非破坏性编辑、可移植性和易于编写的扩展等功能，显著提升了 Stable Diffusion 工作流程的易用性和灵活性。这些改进不仅降低了扩散模型的使用门槛，还激发了用户的创造力，使他们能够更自由地进行图像处理和生成工作。

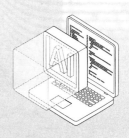

第七章

开源文生视频

第一节　开源文生视频介绍

第二节　文生视频技术难点和路线

第三节　开源文生视频应用

　　SORA 是 OpenAI 在 2024 年 2 月 15 日正式发布的人工智能文生视频大模型。这一名称源于日文"天空"（そら），象征着其无限的创造潜力。SORA 背后的技术基于 OpenAI 的文本到图像生成模型 DALL-E 开发而成，可以根据用户的文本提示创建最长 60 秒的逼真视频。该模型不仅能生成具有多个角色、包含特定运动的复杂场景，还继承了 DALL-E 3 的画质和遵循指令能力，能理解用户在提示中提出的要求。

　　SORA 文生视频技术的出现，意味着文字与视频的界限被彻底打破。通过先进的深度学习和生成对抗网络，这项技术能够将简单的文字描述转化为生动逼真的视频内容。无论是自然风光、历史人物，还是科幻场景，只需通过文字输入，SORA 就能生成相应的动态视觉作品。

　　这一技术的出现，首先在影视制作领域引发了革命性的变革。传统的视频拍摄和制作周期长、成本高，而 SORA 文生视频技术则能在短时间内生成高质量的视频片段，极大地提高了制作效率。同时，它也为创作者提供了更广阔的创作空间，不再受限于实际拍摄条件和预算。

　　除了影视制作，SORA 文生视频技术在教育、广告、游戏等多个领域也展现出了巨大的应用潜力。在教育领域，教师可以通过这项技术生成生动的历史或科学场景，让学生身临其境地学习，更好地理解和掌握知识。在广告领域，SORA 文生视频能够快速生成符合品牌形象的动态广告，吸引消费者的注意力。在游戏领域，这项技术则为游戏开发者提供了快速原型设计和场景生成的工具，加速了游戏的开发进程。

　　对于 SORA 的技术原理有很多科学家进行了猜测，但由于 SORA 不是开源的，本书不做过多的解释和猜测工作。本章主要介绍一些开源文生视频项目。

第一节　开源文生视频介绍

　　OpenAI 发布文生视频模型 SORA 后，在国内引起了广泛的关注，国内有志之士立刻行动。北大开源了第一个类似 SORA 的开源项目——Open-Sora-Plan，下面进行详细介绍。

1. 项目背景与目的

• **背景：** 在 OpenAI 发布 SORA 模型后，其强大的文生视频能力引起了国内研究者和开发者的极大兴趣。

• **目的：** 北大团队开源 Open-Sora-Plan 项目，旨在复现 SORA 的功能，并实现一个开源的文生视频大模型，以促进相关技术在国内的发展和应用。

2. 项目特点与功能

• **开源性**：Open-Sora-Plan 是一个开源项目，这意味着任何人都可以查看、使用并贡献代码，从而加速模型的发展和完善。

• **类似 SORA 的功能**：该项目致力于实现与 SORA 相似的功能，包括文本到视频的生成、复杂场景和角色的生成等。

• **可扩展性和灵活性**：作为一个开源框架，Open-Sora-Plan 具有较高的可扩展性和灵活性，可以适应不同的应用场景和需求。

3. 项目最新进展

• 读者可以自行搜索查看项目进展，由于本书出版过程中开源文生视频领域在飞速发展，日新月异，有可能出现信息滞后的情况。

• 截至本书写作时期，最新进展为论文"MagicTime:Time-lapse Video Generation Models as Metamorphic Simulators"发布。

"MagicTime:Time-lapse Video Generation Models as Metamorphic Simulators"主要由北京大学等高校的研究员发表，该论文提出了一种新的时变视频生成模型——MagicTime。以下是对该论文的详细解析。

1. 背景与动机

• 现有的文本到视频（T2V）生成模型在编码现实世界的物理知识方面存在不足，这导致生成的视频动作有限且变化贫乏。

• 为了解决这一问题，论文提出了 MagicTime 模型，旨在通过学习时变视频来模拟现实世界的物理知识。

2. MagicTime 模型的特点

• **MagicAdapter 方案**：该方案旨在解耦空间和时间训练，从时变视频中编码更多的物理知识，以改进现有的 T2V 模型。

• **动态帧提取策略**：这一策略有助于更有效地从时变视频中捕获关键信息。

• **MagicTextEncoder**：此编码器用于提高对变态视频提示的理解能力。

• **多视图文本融合**：通过级联预处理和多视图文本融合来捕获详细视频字幕中的变化动态。

• **专用数据集**：创建了一个名为 ChronoMagic 的时变视频 - 文本数据集，专门用于解锁变态视频生成能力。

3. 实验结果

• 论文中的实验表明，MagicTime 能够生成高质量、动态的时变视频，其表现超越了现有的 T2V 模型。

4. 应用与影响

• MagicTime 模型可应用于多个领域，如艺术创作、科学研究等，为这些领域提供了更强大的视频生成工具。

• 此外，该项目已在 GitHub 上开源，并获得了广泛的关注和参与，进一步推动了相关技术的研究和发展。

5. 相关资源

• **MagicTime 模型的代码和数据集：** 已在 GitHub 上开源，供研究人员和开发者使用和学习。

综上所述，论文 "MagicTime:Time-lapse Video Generation Models as Metamorphic Simulators" 提出了一种新的时变视频生成模型 MagicTime，该模型通过学习时变视频来模拟现实世界的物理知识，并展示了优越的性能和应用潜力。

第二节　文生视频技术难点和路线

文生视频领域在当前确实展现出了火热的发展态势。从技术路线的角度来看，这一领域主要围绕着深度学习、自然语言处理和计算机视觉等先进技术的融合应用展开。具体来说，文生视频技术通过利用这些算法，能够将文本描述高效地转化为生动的视频内容。其中，基于 Transformer 模型的技术路线和扩散模型是两大主流方法，它们都在努力提升视频生成的质量和效率。随着技术的不断进步，文生视频领域正日益成为多媒体内容生成领域的热点，为内容创作者带来了全新的表达方式，并为广告、教育等行业带来了革命性的变革。总体来看，文生视频领域的技术路线是多元化且快速发展的，各种技术路线的竞争与融合共同推动了这一领域的持续创新。

但是，不得不承认，文生视频，还处在发展的早期阶段。

一、文生视频技术难点

文生视频技术的难度确实非常高，这主要体现在以下几个方面。

首先，从技术层面来看，文生视频技术需要实现自然语言与视觉信息的有效转换，这就要求算法能够深入理解和解析文本中的语义信息，并将其精准地映射到视频帧上。这一过程的复杂性不仅在于语义理解的深度，还在于如何实现文本与视频之间的无缝对接,确保生成的视频内容能够准确反映文本的描述。

其次,视频生成过程中需要处理的数据量巨大,每一帧画面都需要精细地计算和渲染,这就对计算能力提出了极高的要求。同时,为了保证视频的连贯性和质量,还需要对每一帧进行精细的调整和优化,这无疑增加了技术的难度。

再者,文生视频技术还面临着众多的技术挑战,例如如何保持视频的流畅性、如何处理复杂的场景和动作、如何确保生成视频的真实性和自然性等。这些问题的解决都需要深入的技术研究和创新。

此外,由于文生视频技术涉及多个领域的交叉,如自然语言处理、计算机视觉、深度学习等,这就要求研究人员具备广泛的知识储备和深厚的专业素养,这无疑也增加了技术难度。

除了上述的难点,文生视频技术面临的一个最核心挑战是 AI 在生成视频时难以准确地模拟和展现真实物理世界的运动和交互。这主要表现在以下几个方面。

① 物理规律的理解与模拟:AI 在生成视频时,需要遵循物理世界的基本规律,如重力、惯性、碰撞等。然而,目前的 AI 模型在理解和模拟这些复杂的物理规律方面还存在困难。这导致生成的视频可能在物理真实性上有所欠缺,例如物体运动的轨迹、速度、加速度等可能与现实不符。

② 物体交互的准确性:在真实世界中,物体之间的交互是复杂且多变的。例如,当两个物体碰撞时,它们的形状、速度和材料等因素都会影响碰撞的结果。AI 需要准确地模拟这些交互作用,以生成逼真的视频。然而,由于物理世界的复杂性和多样性,AI 往往难以做到这一点。

③ 环境的动态变化:真实世界中的环境是不断变化的,包括光线、阴影、温度等因素。这些因素的变化会对物体的视觉表现产生影响。为了生成逼真的视频,AI 需要考虑到这些因素,并实时调整物体的视觉表现。然而,目前的 AI 模型在模拟这些动态环境变化方面还存在一定的困难。

有学者认为,AI 在模拟和展现真实物理世界的运动和交互方面存在的挑战,短期内可能没有技术能够解决。为了解决这些问题,研究人员需要不断探索新的算法和技术,以提高 AI 对物埋世界的理解和模拟能力。同时,随着技术的不断进步和发展,我们相信 AI 在未来会更好地理解和模拟物理世界,从而生成更加逼真的视频内容。

总结来说,文生视频目前的技术难点还表现在以下几个方面。

① 成本问题:生成高质量的文生视频需要强大的计算能力,这意味着高昂的硬件和软件成本。同时,为了获得满意的视频效果,往往需要进行大量的调试和优化,这同样需要投入大量的时间和人力资源。

② 可控性问题:文生视频技术目前还难以完全按照用户的意图生成视频。由

于技术是基于提示词来生成画面，因此结果具有一定的随机性，可能导致生成的视频部分符合用户期望，而部分则不完全满足。

③ **连贯性问题：**在生成的视频中，保持动作的连贯性和画面的稳定性是一个技术挑战。目前的技术有时会出现画面抖动、闪现等问题，这影响了视频的观看体验和实际应用价值。

④ **数据依赖：**AI 文生视频的学习依赖于大量的训练数据。如果训练数据中未涵盖某些特定的过渡效果或动作，AI 就很难学会如何在生成视频时应用这些效果。这限制了文生视频技术的广泛应用和灵活性。

⑤ **技术范式不统一：**与相对成熟的自然语言处理领域不同，文生视频领域尚未形成统一、明确的技术范式。这意味着不同的研究团队可能采用不同的方法和技术路线，导致技术发展和应用上的碎片化。

综上所述，文生视频技术虽然具有广阔的应用前景，但目前仍面临诸多技术难点需要克服。随着技术的不断进步和研究人员的持续努力，相信这些问题将逐渐得到解决。文生视频技术的难度主要体现在语义理解的深度、数据处理的复杂性、技术挑战的多样性以及知识储备的广泛性等多个方面。然而，正是这些难度和挑战，激发了研究人员的探索欲望和创新精神，推动了文生视频技术的不断发展和进步。

二、开源文生视频路线

目前开源的文生视频，最基本的路线中有一种是上海人工智能实验室提出的 Latte。

1. 背景与意义

• "Latte: Latent Diffusion Transformer for Video Generation"论文提出了一种新型的视频生成模型——Latte，即 Latent Diffusion Transformer。这一模型的出现，旨在解决视频生成任务中的关键挑战，并通过创新的架构提升视频生成的效率和质量。Latte 模型将 Transformer 架构与扩散模型相结合，这在视频生成领域是一个重要的技术进步。

2. 核心思想与模型架构

• Latte 的核心思想是将视频的每一帧通过预训练的变分自编码器（VAE）编码到潜在空间，并将这些潜在特征表示为一系列的 tokens。接着，这些 tokens 被送入 Transformer 块中进行处理。模型设计了四种不同的 Transformer 块架构以捕获视频中的空间和时间信息。

① **时空交错式**：在这种架构中，空间 Transformer 块和时间 Transformer 块交替出现，以交错融合的方式捕捉时空信息。

② **时空顺序式**：与时空交错式不同，这种架构首先使用一系列的空间 Transformer 块捕获空间信息，然后再使用时间 Transformer 块捕获时间信息。

③ **串联式时空注意力机制**：在这种架构中，Transformer 块被拆分为两部分，首先提取空间信息，然后提取时间信息，最后再从空间信息中得到最终的特征。

④ **并联式时空注意力机制**：此架构同时提取空间和时间信息，然后将两者融合以得到最终的特征。

3. 技术特点与创新

• **使用潜在空间表示**：通过 VAE 将视频帧编码到潜在空间，有助于减少计算复杂度并提升生成效率。

• **创新的 Transformer 架构**：通过设计四种不同的 Transformer 块架构，Latte 能够更有效地捕获视频中的时空信息。

• **灵活性**：模型提供了多种变种以适应不同的应用场景和需求。

4. 实验结果与评估

• 论文中通过实验验证了 Latte 模型在视频生成任务上的有效性。实验结果显示，与其他先进方法相比，Latte 在生成视频的质量和连贯性方面都有显著提升。特别是时空交错式架构在实验中表现最佳。

5. 结论与展望

• Latte 模型通过结合 Transformer 和扩散模型的优势，在视频生成领域取得了显著的进步。未来，研究人员可以进一步探索如何优化模型架构以提升生成效率和质量，以及如何将 Latte 应用于更广泛的场景如虚拟现实、游戏制作和电影预告等。

注意：由于论文和项目的具体内容可能会随着研究的深入而有所更新，建议直接查阅最新的官方资源以获取最准确的信息。

第三节　开源文生视频应用

目前 GitHub 上最知名的文生视频开源项目莫过于 MoneyPrinter。
项目安装方法如下。

```
git clone https://github.com/FujiwaraChoki/MoneyPrinter.git
cd MoneyPrinter
# 安装依赖
pip install -r requirements.txt
# 拷贝环境变量
cp .env.example .env
# 运行后端服务器
cd Backend
python main.py
# 运行前端
cd ../Frontend
python -m http.server 3000
```

这时候通过浏览器在 server IP 的 3000 端口访问，就可以使用文生视频。

需要说明的是，从全球视角来看，文生视频技术正面临着重重挑战。无论是在技术实现的难度上，还是在所需的高昂训练成本上，都存在许多尚未解决的难点。这些难点包括但不限于高效准确的自然语言处理、高质量视频生成算法的研发，以及处理大规模数据集所需的计算能力。尽管如此，随着全球短视频需求的急剧增长，这一领域正逐渐显现出其巨大的潜力和机会。

作为一个新兴技术，文生视频在开源和闭源领域都尚未出现特别成熟的解决方案。这意味着，对于能够开发出低成本、高效率的文生视频人工智能方案的公司来说，存在着一个巨大的市场空白。如果能成功抓住这一机遇，将不仅能吸引大量的用户，更有可能赢得科技巨头的关注和青睐。因此，对于有志于在人工智能领域创新的企业来说，文生视频技术无疑是一个值得深入研究和投资的方向。

第八章

开源多模态

第一节　多模态介绍

第二节　多模态的技术细节

第三节　开源多模态案例

　　人工智能中的多模态是指同时使用两种或多种感官模式进行信息交互的方式。在人工智能领域，多模态技术能够将来自不同感官（如视觉、听觉、触觉等）的数据和信息进行融合，以实现更加准确、高效的人工智能应用。这种技术可以提高人工智能系统对复杂信息的理解和处理能力，从而扩展其性能和应用范围。多模态研究内容包括多模态数据采集、多模态数据融合、多模态学习等方面，旨在通过整合不同类型的感知信息来增强机器的智能水平。在实际应用中，多模态技术已被广泛用于机器人控制、人机交互、生物识别等领域，显著提升了相关应用的效能和用户体验。

　　大语言模型的出现为多模态交互增加了许多新的可能性。以下是一些主要方面：

　　① **增强的理解和生成能力**：大语言模型通过深度学习技术在海量语料库上进行训练，能够实现更为精准的自然语言理解和生成。这种能力可以显著提升多模态系统中文本信息的处理能力，使得系统能更准确地解析用户输入的文本指令，或生成更自然、更贴切的文本响应。

　　② **多模态数据融合**：大语言模型可以与图像、音频等模态的数据进行有效融合。例如，在视频理解任务中，大语言模型可以用于解析视频中的语音和文字信息，与视觉信息相结合，实现更全面的视频内容理解。

　　③ **跨模态推理**：大语言模型的强大文本处理能力使得跨模态推理成为可能。系统可以从不同模态的信息中推理出隐藏的语义关系，为用户提供更丰富、更准确的反馈。

　　④ **多模态生成**：结合大语言模型的文本生成能力，多模态系统可以生成包含文本、图像、音频等多种元素的内容。例如，在智能交互系统中，系统可以根据用户的输入生成相应的图像和语音响应，实现更自然、更生动的人机交互。

　　⑤ **情感分析与响应**：大语言模型可以分析文本中的情感倾向，为多模态系统提供更人性化的交互方式。系统可以根据用户的情感状态调整响应方式，提高用户体验。

　　总的来说，大语言模型的出现为多模态交互带来了更强大的文本处理能力、更丰富的数据融合方式、更准确的跨模态推理能力、更多样化的生成内容以及更人性化的交互方式。这些可能性使得多模态技术在人工智能领域的应用更加广泛和深入。

　　OpenAI 在 2024 年春季发布 GPT-4o，彻底点燃了全球对多模态的热情。GPT-4o 可以对音频输入做出毫秒级的反应，可以将文本、音频、图像任何组合作为输入和输出，是目前多模态领域的前沿产品。

第一节　多模态介绍

多模态的技术核心主要在于**生成算法、大模型以及多模态技术的融合应用**。其中包括如何有效地采集、整合和利用来自不同模态的数据，如图像、文本、语音等，以实现信息的互补和协同工作，从而提高人工智能系统的感知和理解能力。

首先，生成算法在多模态技术中扮演着关键角色，它能够根据已有的数据生成新的、合理的数据样本，这对于多模态数据的增广和模拟至关重要。

其次，大模型是多模态技术的另一个重要组成部分。这些模型通常具有强大的表征学习能力，能够捕捉到不同模态数据之间的深层次关联和特征。通过在大规模数据集上进行训练，这些模型可以学习到更加丰富的语义信息和上下文关系。

最后，多模态技术的融合应用是实现多模态智能的关键。这包括了如何将不同模态的数据进行有效的融合，以及如何利用这些融合后的数据进行推理和决策。例如，在语音识别和图像识别的结合中，系统可以同时处理语音和图像信息，从而更准确地识别出说话人的身份、情感以及所处的环境等信息。

人工智能多模态技术的应用场景非常广泛，以下是一些主要的应用领域。

① **信息检索**：在信息检索领域，AI 大模型能够利用多模态数据更准确地理解用户的查询意图，为用户提供更精准的搜索结果。例如，搜索引擎可以根据用户的搜索行为和历史记录，结合图像、文本等多模态信息，进行个性化推荐。

② **新闻媒体**：在新闻媒体领域，多模态 AI 可以实现 AI 技术在视频配音、语音播报、标题生成等多元业务场景中应用，降低新闻的生产成本，同时提高新闻的产出效率和影响力。

③ **智慧城市**：在智慧城市的建设中，多模态 AI 技术可以用于城市规划、交通管理等多个方面。例如，通过分析大量的交通图像和视频数据，可以预测并优化交通流量，有效地减少交通拥堵。

④ **生物科技**：在生物科技领域，多模态 AI 可以用于基因序列分析、药物发现等。例如，预测蛋白质的三维结构，这将对药物发现和生物科技产业产生深远影响。

⑤ **智慧办公**：在智慧办公领域，多模态 AI 可以用于自动回复邮件、智能日程管理，还能协助用户撰写各类文档，实现文档创作、编辑和总结等功能。

⑥ **医疗保健**：多模态 AI 在医疗保健领域有重要应用，如医学影像诊断。它可以结合医学影像数据和临床记录数据，利用深度学习算法对医学影像进行分析，帮助医生提高诊断的准确性和效率。同时，还可以用于健康管理与远程诊疗，实时监测和分析患者的健康状况。

⑦ **教育领域**：在教育领域，多模态 AI 可以根据学生的语音回答、书写习惯和学习行为，提供定制化的教学方案和反馈，实现个性化教学。同时，它还可以用于教育辅助与智能评估，提升教学效果和学习积极性。

第二节　多模态的技术细节

人工智能多模态的主要研究重点集中在多个方面。首先，多模态数据采集是一个关键环节，它涉及同时采集多种类型的数据和信息，如图像、音频、视频和文本等，这些数据可以通过不同的传感器或设备进行采集。采集到的多模态数据能够提供更加丰富和全面的信息，有助于提高人工智能系统的性能和准确性。

其次，多模态数据融合是另一个研究重点，它需要将不同类型的数据和信息进行有效融合，以获得更加准确和全面的信息。这包括特征融合、深度融合等方法，旨在让人工智能系统能够更好地理解和处理复杂的信息，从而提升其性能和应用范围。

再者，多模态学习也是一个重要的研究方向，它利用多种类型的数据和信息进行机器学习任务，如图像分类、语音识别和自然语言处理等。通过多模态学习的处理和分析，人工智能系统能够更充分地利用多种类型的数据和信息，进而提高其性能和应用范围。

最后，多模态技术的应用场景也是研究的重点之一，这些技术广泛应用于医疗保健、智能家居、自动驾驶等领域，旨在解决现实生活中的实际问题。例如，在医疗保健领域，多模态技术可以结合医学影像与病理学数据，提高疾病诊断的准确性；在智能家居领域，多模态技术则可以实现对家庭环境的智能感知和调控，提升居住的便捷性和舒适度。

综上所述，人工智能多模态的研究重点涵盖了数据采集、数据融合、学习算法以及实际应用等多个层面，这些研究工作共同推动着多模态技术的不断发展和进步。

人工智能多模态研究的主要进程如下。

1. 早期探索与基础建立（20 世纪 70 年代至 20 世纪末）

• 在这一阶段，多模态研究主要集中在理论探索和初步应用上。

• 研究者们开始认识到，单一模态的信息处理有其局限性，多种模态信息的综合应用能提供更全面的信息解读。

• 此时期的工作主要集中在基础算法的开发和多模态数据的初步融合上。

2. 技术进步与多模态融合的发展（21世纪初至20世纪10年代）

• 随着计算能力的提升和数据处理技术的进步，多模态研究开始加速。

• 深度学习技术的兴起为多模态数据的处理提供了新的方法，使得更复杂的特征提取和数据融合成为可能。

• 此阶段的研究更多地集中在如何利用新技术提高多模态信息的识别、理解和应用能力。

3. 深度学习时代与多模态的突破（20世纪10年代至今）

• 深度学习技术的广泛应用极大推动了多模态研究的发展。

• 大型数据集的出现和计算资源的提升，使得训练更复杂的多模态模型成为可能。

• 出现了众多创新的多模态融合方法和算法，如 Attention Bottlenecks for Multimodal Fusion（多模态融合的注意力瓶颈）等，这些方法显著提高了多模态信息处理的准确性和效率。

• 多模态大模型的兴起，如 GPT-4V 和 KOSMOS-1 等，这些模型能够处理文本、图像、音频以及视频等多类信息，推动了多模态技术在各个领域的广泛应用。

4. 商业应用与社会影响

• 多模态技术已开始广泛应用于商业领域，如智能助手、智能家居、自动驾驶等。

• 这些技术不仅提升了用户体验，还推动了相关产业的发展。

• 随着技术的不断进步，多模态将在未来发挥更大的作用，推动人工智能向更高级别发展。

综上所述，人工智能多模态研究经历了从基础理论的建立到技术进步再到深度学习时代的突破和商业应用的发展历程。未来，随着技术的不断创新和应用场景的拓展，多模态技术将继续推动人工智能领域的发展。

人工智能多模态的主要研究难点在于处理多种不同类型的数据和信息，并实现它们之间的有效融合与应用。首先，数据模态的多样性是一个挑战，包括2D图像、3D模型、文本、声音等，这些数据形式各有特点，难以统一处理。其次，多模态数据之间的不对应关系也是一个难点，例如从图像到文字、从文字到图像的转换过程中存在"一对多"的问题，导致信息描述和呈现的多样性。此外，多模态数据的融合也是一个技术难题，不同算法和软件的叠加使用会带来复杂度的几何级上升，影响系统的性能和稳定性。最后，多模态监督也是一个需要解决的问题，如何有效地告诉机器人在处理多模态信息时出现的错误，并指出具体哪个步骤出错，是目前研究的重点。这些难点共同构成了人工智能多模态研究的挑战，需要科研人员不断探索和创新，以实现多模态技术的更广泛应用和发展。

一、GPT-4o 的多模态介绍

多模态大模型的兴起，如 GPT-4o，代表了人工智能领域的一个重要进步。这些模型能够处理和理解多种类型的数据和信息，包括文本、图像、音频等。以下是 GPT-4o 背后技术的详细讲解（由于 OpenAI 的产品并未开源，技术路线只能通过产品功能、论文的情况和研究思路进行一些猜测）：

1. 多模态数据融合

• **数据整合**：GPT-4o 能够接收并处理多种模态的输入，如文本、图像等。这些数据在模型内部被有效地整合，以提供更全面的信息给后续的推理和生成过程。

• **特征提取**：模型利用深度学习技术从各种模态中提取关键特征。这些特征在后续的推理和生成过程中起着至关重要的作用。

2. 深度学习技术

• **神经网络架构**：GPT-4o 基于复杂的神经网络架构，这些网络结构经过精心设计，以有效地处理多模态数据。

• **训练过程**：通过使用大规模的数据集进行预训练，模型能够学习到从原始数据中提取有用信息的有效方式。预训练后的模型可以在特定任务上进行微调，以进一步提升性能。

3. 自然语言处理与理解

• **文本处理**：GPT-4o 具备强大的自然语言处理能力，能够理解并生成自然语言文本。这使得模型在接收文本输入时能够准确把握其语义和上下文信息。

• **跨模态推理**：模型能够将文本与其他模态的信息（如图像）进行有效结合，进行跨模态的推理和生成。这种能力使得 GPT-4o 在处理复杂任务时表现出色。

4. 计算机视觉技术

• **图像识别**：GPT-4o 利用先进的计算机视觉技术对图像进行识别和分析。这使得模型能够理解图像中的内容，并将其与文本信息相结合，提供更全面的分析和推理结果。

• **视觉问答**：模型可以根据图像内容回答问题或进行相关的推理。这种能力在多种应用场景中都非常有用，如智能助手、教育等。

总的来说，GPT-4o 背后的技术涵盖了多模态数据融合、深度学习、自然语言处理与理解以及计算机视觉等多个领域。这些技术的结合使得 GPT-4o 在处理多种类型的数据和信息时表现出色，为人工智能的发展开辟了新的道路。

二、视觉指令调整

"Visual Instruction Tuning"（《视觉指令调整》）这篇论文揭示了利用 GPT-4 生成视觉指令调整数据，进而训练出 LLaVA（large language and vision assistant，大型语言和视觉助手）模型以及视觉指令调整方法的强大能力。大语言模型（LLM）通过机器生成的指令跟踪数据进行指令调优，可以显著提升其在新任务上的零样本学习能力。然而，这一方法在多模态领域，即同时涉及图像和语言理解的领域，尚未得到充分探索。

论文在这一方面迈出了重要的一步，首次尝试利用纯语言的 GPT-4 来生成多模态语言图像指令跟踪数据。这种方法不仅创新，而且具有巨大的实践价值。通过对这类生成的数据进行指令调整，论文引入了 LLaVA。LLaVA 是一个端到端训练的大型多模态模型，它成功地将视觉编码器和大语言模型连接起来，从而实现了通用的视觉和语言理解。

论文的初步实验结果展示了 LLaVA 出色的多模态聊天能力，有时在未见过的图像或指令上，其表现甚至接近于多模态 GPT-4。更值得一提的是，与在合成多模态指令跟踪数据集上的 GPT-4 相比，LLaVA 产生了高达 85.1% 的相对分数，这一成绩无疑证明了论文的方法的有效性和潜力。

此外，论文在 Science QA 上对 LLaVA 进行了微调。结果令人震惊，LLaVA 与 GPT-4 的协同作用使准确率达到了最新的 92.53%。这一结果不仅突破了之前的纪录，也进一步证明了 LLaVA 模型以及视觉指令调整方法的强大实力和广阔的应用前景。总的来说，论文的研究为多模态领域开辟了新的可能性，并有望推动该领域的进一步发展。

第三节　开源多模态案例

一、LLaVA 实现 GPT-4V 级别的开源多模态

目前 GitHub 上影响力最大的多模态开源模型就是 LLaVA。该项目由 Haotian Liu、Chunyuan Li、Yuheng Li 和 Yong Jae Lee 等研究人员共同开发。视觉指令调整（LLaVA）技术正致力于达到甚至超越 GPT-4V 级别的功能，这一技术的研发在人工智能领域中引起了广泛关注。

2023 年，Haotian Liu 和他的团队成功推出了升级版的 LLaVA-1.5。这一版本在多个方面都取得了显著的突破。最令人瞩目的是，它在 11 个基准测试上实现了

业界领先的性能，即所谓的 SOTA（state-of-the-art，最先进技术）。这些基准测试涵盖了图像识别、语言理解、逻辑推理等多个关键领域，充分证明了 LLaVA-1.5 的全面性和先进性。

更为值得一提的是，LLaVA-1.5 甚至具备了与 GPT-4V 直接竞争的实力。这意味着，它在处理复杂的视觉和语言任务时，表现出了与 GPT-4V 相当甚至更高的效能。这一成就无疑是对 Haotian Liu 及其团队辛勤工作的最好回报，也标志着 LLaVA 技术在人工智能领域的重要地位。

Haotian Liu 和他的团队通过 LLaVA-1.5 的研发，不仅推动了视觉指令调优技术的发展，也为人工智能领域带来了新的活力和可能性。我们期待他们在未来能够取得更多的科研成果，为人类社会的发展做出更大的贡献。

论文 "LLaVA: Large Language and Vision Assistant" 介绍了一种新型的大型多模态模型 LLaVA，该模型结合了视觉编码器和大语言模型 (LLM)，旨在实现通用的视觉和语言理解任务。以下是对论文 "LLaVA: Large Language and Vision Assistant" 的详细解析：

1. 模型特点

• **多模态指令跟随**：LLaVA 模型使用纯语言的 GPT-4 来生成多模态语言 - 图像指令跟随数据。这种方法有效地结合了视觉信息和语言指令，使得模型能够根据多模态指令执行任务。

• **端到端训练**：LLaVA 是一个端到端训练的大型多模态模型。通过端到端的训练方式，模型可以更好地学习和理解视觉与语言之间的复杂关系。

• **视觉编码器与 LLM 的连接**：模型中，视觉编码器（如 CLIP 的 ViT-L/14）与大语言模型（如 Vicuna）相连接，实现了视觉信息和语言信息的有效融合。

2. 实验与性能

• 在实验部分，论文展示了 LLaVA 在多个任务上的出色表现。例如，在多模态聊天能力方面，LLaVA 有时表现出类似多模态 GPT-4 的行为。此外，在科学问答任务上，LLaVA 与 GPT-4 相比获得了相对较高的分数。

• 论文还提到，在对 QA 进行微调后，LLaVA 和 GPT-4 的协同作用达到了较高的准确率。这些实验结果证明了 LLaVA 在多模态理解任务上的有效性。

3. 贡献与影响

• 论文的贡献在于提出了一种新型的多模态模型 LLaVA，该模型通过结合视觉编码器和大语言模型，实现了通用的视觉和语言理解功能。这一方法在多项基准测试中取得了优异的表现，证明了其在多模态领域的应用潜力。

• 该论文对人工智能领域产生了重要影响，为开发更加智能和通用的多模态助手提供了新的思路和方法。同时，LLaVA 的成功实现也推动了相关技术的发展和应用。

4. 总结

• 论文"LLaVA: Large Language and Vision Assistant"介绍了一种新型的多模态模型 LLaVA，该模型通过结合视觉编码器和大语言模型实现了通用的视觉和语言理解功能。在实验部分，LLaVA 在多项任务上表现出色，证明了其在多模态理解领域的有效性。该论文对人工智能领域产生了重要影响，为相关技术的发展和应用提供了新的思路和方法。

二、开源 LLaVA-1.5 介绍

LLaVA-1.5 是一个多模态视觉 - 文本大语言模型，能够完成诸如图像描述、视觉问答、根据图片写代码 (HTML、JS、CSS) 等任务，并潜在可以完成单个目标的视觉定位、名画名人等识别 (问答、描述)。它支持单幅图片输入，并可以进行多轮文本对话。以下是对"Improved Baselines with Visual Instruction Tuning"论文的解读。

1. 概述

• 该论文题为"Improved Baselines with Visual Instruction Tuning"，主要研究如何通过视觉指令调整来改进基线模型。论文中提出了一个名为 LLaVA-1.5 的模型，它是 LLaVA 的升级版。

2. 模型亮点与改进

亮点包括以下几个方面。

① **架构简洁高效：** 使用最简单的两层全连接层（FC）构成的多层感知器（MLP）作为视觉语言连接器，实现了高效的性能。

② **数据效率高：** 在相对较小的数据集上进行训练，就实现了在多个基准测试上的先进性能。

③ **可复制性强：** 由于使用了公共数据集和较小的计算资源，该研究为未来的多模态研究提供了可负担且易于复制的基线。

改进包括以下几个方面。

① **数据方面：**

➢ 一阶段复用了 Llava 的数据。

➢ 二阶段微调时新增了多种数据源，以丰富模型的训练数据。

➢ 对于短图像问答，使用了明确的指令来提升简短、复杂描述的指令跟随性。

② 模型方面：

➢ 采用了 CLIP-ViT-L-336px 作为视觉编码器，并通过 MLP 投射层将视觉特征映射到文本长度。这是对 Llava 中单层 FC 的一个重要改进。

➢ 引入了学术任务导向的 VQA 数据，进一步优化了模型的性能。

3. 性能与效果

• LLaVA-1.5 在广泛的 11 个任务上实现了最先进的性能（SOTA），显示了其强大的视觉指令调优能力和高效率的训练样本利用。

• 通过简单的修改和微调，模型在处理长短回答时的平衡性得到了提升，这得益于引入的响应格式化提示。

4. 局限性与未来工作

• 论文没有详细讨论模型的局限性，但可能包括对于某些特定类型的问题或图像的处理能力还有待提升。

• 未来的工作可能包括进一步优化模型的架构和训练策略，以及探索更多种类的视觉和语言任务。

综上所述，"Improved Baselines with Visual Instruction Tuning"通过简单的架构和数据效率高的方法，为多模态视觉 - 文本模型的研究提供了新的基线，并在多个基准测试上展示了先进的性能。

三、MGM：一个强大的多模态大模型

MGM，作为一个开源的多模态大模型，以其卓越的性能和丰富的功能，受到了广泛关注。

项目安装方法如下。

```
1）克隆这个存储库
git clone https://github.com/dvlab-research/MGM.git

2）安装包

conda create -n mgm python=3.10 -y
conda activate mgm
cd MGM
```

```
pip install --upgrade pip  # enable PEP 660 support
pip install -e .


3）为训练案例安装附加包
pip install ninja
pip install flash-attn --no-build-isolation
```

为模型训练提供处理后的数据。对于模型预训练，请下载以下基于训练图像的数据并将其组织为：

```
LLaVA 图片-> data/MGM-Pretrain/images,data/MGM-Finetune/llava/LLaVA-
Pretrain/images
ALLaVA 标题->data/MGM-Pretrain/ALLaVA-4V
```

（注：-> 的意思是把数据放到本地文件夹中。）

训练过程由两个阶段组成。

① **特征对齐阶段**：桥接视觉和语言标记；

② **指令调优阶段**：教导模型遵循多模态指令。

MGM 在 8 个具有 80GB 内存的 A100 GPU 上进行训练。要想在更少的 GPU 上进行训练，可以相应地减少 per_device_train_batch_size 和增加 gradient_accumulation_steps。始终保持全局批量大小相同：per_device_train_batch_sizex gradient_accumulation_stepsx num_gpus。

如果想训练和微调框架，可以对图像大小为 336 的 MGM-7B 运行以下命令：

```
bash scripts/llama/train/stage_1_2_full_v7b_336_hr_768.sh
```

或者对于图像尺寸为 336 的 MGM-13B 运行以下命令：

```
bash scripts/llama/train/stage_1_2_full_v13b_336_hr_768.sh
```

因为项目重复使用了 MGM-7B 中预先训练的投影仪权重，所以可以直接使用图像大小为 672 的 MGM-7B-HD 进行第 2 阶段指令调整：

```
bash scripts/llama/train/stage_2_full_v7b_672_hr_1536.sh
```

MGM 项目提供了一系列规模从 2B 到 34B 的密集型和 MoE（mixture of experts，混合专家模型）大语言模型（LLMs）。这些模型在设计上充分考虑了图像理解、推理和生成的能力，使得 MGM 能够同时处理这些复杂的任务。

该项目基于 LLaVA 构建，这是一种先进的多模态学习方法。通过采用双重视觉编码器，MGM 能够提供低分辨率的视觉嵌入和高分辨率的候选区域。这种设计使得模型在处理图像时能够捕捉到更多的细节信息，从而提高理解的准确性。

除了视觉编码器的创新外，MGM 还提出了补丁信息挖掘的方法。这一技术旨在执行高分辨率区域与低分辨率视觉查询之间的补丁级挖掘。通过这种方式，模型能够更精确地识别和分析图像中的特定区域，进一步提升其理解和生成能力。

更为重要的是，MGM 利用大语言模型（LLM）将文本与图像紧密结合，实现了同时进行理解和生成的功能。这种跨模态的交互使得 MGM 在处理复杂的多模态任务时表现出色。

值得一提的是，MGM 项目已经公开了论文、在线演示、代码、模型和数据，为研究人员和开发者提供了丰富的资源。这不仅有助于推动多模态领域的研究进步，也为相关应用的开发提供了便利。

总的来说，MGM 作为一个功能强大的多模态大模型，通过其先进的设计理念和丰富的资源支持，为多模态人工智能的发展做出了重要贡献。我们期待它在未来能够带来更多的突破和创新。

第九章

DeepSeek 实战

第一节　DeepSeek 核心技术介绍

第二节　DeepSeek-R1 模型复现

第三节　DeepSeek-V3 本地化源码级部署

第四节　基于 DeepSeek 的开源应用

　　DeepSeek 是来自中国的幻方科技精心打造并开源的大模型，其出现后迅速成为了全球关注的焦点。DeepSeek 通过算法创新、架构优化和资源管理策略，将大模型训练成本压缩至行业平均水平的 1/18，推理成本降至 1/30，重新定义了 AI 技术的成本效益曲线。

　　由于它的高度灵活性和强大的性能，DeepSeek 已经在全球范围内吸引了大批的开发者、研究者和用户，从而形成了一个庞大且活跃的生态系统。在这个生态中，不仅可以找到丰富的资源和工具来支持各种应用场景的开发，还能与众多同行进行深度的交流与合作。

　　如今，DeepSeek 已经成为全球人工智能领域的重要基础设施，为众多项目提供了强大的支撑。对于开发者而言，选择一个有完整生态和工具支持的大模型至关重要，因为这能够极大地提升开发效率和项目成功的可能性。

　　基于以上原因，推荐开发者在选择开源大模型时，优先考虑 DeepSeek。其完整的生态系统和丰富的工具链将为项目开发提供强有力的支持，无论是快速原型设计、模型训练还是应用部署，DeepSeek 都能带来前所未有的便捷和高效。

第一节　DeepSeek 核心技术介绍

　　DeepSeek 在大模型研究领域做出了重要贡献，开创了多项创新性研究方法。团队率先验证了大型语言模型（LLMs）的推理能力可以完全通过强化学习（RL）进行激励而无需监督微调（SFT）这一突破性发现，并成功研发了首个混合专家（MoE）模型架构。这些开创性工作为后续大模型研究提供了重要的技术路线和理论基础。

　　DeepSeek 的创新是持续性的，在 DeepSeek-R1-Zero 中，开源了完全通过强化学习激励的大语言模型；DeepSeekMoE 开源了 MoE 架构；在 DeepSeek-V2 中开源了多头潜在注意力机制（MLA）和 MoE 混合架构；DeepSeek-V3 率先采用了无辅助损失的负载均衡策略，并设定了多 token 预测训练目标，以获得更强大的性能。在 DeepSeek-V3 中开源了混合精度训练（FP8），并首次在超大规模模型上验证了 FP8 训练的可行性和有效性。

　　DeepSeek 作为一款创新性的人工智能大语言模型，其最重要的核心技术主要体现在混合专家架构、多头潜在注意力机制以及混合精度训练三个方面。

一、混合专家架构

　　DeepSeek-V2 是一个强大的 MoE 语言模型，是 DeepSeek 应用 MoE 架构的

代表作品。

MoE 通过将模型分解为多个"专家"模块，动态选择最适合输入数据的专家进行处理，从而实现高效计算和资源优化。该架构的核心思想在于将大模型拆解为多个专业化"专家"模块，每个模块针对特定任务或数据子集进行深度优化，形成"分而治之"的协作体系。在模型训练与推理阶段，通过动态路由机制对输入数据进行特征分析，仅激活与当前任务最相关的少数专家（通常占比 5% ~ 20%）参与计算，其余专家处于休眠状态，从而将传统全量参数计算的密集模式转化为局部参数计算的稀疏模式。这种稀疏激活机制通过避免全模型并行计算带来的冗余开销，在保持模型容量（如千亿级参数规模）的同时，将实际计算量降低一个数量级，既确保了对复杂任务的泛化处理能力，又通过模块化设计赋予模型灵活扩展特性——新增任务仅需训练对应专家模块而不改动整体架构，最终实现计算效率、模型性能与开发成本的三重优化。

DeepSeek 已经开源了 DeepSeekMoE。例如，DeepSeekMoE 16B 是一个拥有 164 亿个参数的混合专家语言模型，它采用创新的 MoE 架构，包含两个主要策略：细粒度专家分割和共享专家隔离。该模型基于 2T 英文和中文 token 从零开始训练，性能与 DeekSeek 7B 和 Llama2 7B 相当，但计算量仅为 DeekSeek 7B 的 40% 左右。出于研究目的，DeepSeek 公开发布了 DeepSeekMoE 16B Base 和 DeepSeekMoE 16B Chat 的模型检查点，它们可以在配备 40GB 内存的单 GPU 上部署，且无需量化。模型代码文件可在 Hugginface 获取。

模型提出细粒度专家分割（Fine-Grained Expert Segmentation）与共享专家隔离（Shared Expert Isolation）两大策略，构建高效、专业化的 MoE 架构。

1. 细粒度专家分割

机制：将传统专家进一步细分为更小单元（如将 FFN 中间隐藏维度分割为多个子模块），同时保持总参数数量不变。通过激活更多细粒度专家（如从激活 8 个专家扩展到激活 32 个），实现更灵活的知识组合。

优势：

• **专业化提升**：每个细粒度专家聚焦特定知识子集（如数学推理、代码生成），减少知识混杂。

• **计算效率优化**：在保持恒定计算成本下，通过动态组合激活专家，适应不同输入需求。

2. 共享专家隔离

机制：将部分专家（如 2 ~ 4 个）隔离为共享专家，始终参与所有输入的处理，负责捕获跨任务的通用知识（如语法规则、基础语义）。其余专家作为路由专家，专注于特定领域知识。

优势：

- **冗余消除：** 共享专家压缩通用知识，减少路由专家间的参数重复。
- **稳定性增强：** 共享专家提供基础特征，缓解稀疏激活导致的训练不稳定问题。

DeepSeekMoE 16B 的技术实现与优化详细解释如下。

1. 动态路由机制

采用 Top-K 路由策略，结合噪声注入（Noisy Gating）和负载均衡损失（Load Balancing Loss），确保专家选择均衡性。例如，在 DeepSeekMoE 16B 模型中，每个 token 激活 8 个路由专家 +2 个共享专家，实现知识精准分配。

2. 训练策略优化

三阶段训练流程如下。

专家孵化： 通过动态课程学习（Dynamic Curriculum Learning）逐步激活专家，避免早期过拟合。

专精强化： 引入对抗训练（Adversarial Training），增强专家对边缘案例的适应性。

协同优化： 联合优化所有专家参数，提升整体模型一致性。

损失函数设计： 结合专家级平衡损失（Expert-Level Balance Loss）和设备级平衡损失（Device-Level Balance Loss），防止路由崩溃（Router Collapse）。

3. 硬件适配与加速

针对华为昇腾 910B 等国产芯片优化推理延迟，通过动态批处理（Dynamic Batching）和专家预取策略（Expert Prefetching），将专家路由延迟从 2.8ms 降至 1.1ms，专家间通信延迟从 4.2ms 降至 2.3ms。

二、多头潜在注意力机制

多头潜在注意力机制是 DeepSeek 的另一项核心技术，通过对传统注意力机制的优化，显著提升了模型在长序列任务中的推理效率和内存利用率。DeepSeek-V2 采用了 MLA 这种创新架构，从而保证训练经济和推理高效。

多头潜在注意力机制通过重构传统注意力计算范式，在保持模型全局感知能力的同时实现计算效率的质变提升——该机制将原始输入序列映射至低维潜在空间，在压缩后的隐表示上执行多头注意力运算，利用潜在空间的稠密特性减少键值对的存储规模，同时通过可学习的投影矩阵动态捕捉序列中的长程依赖关系。

相较于标准多头注意力需要显式计算所有位置对的相似度，多头潜在注意力将计算复杂度从 $O(L^2)$ 降至 $O(L)$（L 为序列长度），内存占用减少 90% 以上，使得模型在处理万字级长文本时仍能保持高效推理。更关键的是，其潜在空间变换过程通过梯度回传实现端到端优化，确保压缩过程不会损失关键语义信息，最终在长文档摘要、多轮对话等场景中展现出与全注意力相当的任务性能，同时推理速度提升 3 ～ 5 倍，为大规模语言模型的高效部署开辟了新路径。

DeepSeek-V2 首次采用 MLA 架构：为了提高注意力，其设计了 MLA，它利用低秩键值联合压缩来消除推理时间键值缓存的瓶颈，从而支持高效推理；对于前馈网络 (FFN)，采用 DeepSeekMoE 架构，这是一种高性能 MoE 架构，可以以更低的成本训练更强大的模型。

三、混合精度训练

混合精度训练是 DeepSeek 在训练阶段引入的一项关键技术，通过动态选择不同精度的数据格式，显著提升了训练速度和内存利用率。DeepSeek-V3 首次在超大规模模型上验证了 FP8 训练的可行性和有效性。

混合精度训练的核心在于通过动态融合 FP16（半精度浮点数）与 FP32（全精度浮点数）两种数据格式，在计算过程中自动为不同操作分配最优精度——对于矩阵乘法等计算密集型操作使用 FP16 以加速运算并减少显存占用，同时对梯度更新、权重初始化等数值敏感型操作保留 FP32 以保证训练稳定性。这种动态精度切换机制通过 NVIDIA Tensor Core 的硬件加速支持，使算术运算吞吐量提升 2 ～ 8 倍，配合自动损失缩放（Automatic Loss Scaling）技术解决 FP16 梯度下溢问题，最终在保持模型收敛质量的前提下，将训练速度提升 30% ～ 60%，显存占用降低 40% ～ 60%，为千亿参数级大模型的高效训练提供了关键支撑。

第二节　DeepSeek-R1 模型复现

DeepSeek 第一代推理模型是 DeepSeek-R1-Zero 和 DeepSeek-R1。DeepSeek-R1-Zero 是一个通过大规模强化学习训练的模型，没有进行监督微调（SFT）作为初步步骤，展示了显著的推理能力。通过 RL，DeepSeek-R1-Zero 自然涌现出许多强大且有趣的推理行为。然而，它也面临诸如可读性差和语言混合等挑战。为了解决这些问题并进一步提升推理性能，DeepSeek 研究人员引入了 DeepSeek-R1，它在 RL 之前结合了多阶段训练和冷启动数据。DeepSeek-R1 在推理任务上的表现与 OpenAI-o1-1217 相当。DeepSeek 研究人员开源了 DeepSeek-R1-Zero、DeepSeek-R1 以及基于 Qwen 和 Llama 的六个密集模型（1.5B、7B、8B、14B、32B、70B）。

下面我们复现一下 DeepSeek-R1 的训练流程，包括数据生成、模型微调和强化学习等。一些具体的命令和脚本如下。

- **rc/open_r1**：包含训练模型和生成合成数据的脚本。
- **grpo.py**：使用 GRPO（Group Relative Policy Optimization）训练模型。
- **sft.py**：进行简单的监督微调（SFT）。
- **generate.py**：使用 Distilabel 生成合成数据。
- **Makefile**：提供一键运行的命令，简化训练流程。
- **recipes/**：包含不同配置的训练脚本和加速器配置。

复现 R1-Distill 模型的步骤如下。

- **目标**：通过蒸馏高质量语料库，复现 DeepSeek-R1 的推理能力。
- **成果**：
  - **Mixture-of-Thoughts**：一个包含 35 万条验证推理轨迹的数学、编程和科学任务数据集。
  - **OpenR1-Distill-7B**：基于 Qwen-7B 模型的蒸馏版本，性能接近 DeepSeek-R1-Distill-Qwen-7B。
- **训练命令**：

```
accelerate launch --config_file=recipes/accelerate_configs/zero3.
yaml src/open_r1/sft.py \
--model_name_or_path open-r1/Qwen2.5-Math-7B-RoPE-300k \
--dataset_name open-r1/Mixture-of-Thoughts \
--dataset_config all \
--eos_token
```

第三节　DeepSeek-V3 本地化源码级部署

DeepSeek-V3 是 DeepSeek 最成熟的大语言模型，用户可以通过多种工具手动部署 DeepSeek-V3，以下介绍一些常用的部署工具。

DeepSeek-Infer 演示：DeepSeek 团队为 FP8 和 BF16 推理提供了一个简单轻量级的演示。

SGLang：完全支持 BF16 和 FP8 推理模式下的 DeepSeek-V3 模型。

LMDeploy：支持本地和云部署的高效 FP8 和 BF16 推理。

TensorRT-LLM：目前支持 BF16 推理和 INT4/8 量化，即将支持 FP8。

vLLM：支持具有 FP8 和 BF16 模式的 DeepSeek-V3 模型，实现张量并行和流水线并行。

LightLLM：支持 FP8 和 BF16 高效的单节点或多节点部署。

AMD GPU：支持在 BF16 和 FP8 模式下通过 SGLang 在 AMD GPU 上运行 DeepSeek-V3 模型。

华为 Ascend NPU：支持在 INT8 和 BF16 的华为 Ascend 设备上运行 DeepSeek-V3。

由于 DeepSeek 的框架原生采用 FP8 训练，因此 DeepSeek 团队仅提供 FP8 权重。如果需要 BF16 权重进行实验，可以使用转换脚本进行转换。

以下是将 FP8 权重转换为 BF16 的示例：

```
cd inference
python fp8_cast_bf16.py --input-fp8-hf-path /path/to/fp8_weights
--output-bf16-hf-path /path/to/bf16_weights
```

一、使用 DeepSeek-Infer 进行推理演示

1. 系统要求

Linux 系统仅支持 Python 3.10。不支持 Mac 和 Windows。

2. 依赖项

```
torch==2.4.1
triton==3.0.0
transformers==4.46.3
safetensors==0.4.5
```

3. 模型权重和演示代码准备

首先，克隆我们的 DeepSeek-V3 GitHub 存储库：

```
git clone https://github.com/deepseek-ai/DeepSeek-V3.git
```

导航到 inference 文件夹并安装依赖项 requirements.txt。最简单的方法是使用像 conda 或类似的包管理器 uv 来创建一个新的虚拟环境并安装依赖项。

```
cd DeepSeek-V3/inference
pip install -r requirements.txt
```

从 Hugging Face 下载模型权重，并放入 /path/to/DeepSeek-V3 文件夹中。

4. 模型权重转换

将 Hugging Face 模型权重转换为特定格式：

```
python convert.py --hf-ckpt-path /path/to/DeepSeek-V3 --save-path /
path/to/DeepSeek-V3-Demo --n-experts 256 --model-parallel 16
```

5. 运行

然后你就可以和 DeepSeek-V3 聊天了：

```
torchrun --nnodes 2 --nproc-per-node 8 --node-rank $RANK --master-
addr $ADDR generate.py --ckpt-path /path/to/DeepSeek-V3-Demo --config
configs/config_671B.json --interactive --temperature 0.7 --max-new-
tokens 200
```

或者对给定文件进行批量推理：

```
torchrun --nnodes 2 --nproc-per-node 8 --node-rank $RANK --master-
addr $ADDR generate.py --ckpt-path /path/to/DeepSeek-V3-Demo --config
configs/config_671B.json --input-file $FILE
```

二、基于华为硬件的 DeepSeek 部署

华为 Ascend NPU 支持 DeepSeek 本地部署。

华为 Ascend NPU 是华为推出的专为 AI 计算设计的神经网络处理器，其核心优势在于通过自研的达芬奇架构 3D Cube 技术实现高性能与低功耗的平衡，特别适合大规模 AI 模型的训练和推理任务。该处理器支持云边端全栈全场景应用，半精度（FP16）算力达 320TFLOPS，整数精度（INT8）算力达 640TOPS，功耗仅 310W，在算力密度和能效比上达到行业领先水平。

在架构设计上，Ascend NPU 采用异构计算架构，集成 AI Core、AI CPU、TS Core 等核心组件。其中 AI Core 作为计算核心，包含矩阵计算单元（Cube Core）、向量计算单元（Vector Unit）和标量计算单元（Scalar Unit），通过 3D Cube 技术实现高效的矩阵乘加运算，单指令可完成 256 个元素的并行计算。存储系统采用

分层设计，配备大容量片上缓冲区（L1 Buffer）和统一缓冲区（Unified Buffer），显著减少数据搬运频次，降低计算延迟。

针对 DeepSeek-V3 等大语言模型的部署需求，Ascend NPU 通过 MindIE 推理引擎优化实现高效适配。以 DeepSeek-V3 为例，该模型在 Ascend 910B 芯片上结合 CANN 7.0.1.5 和华为 Cloud EulerOS 2.0 操作系统运行，可通过 BF16 精度优化在保持模型精度的同时降低计算复杂度。实际测试显示，DeepSeek-V3 在 Ascend NPU 上的推理延迟较其他平台大幅降低，且支持通过多卡协同实现模型扩展，满足高并发推理场景需求。

在生态支持方面，Ascend NPU 提供完整的工具链和开发框架，包括 CANN（Compute Architecture for Neural Networks）异构计算平台和 MindSpore 深度学习框架。开发者可通过 AscendEmbeddings 类直接调用 NPU 进行文本嵌入计算，或使用 torch-npu 等插件实现 PyTorch 模型的无缝迁移。此外，Atlas 300i 等加速卡集成多颗 Ascend 310 芯片，提供高达 88TOPS 的 INT8 算力和 32GB 显存，支持 DeepSeek-V3 等模型的本地化推理部署。

第四节　基于 DeepSeek 的开源应用

目前，大多数开发者主要基于 DeepSeek 进行应用开发，其核心场景是直接调用模型 API，无需涉及复杂的模型微调、训练或优化。DeepSeek 提供了极简的 API 调用方式，仅需几行代码即可快速集成，大幅降低了使用门槛。

除了从源码构建 DeepSeek 外，最快的方法是使用 ollama，只需运行两条命令即可部署使用。

```
ollama pull deepseek-r1
ollama run deepseek-r1
```

此外，DeepSeek 支持完全本地化部署，为政信等对数据安全要求严格的领域提供了关键优势：无需依赖云端 API，即可在本地服务器或私有云中运行世界级大模型，彻底规避数据泄露和网络依赖风险。

下面是几个基于 DeepSeek 的开源应用开发的介绍。

一、基于 DeepSeek 的 PPT 生成系统

基于 DeepSeek 的 PPT 生成系统可广泛应用于教育、商业、科研及个人创作

等场景，通过智能内容解析、动态视觉生成与跨模态交互能力，显著提升信息传递效率与表达质量。

在教育领域，教师可输入课程大纲或论文内容，系统自动提取核心知识点并生成逻辑清晰的章节框架，例如将历史事件的时间线转化为可视化时间轴，或为数学公式推导添加分步动画，同时支持多语言切换辅助国际教学；学生则能通过上传论文草稿快速生成学术汇报 PPT，系统自动匹配参考文献格式并优化图表配色。

商业场景中，销售团队可将产品白皮书或市场报告导入系统，生成包含竞品对比雷达图、用户画像热力图的专业演示文档，其智能排版功能可自动适配不同屏幕比例，确保移动端展示效果；创业者利用系统将商业计划书转化为动态路演 PPT，通过一键切换"投资人版""技术版"模板快速满足多受众需求。

科研人员借助系统处理实验数据时，可自动生成三维分子结构动画或基因序列比对图，并支持嵌入交互式控件供观众实时调整参数；医学研究者上传临床报告后，系统能将复杂数据转化为生存曲线图、病理切片标注图，并自动匹配期刊要求的图表规范。

个人用户可通过语音指令快速制作旅行相册 PPT，系统自动识别照片拍摄时间与地点生成时间轴，并匹配音乐与转场动画。

二、DeepSeek 支持的可视化 BI 解决方案

BI 即商业智能，是打通企业数据孤岛，实现数据集成与统一管理，借助数据仓库、数据可视化及分析技术，将数据转化为信息和知识，为管理和业务决策提供数据依据的解决方案。DeepSeek 支持的可视化 BI 解决方案优势显著，其强大的自然语言处理能力可让用户通过自然语言交互实现数据查询与分析，用户只需简单描述需求，即可快速获取准确结果，无需编写复杂查询语句，极大降低了使用门槛，即使不具备专业数据分析技能的人员也能轻松上手；具备多语言支持特性，能满足全球化企业需求，在跨国企业、国际交流等场景中可实现真正的跨语言交流，助力企业提升客户服务质量和运营效率；拥有强大的上下文理解能力，通过多轮对话记忆和语境感知技术，能准确捕捉用户意图，提升对话连贯性与准确性，在数据分析场景中可更好地理解用户意图，提供更贴合需求的分析结果；具备持续学习与进化能力，通过在线学习和用户反馈机制不断优化模型性能，适应新的语境和需求，在面对新兴行业术语或专业领域知识时，能快速掌握相关知识，保持模型的先进性和实用性，确保数据分析结果的准确性和前沿性；能够处理多源数据，突破传统 BI 工具局限性，可同时处理结构化数据（如数据库、表格）和非结构化数据（如文本、图像），并运用强大语义理解能力整合分散在不同数据源中的信息，生成有价值商

业洞察，为企业提供更全面、深入的决策支持。

三、DeepSeek 支持的健康分析平台

在健康管理方面，基于 DeepSeek 的健康分析平台具有强大的数据处理与自我学习能力，能够自动从可穿戴设备、医疗记录系统等多源数据中采集健康数据，并进行整合清洗，确保数据的准确性和完整性，为后续分析提供可靠基础。通过对海量健康数据的深度挖掘和学习，平台可自动识别数据中的潜在规律和模式，精准识别潜在健康风险，如慢性病、心血管疾病等，还能结合个人健康状况、生活习惯等因素，为个体提供个性化健康风险评估报告，并量身定制涵盖饮食建议、运动计划、心理调适等多方面的个性化健康管理方案，助力用户改善健康状况、提高生活质量。同时，平台能将复杂健康数据转化为直观易懂的图表和报告，既方便用户了解自身健康状况，也为医生提供有价值的参考信息，促进医患有效沟通。在患者沟通方面，DeepSeek 基于自然语言处理技术，可实现患者与系统的自然语言交互，患者能以对话形式输入症状、病史等信息，系统快速理解并作出回应，降低患者使用门槛。平台能根据患者输入信息，结合医学知识图谱，提供可能的疾病列表及初步诊断建议，辅助患者初步了解病情；还可询问患者病史、家族病史、生活习惯等信息，评估患病风险，为进一步诊断和治疗提供参考。此外，平台支持远程医疗场景，患者通过手机或电脑等设备，可随时随地与医护人员进行交流，还能对患者心理健康状况进行远程监测，一旦发现异常立即通知医护人员，极大提高医患互动效率和效果。

四、DeepSeek 支持的智能测试用例生成平台

基于 DeepSeek 的智能测试用例生成平台，具有多模型支持、知识库管理和向量检索等功能。为使基于 DeepSeek 的智能测试用例生成平台输出更全面、具体且准确的测试用例，最佳实践是构建覆盖需求全生命周期的知识库体系。首先需将需求文档、设计文档、接口文档等结构化文本文件，与过往高价值测试用例、缺陷报告等历史数据整合，形成可追溯的测试知识脉络；同时纳入 UI 设计图、交互原型等非结构化素材，通过 OCR 与图像解析技术提取控件布局、字段类型等视觉信息。利用平台的知识库管理功能，可对文档进行多维度标签标注（如业务领域、功能模块、优先级），并建立文档间的关联关系（如需求文档与接口文档的版本映射）。向量检索模块则对文档进行语义向量化处理，当用户输入测试需求时，系统不仅基于当前需求文本生成用例，还能从知识库中检索相似

历史用例、关联设计说明及接口规范，通过多源信息融合提升生成质量。例如在生成支付功能测试用例时，系统可同时参考需求文档中的支付流程描述、设计文档中的异常处理逻辑、接口文档中的参数约束，以及历史用例中发现的边界值问题，生成包含正向流程、异常场景、兼容性测试等多维度的完整用例集。此外，通过持续迭代机制，可将新生成的优质用例反哺至知识库，形成需求理解 - 用例生成 - 效果反馈的闭环优化，使测试用例覆盖度随项目演进不断提升，最终实现从需求分析到测试执行的全流程智能化支撑。

五、可本地化部署的企业级 DeepSeek 知识管理平台

DeepSeek 支持的企业级知识管理平台以 DeepSeek 为核心，通过自然语言处理与多模态交互技术重构知识管理范式，其原理在于将企业分散的非结构化数据（如文档、聊天记录、操作日志）与结构化数据（如数据库、系统 API）进行语义化解析与关联，构建动态知识图谱。平台利用 DeepSeek 的上下文理解能力实现知识的高效检索与智能推理，例如当员工输入模糊问题"如何处理客户投诉"时，系统不仅能匹配文档片段，还能结合历史案例、流程规范和实时数据生成可执行的解决方案。其核心技术包括基于 RAG（检索增强生成）的精准问答、跨模态信息抽取与对齐，以及面向企业场景的模型微调机制，确保输出内容符合业务逻辑与合规要求。

功能层面，平台提供全生命周期知识管理：在知识采集阶段，支持 OCR 识别、语音转录及 API 自动抓取；在存储阶段，通过向量数据库实现毫秒级检索；在应用阶段，支持智能客服、流程导航、报告生成等场景。

典型应用场景覆盖企业运营全链条：在客户服务中，平台作为智能坐席助手，实时分析对话内容并提供话术建议；在研发管理中，平台可解析代码注释、设计文档和测试用例，自动生成技术方案对比报告；在合规风控领域，平台通过语义分析监控合同条款、邮件往来和会议纪要，预警潜在风险点。更进一步，平台支持与企业现有系统（如 ERP、CRM）深度集成，例如在供应链场景中，当采购订单异常时，系统可自动关联供应商档案、历史交易数据和行业指数，生成多维分析报告供决策参考。

六、基于 DeepSeek 的智能体 RPA

RPA（Robotic Process Automation，机器人流程自动化）是一种基于软件机器人和人工智能技术的新型工作流程自动化工具，通过模拟人工操作进行自动流程

执行处理，能够将办公人员从重复性任务中解放出来，提高生产效率。其核心原理是依据预先录制的脚本与现有用户系统交互，自动完成各类软件系统的工作和业务处理，适用于所有在数字化设备中完成的具有高重复性、强规则性的流程与工作任务，就像工业时代工厂的流水线机器替代工人劳动一样，RPA 可以代替办公人员操作电脑和软件。RPA 技术架构主要包括开发器、执行器和管理器，开发器用于构建软件机器人的配置或设计机器人，执行器用来运行已有的软件机器人或查阅运行结果，管理器则负责软件机器人的管理和部署，如开始 / 停止机器人的运行、为机器人制作日程表、维护和发布代码等。

　　然而，传统 RPA 技术也存在局限性，例如主要用于处理结构化数据，面对非结构化数据（如图片、文本、音视频等）时力不从心，且缺乏深层次的理解能力和学习能力，难以处理复杂和抽象的任务。随着大模型的崛起，这一局面得到了显著改善。大模型凭借其超大规模参数和强大的计算能力，能够处理海量非结构化数据，完成复杂的自然语言处理和知识推理任务。将大模型如 DeepSeek 与 RPA 结合，可以实现更深层次的自动化和智能化，使 RPA 机器人不再仅仅是执行简单任务的工具，而是具备了理解和创新能力的智能体。这种结合带来了智能体 Agent 革命，Agent 能够自主理解指令、管理记忆、感知环境、制定规划并最终执行决策。

　　以上内容从 DeepSeek 的技术发展和开源项目出发，分享了应用开发的见解与展望，期待开发者们能在此基础上创造更多创新应用。